The Institute of Statistical Mathematics
ISMシリーズ：進化する統計数理　7

統計数理研究所　編
編集委員　樋口知之・中野純司・川崎能典

角度データのモデリング

清水邦夫　著

近代科学社

◆ 読者の皆さまへ◆

　平素より，小社の出版物をご愛読くださいまして，まことに有り難うございます．

　㈱近代科学社は 1959 年の創立以来，微力ながら出版の立場から科学・工学の発展に寄与すべく尽力してきております．それも，ひとえに皆さまの温かいご支援があってのものと存じ，ここに衷心より御礼申し上げます．

　なお，小社では，全出版物に対して HCD（人間中心設計）のコンセプトに基づき，そのユーザビリティを追求しております．本書を通じまして何かお気づきの事柄がございましたら，ぜひ以下の「お問合せ先」までご一報くださいますよう，お願いいたします．

　お問合せ先：reader@kindaikagaku.co.jp

　なお，本書の制作には，以下が各プロセスに関与いたしました：

- 企画：小山　透
- 編集：安原悦子
- 組版：藤原印刷 (LaTeX)
- 印刷：藤原印刷
- 製本：藤原印刷 (PUR)
- 資材管理：藤原印刷
- カバー・表紙デザイン：川崎デザイン
- 広報宣伝・営業：冨髙琢磨，山口幸治，東條風太

● 本書に記載されている会社名・製品名等は，一般に各社の登録商標または商標です．本文中の©，®，™ 等の表示は省略しています．

- 本書の複製権・翻訳権・譲渡権は株式会社近代科学社が保有します．
- JCOPY 〈(社)出版者著作権管理機構 委託出版物〉
本書の無断複写は著作権法上での例外を除き禁じられています．
複写される場合は，そのつど事前に(社)出版者著作権管理機構
（電話 03-3513-6969，FAX 03-3513-6979，e-mail: info@jcopy.or.jp）の許諾を得てください．

[ISM シリーズ：進化する統計数理]

刊行にあたって

　人類の繁栄は，環境の変化に対し，経験と知識にもとづいて将来を予測し，適切に意思決定を行える知能によってもたらされた．この知能をコンピュータ上に構築する科学者の夢は未だに実現されていないが，「予測と判断」といった機能の点においては知能を模倣するレベルが近年，相当向上している．その技術革新の起爆剤となったのは，データの加工・蓄積・輸送の作業効率を著しく高めたコンピュータの発展，およびインターネットのコモディティ（日用品）化である．では，データを扱う基礎となる学問は何かというと，今も昔も統計学であることに変わりはない．

　直接的にデータを取り扱う方法の科学の代表格は統計学であると言っても過言でないが，データ量の爆発とサンプル次元の巨大化に特徴づけられる新しいデータ環境に伴い，通常，データマイニングや機械学習と呼ぶ，新しい研究領域が勃興してきた．現在この三者は理論，応用を問わず相互に深く関係し合いながら，競争的に学術の発展に大きく寄与している．統計数理とは，データにもとづき合理的な意思決定を行うための方法を研究する学問である．よって，これら三つの研究領域を包含するのはもちろん，それらの理論的基礎となる部分を多く持つ数理科学とも不可分である．今後の統計数理は，さらなるデータ環境の変遷に従って，既存の研究領域と，時には飲み込む勢いでもって関連し合いながら発展していくであろう．その拡大する研究領域を我々は「進化する統計数理」と呼んだわけである．データ環境の変化を外的刺激として自己成長していく姿から"進化する"と命名した．そこには，データ環境にそぐわない手法は淘汰されるという危機意識も埋め込まれている．

　すると，「進化する統計数理」は，人類が繁栄していくために必須の科学であると言え，科学技術・学術の領域に限っても，自然科学から社会科学，人文科学に至るすべての分野に共通の基礎となる．したがって，「進化する統計数理」を，基礎から応用まで分かりやすく解説・教育する活動が大切であるが，残念ながら日本においては統計数理研究所を中心とした比較的小さいコミュニティのみが，その重責を担ってきた．一連の公開講座を開講してきた

のも，その使命を達成するためである．また最近は，統計数理の教育・啓発にかかわるさまざまな活動を集約発展させた，統計思考力育成事業も開始している．

　本シリーズの刊行目的は，その主たる執筆者群が統計数理研究所に属する教員であることからも明らかのように，現統計数理研究所が行っている「進化する統計数理」の教育普及活動の中身を解説することである．したがって，その内容は，「進化する統計数理」の持つ宿命的な多様性と時代性を反映した多岐にわたるものとなるが，各巻ともに，データとのつきあい方を通した各著者のスコープや人生観が投影されるユニークなものとしたい．

　本シリーズが「統計数理」の一層の広がりと発展に寄与できることを編集委員一同，切に願うものである．

樋口 知之，中野 純司，川崎 能典

はじめに

　角度を含むデータを扱う統計学は方向統計学 (Directional Statistics) と呼ばれる．本書は方向統計学全般について解説するので，タイトルに「方向統計学」の用語を入れるほうが実態をよく表しはするが，「方向」データというよりも「角度」データのほうがイメージを持ち易いと思われるので，本書のタイトルは「角度データのモデリング」とした．角度の統計学を英語で表記するときには，Angular Statistics ではなく，通常 Circular Statistics の用語が使用される．なぜこのように呼ばれるのかは本書における説明によって理解されるであろう．本書は，角度データの取扱いの説明から始めて，幾何学の用語を用いることにより，円周の拡張になっている球面，トーラス（円環面），シリンダー（円筒），ディスク（円板，円盤）の上のデータの扱いへと進む．幾何学の用語を用いはするが，これらはいずれも統計学を展開するときに重要なデータとしての実体を持っている．統計学の理論としてはデータの構造に着目をするわけである．

　著者の本分野「方向統計学」への参入は決して早くはなかった．実際，著者の本分野における最初の論文は 2002 年に飯田和之氏との共著で，Shimizu, K. and Iida, K. (2002). Pearson type VII distributions on spheres, *Communications in Statistics–Theory and Methods*, **31**, 513–526 であった．1997 年末，当時において著者は東京理科大学理学部応用数学科に勤務していたが，その折にインドのバラナシにある Banaras Hindu University において開催された統計学の国際会議に参加する機会を得た．当時の著者は主に離散分布論と熱帯降雨強度の推定に関連した研究に興味を持っていたのだが，Indian Statistical Institute (ISI) の Ashis SenGupta 教授による方向統計学に関する講演があったので聴講に行ってみた．

　これには，少し伏線がある．話はかなり前に遡るが，方向統計学に関する最初の成書 Mardia, K. V. (1972). *Statistics of Directional Data*, Academic Press が出版されたとき，著者は変分不等式の関数解析的取扱いを研究する大学院学生であって，その後に研究を統計学に定めてからも，同書の存在を

知ってはいたが，自分が研究していた統計学とはかなり異質の内容と思われて，その分野に手を出すことはしなかった．そうはいっても，東京理科大学勤務時に卒業研究学生のテーマに方向統計学を取り上げることがあったように，方向統計学は気になる存在ではあった．そこで，話を戻すが，件の会議において良い機会と思って SenGupta 教授の講演を聴きに行ったわけである．内容的には方向統計学の中の特定の話題に絞った講演というよりは，むしろ全般的なものであったと記憶している．しかし，その講演は当該分野を研究してみようという気にさせるのに十分であり，実際 1998 年 4 月に慶應義塾大学理工学部数理科学科に移ってから方向統計学の研究を本格的に始めた．飯田氏は当時，東京理科大学の大学院学生であったが，慶應義塾大学にも来て当該分野の研究に従事することになった．そのようにして，Shimizu and Iida 論文は書かれた．その後，慶應義塾大学大学院基礎理工学専攻の学生の中から加藤昇吾，阿部俊弘，中国からの留学生の王敏真の諸氏，および総合研究大学院大学統計科学専攻のマレーシアからの留学生 Siew Hai-Yen 氏に本分野に興味を示してもらい，何篇かの共著論文を執筆することができた．

　研究を進める上で，海外の研究者との交流は実りあるものであった．特に，ISI の SenGupta 教授をはじめとして，Universiti Malaya の Ong Seng-Huat 教授，Universidad de Extremadura の Arthur Pewsey 博士，台湾中央研究院の謝叔蓉 (Shieh Shwu-Rong) 研究員，University of Canberra の Liu Shuangzhe 博士と共同研究を行うことができたのは非常に有益であった．また，井本智明氏は基礎理工学専攻の大学院学生であったときから離散分布論に興味を示して現在でもその分野を研究しているが，著者が現在の所属になってから，研究所の特任助教であった井本氏と所内で方向統計学について議論をする機会が多くなり，偶然のきっかけから離散分布論と方向統計学の融合について研究することになった．これらのように，著者の周辺には多くの優秀な人達がいて研究を進めることができたのは非常に幸いであったというほかはない．本欄において，関係者の方々に御礼を申し上げる次第である．

　さて，本書の読者層としては，さまざまな分野の研究者・技術者・学生および統計学の研究者を想定している．その背景を少し述べてみると，つぎのようである．

　風向は典型的な角度データであり，それは重要な気象要素の一つであることから，気象学や環境科学においてデータの解析手法が大いに研究され利用されているであろうことは想像に難くない．また，海洋科学における波浪データや，地質学における地層の方向データ等の解析のために方向統計学は利用

されている．したがって，これらやその他の分野の研究者・技術者は角度データの持つ性質をよく理解し，実軸上のデータに対して使用される統計手法とは必ずしも同じでない，角度に特徴的な性質を反映した手法になじみがあるであろう．しかし，方向統計学の手法はさまざまな分野において使用されてはいるものの，方向統計学の最近の発展は他の統計学分野と同様に著しいので，方向統計学を体系的に学んで最新の成果を各分野において活用することが望ましいと思われる．

　一方で，大学における統計学の講義について触れてみると，方向統計学は気象学・環境科学・生態学・生物学・地質学等の諸分野で使われているにもかかわらず，大学の学部における統計学の講義においてほとんど取り上げられる機会がないと推測される．世界的に見れば方向統計学の研究者数はかなりの数に上るが，日本における研究者数はそれほど多くはない．このような状況の下で，本書は確率論・統計学の基礎的な知識を学習した後に方向統計学を体系的に無理なく自学自習することができるように工夫した．数理的には，微積分と線形代数に関する知識で大部分は間に合うが，特殊関数が現れる等，理解しにくい面もある．しかし，式の展開は読み飛ばして，角度データの扱いの考え方を会得して結果を活用することでも一向に差し支えない．むしろ，そのようにして結果を使っていただければ幸いと言える．

　本書を読み進めるための助けとなるように，各章の関係をダイアグラムによって下に示す．
　とりあえず方向データ解析を実行できるようにするには，適宜に他の章を参照しつつ，

のように，

(a) 第1章と第2章の角度データの特徴とまとめ方（これらの章だけでもデータの分析が可能なはずなので，初学者には是非これらから読んでいただきたい）

(b) 第5章の角度データの推測（探索的手法，分布に基づく推測法（推定・検定）を駆使して新しい知識発見につなげる）

(c) 第9章の角度変数を含むさまざまな回帰モデル

へと進む．

数理を含めてモデルを理解するには，

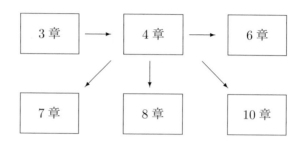

のように，第3章の円周上の確率分布の諸概念を理解した上で，第4章の円周上の確率分布モデル（データ（角度）の典型例は風向）を経て，

(a) 第6章の球面上の確率分布モデル（データ（角度・角度）の典型例は緯度・経度）

(b) 第7章のトーラス上の確率分布モデル（データ（角度×角度）の典型例は朝6時と正午12時の風向）

(c) 第8章のシリンダー上の確率分布モデル（データ（角度×実数）の典型例は風向と風速）

(d) 第10章のディスク上の確率分布モデル（データ（角度×半径）の典型例は震央変化とマグニチュード）

へと進むとよい．

本書の原稿を執筆するにあたり，東京理科大学大学院理学研究科数理情報学専攻において方向統計学についての講義を行う機会があったことは大変に役に立った．また，近代科学社の小山透氏および安原悦子氏には本書の執筆に際して編集面で大変にお世話になりました．ここに感謝の意を表します．

2018年1月　清水 邦夫

目 次

1 角度データの特徴

1.1 角度データの実例 1
1.2 角度と単位円周上の点の座標の対応 3
1.3 二つの角度の平均 4
1.4 ベクトルの導入 4
1.5 平均合成ベクトル長 6

2 角度データのまとめ方

2.1 図的表現 9
2.2 数値的表現 12
    2.2.1 平均方向と角度分散 12
    2.2.2 その他の基本統計量 14
    2.2.3 数値的表現の実例 15

3 円周上の確率分布の諸概念

3.1 視覚的把握 17
3.2 数式表現 19
    3.2.1 確率密度関数と分布関数 19
    3.2.2 三角モーメント, 平均方向, 平均合成ベクトル長 ... 21
    3.2.3 歪度, 尖度 23
    3.2.4 離散型分布 23
    3.2.5 Chebishev の不等式 25

3.3 確率分布の生成法 26
   3.3.1 巻込み法 26
   3.3.2 射影法 28
   3.3.3 条件付け法 28
   3.3.4 エントロピー最大化法 29
   3.3.5 単位円周と直線との間の1対1変換 29
   3.3.6 1次分数変換 31

4 円周上の確率分布モデル

4.1 一様分布 33
4.2 ハート型分布 36
   4.2.1 諸性質 36
   4.2.2 モーメントに関するその他の性質 38
4.3 von Mises 分布 39
   4.3.1 定義といくつかの性質 39
   4.3.2 VM(μ,κ) のパラメータ (μ,κ) の最尤推定 42
   4.3.3 条件付け法 43
   4.3.4 最大エントロピー法 43
   4.3.5 和の分布 44
   4.3.6 分布間の分離度 45
   4.3.7 Bayes（ベイズ）的観点 47
   4.3.8 混合 von Mises 分布 48
   4.3.9 多峰性 von Mises 分布 49
4.4 巻込み Cauchy 分布 50
   4.4.1 諸性質 50
   4.4.2 巻込み Cauchy 分布の別の見方 52
   4.4.3 von Mises 分布混合 54
4.5 巻込み正規分布 55
4.6 一般化ハート型分布 57
   4.6.1 生成と性質 57
   4.6.2 三角モーメント 61
4.7 分布の変形と非対称化 62

  4.7.1 Batschelet–Papakonstantinou 変形 62
  4.7.2 非対称化 66
 4.8 正弦関数摂動法による一般化ハート型非対称分布 68
  4.8.1 正弦関数摂動法によるハート型非対称分布 69
  4.8.2 正弦関数摂動法による von Mises 非対称分布 71
  4.8.3 正弦関数摂動法による巻込み Cauchy 非対称分布 . . . 73
 4.9 ハート型変数の Möbius 変換 75
 4.10 von Mises 変数の Möbius 変換 77
 4.11 軸分布 79
  4.11.1 軸 von Mises 分布 81
  4.11.2 軸 von Mises 分布の推定 82
  4.11.3 非対称軸分布 85
 4.12 文献ノート 87

5 方向データの推測：知識発見のための手法

 5.1 一様性の検定 91
 5.2 反射的対称性の検定 94
 5.3 変化点の検出 95
 5.4 分布の当てはめ 96
 5.5 シミュレーション 99
  5.5.1 逆関数法 99
  5.5.2 採択棄却法 101
 5.6 文献ノート 108

6 球面上の確率分布モデル

 6.1 予備概念 111
  6.1.1 3 次元極座標変換 111
  6.1.2 一般次元極座標変換 113
  6.1.3 Tangent-normal 分解 114
  6.1.4 回転対称性 116
  6.1.5 球面上の分布の生成法 117

  6.2　Lambert 正積方位図法 119
  6.3　一様分布 122
    6.3.1　確率密度関数 122
    6.3.2　モーメント 124
    6.3.3　周辺分布と条件付き分布 126
    6.3.4　特性関数 127
    6.3.5　一般ノルム一様分布 129
  6.4　von Mises–Fisher 分布 130
    6.4.1　定義 130
    6.4.2　諸性質 131
    6.4.3　最尤推定 133
    6.4.4　正規分布の尺度混合 135
    6.4.5　球面上の一般化ハート型分布 137
  6.5　Fisher–Bingham 分布 139
  6.6　退去分布 140
  6.7　帯状分布 141
  6.8　Dirichlet 分布 143
    6.8.1　結合確率密度関数 144
    6.8.2　モーメント 145
    6.8.3　周辺分布と条件付き分布 147
  6.9　複素球面上の分布 150
    6.9.1　複素球面上の Bingham 分布 150
    6.9.2　複素球面上の t 分布 156
  6.10　文献ノート 157

7　トーラス上の確率分布モデル

  7.1　予備概念 160
    7.1.1　結合分布，周辺分布，条件付き分布，三角モーメント，
       　和の分布 160
    7.1.2　相関係数 160
  7.2　分布生成法 164
    7.2.1　エントロピー最大化法 164

		7.2.2 周辺分布指定法 165
		7.2.3 条件付き分布指定法 167
		7.2.4 巻込み分布 169
		7.2.5 角度変数間の構造モデル 171
	7.3	文献ノート 173

8 シリンダー上の確率分布モデル

- 8.1 予備概念 177
  - 8.1.1 確率密度関数, モーメント 177
  - 8.1.2 相関係数 178
- 8.2 分布の生成法 179
- 8.3 正規分布型 181
  - 8.3.1 Mardia–Sutton のモデル 181
  - 8.3.2 Johnson–Wehrly のモデル 182
- 8.4 指数分布型 186
  - 8.4.1 Johnson–Wehrly のモデル 186
  - 8.4.2 一つの一般化 188
- 8.5 文献ノート 189

9 角度変数を含むさまざまな回帰モデル

- 9.1 角度/線形説明変数・線形目的変数の回帰モデル 191
- 9.2 角度/線形説明変数・線形目的変数の変形回帰モデル 192
- 9.3 線形説明変数・角度目的変数の回帰モデル 192
- 9.4 角度説明変数・角度目的変数の回帰モデル 193
- 9.5 文献ノート 195

10 ディスク上の確率分布モデル

- 10.1 1 次元ディスク 197
  - 10.1.1 ベータ型モデル 197
  - 10.1.2 円周上のベータ型モデル 199

10.2 2次元ディスク 200
    10.2.1 周辺分布指定法 201
    10.2.2 Möbius 分布 201
    10.2.3 修正 Möbius 分布 204
    10.2.4 円板上の非対称分布の別形 205
10.3 一般次元ディスク 206
    10.3.1 高次元球体内の一様分布 206
    10.3.2 多変量 Möbius 分布 208
10.4 文献ノート 209

欧文索引   **211**

和文索引   **214**

1 角度データの特徴

　角度のデータの「平均」を求めようとして算術平均を計算すると，誤った結論に導かれることがある．その不都合は，「ベクトル」を導入することによって，うまく解消される．以下に，例を示しながら，これらのことを見ていく．

1.1 角度データの実例

　最初に，角度データにはどのようなものがあるかを見てみよう．
　風向 (wind direction) は，角度データの典型的な例で，しかも気象学や環境科学において重要な気象要素と考えられる．下の表 1.1 は，国土交通省気象庁の Web ページから取られた「東京 44132 トウキョウ」における 2015 年 1 月 1 日から 31 日までの正午 12:00 の風向データを表している．

表 1.1　「東京 44132 トウキョウ」（千代田区北の丸公園　東京管区気象台，北緯 35 度 41.5 分，東経 139 度 45.0 分，標高 25.2m）における 2015 年 1 月 1 日から 31 日の正午 12:00 の風向（データソース：http://www.data.jma.go.jp/obd/stats/etrn/index.php）

日	1	2	3	4	5	6	7	8	9	10
風向	北北西	北西	西北西	北北西	北	南	北北西	北西	北西	北西
日	11	12	13	14	15	16	17	18	19	20
風向	南南東	北西	北北西	北東	北西	北西	北北西	西	西北西	北北西
日	21	22	23	24	25	26	27	28	29	30
風向	北北西	北	北西	北東	北東	南東	西北西	北北西	北西	北北西
日	31									
風向	北西									

　データは 16 方位で表されている．表 1.1 を見ると，「北」の字が多く目に付くことから，北寄りの風[1] の日が多いということが漠然と分かる．北を基

[1] 「北風」(north wind, northerly wind) は，「北から吹いてくる風」のことをいう，等々．

準方位（方位角 0°）とし時計回り (clockwise) を正の角度とすると，東，南，西の方位角はそれぞれ 90°，180°，270° となる．鳥の飛翔方向，鉱物の長軸方向，断層面の走向，二面角は風向と同じように角度を表すので，データ解析の方法には共通点がある．しかし，「東京 44132 トウキョウ」におけるデータは 12 時の風向だけからなっているわけではないので，例えば 9 時の風向と 12 時の風向の 2 変量角度データの解析を実行したいかもしれない．そのときには，風向だけの解析法とは異なる仕方が必要である．また，他の気象要素の一つとして風速も考慮に入れて（風向，風速）の 2 変量データを解析したいのであれば，これもまた異なる仕方が必要となる．

別のデータ例を示そう．次のデータは，東京消防庁防災部防災安全課による「救急搬送データからみる日常生活の事故（平成 25 年），第 1 部 日常生活における事故，3. 月別・時間帯別搬送人員，図 1-4 年別の救急搬送人員」から取られた．標本の大きさ $n = 122{,}646$ の時間帯別の救急搬送人員が記録されている．表 1.2 にデータを再録する．

表 1.2 2013 年の東京消防庁救急搬送人員データ（0 時台から 23 時台）
（データソース：http://www.tfd.metro.tokyo.jp/lfe/topics/201410/nichijoujiko/index.html）

時	0	1	2	3	4	5	6	7
人員	3,686	2,424	1,986	1,704	1,584	1,969	2,432	3,524
時	8	9	10	11	12	13	14	15
人員	5,182	6,539	6,961	7,153	6,526	6,948	7,035	7,094
時	16	17	18	19	20	21	22	23
人員	7,188	7,023	6,550	6,654	6,577	6,014	5,273	4,620

時計の文字盤のように午前 0 時から午後 12 時（翌日の午前 0 時）までを円周上に配置すれば，救急搬送というイベントの生起時刻を角度データとして扱えることが分かる．イベントの生起時刻データは，救急搬送データに限らず，月齢と分娩時刻データや誕生と死亡日データなどにおいても現れる．

以下において，これらのようなデータを解析する際，データのどのような特徴に注意すべきかについて述べることにする．

1.2 角度と単位円周上の点の座標の対応

角の大きさを表す量である**角度** (angle) の単位系に度数法と弧度法が知られている．度数法による全方位角は $360°$ であり，弧度法では 2π（ラジアン radian）である．ラジアンは弧の長さ（弧長）と円の半径との比なので，一般性を失うことなく，円としては半径 1 の円（**単位円** unit circle）を考えればよい．弧長が半径と同じ長さのときの角度が 1 ラジアンを表し，度数法による全方位角 $360°$ は 2π ラジアンに相当するから，$\pi = 3.141592\ldots$ であるので，1 ラジアンは約 $57°$（正確には $360°/(2\pi)$）に相当する．いま，xy 平面において，便宜上，始線を x 軸の正の方向に取り，反時計回り (counterclockwise) を角度の正の方向，時計回りを負の方向としておく．図 1.1 を見れば，角度 θ と単位円周上の点 $\mathrm{P}(\cos\theta, \sin\theta)$ の対応の様子が分かるであろう．なお，ここでは点 $\mathrm{P}(x, y)$ の座標 (x, y) を，角度 θ の正弦関数 (sin) と余弦関数 (cos) を使って，$(x, y) = (\cos\theta, \sin\theta)$ と表している．

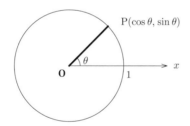

図 1.1　角度と単位円周上の点の座標の対応

正の方向であろうと負の方向であろうと円周を 1 周すれば同じ点に戻ってくるので，k を整数とするとき，θ と $\theta + 2k\pi$ が表す点は同じである．実際，点 P の座標を調べてみると，$\sin(\theta + 2k\pi) = \sin\theta$, $\cos(\theta + 2k\pi) = \cos\theta$（正弦関数と余弦関数は周期関数）となる．しかしながら，周期による不定性を避けて，1 周のみで角度を表現することにしよう．角度 θ の範囲として長さ 2π の任意の区間を取ることができるけれども，扱い易さを考慮して，$[0, 2\pi)$ もしくは $[-\pi, \pi)$ に取ることが多い．

1.3 二つの角度の平均

北東の風と南東の風の「平均方位」は何か？ という問いを発してみよう．その答があるとすれば，直観的には東であろう．「平均」もしくは「平均値」は，正確な定義は別として，何らかの意味で釣合いを取る値，中心的な位置を表す代表値と考えられていると思われる．

いま，東を 0 ラジアンで表し，反時計回りを正の方向として方位を区間 $[-\pi, \pi)$ の値で表示すると，北東は $\pi/4$，南東は $-\pi/4$ となる．「平均値」を計算するときによく行われるように，$\pi/4$ と $-\pi/4$ の算術平均 (arithmetic mean) を計算してみると $(\pi/4 - \pi/4)/2 = 0$ となり，その方位は東となり直観に一致する．これで何も問題はなさそうに見える．

では，東を 0 とし反時計回りを正の方向として方位を $[0, 2\pi)$ の値で表示してみよう．そうすると，北東は $\pi/4$，南東は $7\pi/4$ となる．それらの算術平均は $(\pi/4 + 7\pi/4)/2 = \pi$ であり，その方位は西となる!? これは直観に一致しない．このことは，角度の算術平均を計算するのでは，角度の範囲の取り方により「平均方位」を求める問題に対する答が異なる場合があることを例示している．「平均方位」を求めるのに算術平均を使用するのは望ましくないのではないかと疑わせる．反時計回りを正の方向としたことが不都合の理由なのではなく，時計回りを正の方向としても同様の不都合が生じる．

それでは東を 0 としたことがいけなかったのかというと，そうでもない．実際に，たとえば北を 0 とし北東と北西の風の「平均方位」を問題にする場合でも，算術平均により平均方位を求めようとする限り，同様な不都合が生じるのを確かめることは困難ではないであろう．

次の節で，このような不都合を解消する手段について考える．

1.4 ベクトルの導入

直前の節で述べた不都合を解消するためには，ベクトルの考え方を導入するとよい．1.2 節において，角度 θ と単位円周上の点 P の座標 $(\cos\theta, \sin\theta)$ は $0 \leq \theta < 2\pi$ もしくは $-\pi \leq \theta < \pi$ の範囲で 1 対 1 に対応することを述べた．点 $\mathrm{P}(\cos\theta, \sin\theta)$ はまた単位ベクトル（長さが 1 のベクトル，unit vector）$(\cos\theta, \sin\theta)'$ と同一視できることに注意しよう．なお，$'$ は転

置 (transpose) を表す記号である[2]．そうすると，二つの角度 θ_1 と θ_2 は 2 点 $P_1(\cos\theta_1, \sin\theta_1)$ と $P_2(\cos\theta_2, \sin\theta_2)$，ベクトルとしては $(\cos\theta_1, \sin\theta_1)'$ と $(\cos\theta_2, \sin\theta_2)'$ に対応し，これら二つのベクトルの和[3]を意味する合成ベクトルの平均（平均合成ベクトル，mean resultant vector）を表す点 $\overline{P}$ のベクトルは $((\cos\theta_1 + \cos\theta_2)/2, (\sin\theta_1 + \sin\theta_2)/2)'$ となる（図 1.2 参照）．一見すると，「平均方位」を求めたいときに，1.3 節と何も変わらず同様な不都合が生じるように見えるかもしれないが，ベクトルの持つ著しい性質の「方向と大きさ」が本質的な役割を演じて上記の不都合を解消することになる．

[2] したがって，ベクトルは列ベクトルを表す．

[3] ベクトル $\boldsymbol{a} = (a_1, a_2)'$ と $\boldsymbol{b} = (b_1, b_2)'$ の和は $\boldsymbol{a} + \boldsymbol{b} = (a_1 + b_1, a_2 + b_2)'$ で定義される．図形的には，ベクトル $\boldsymbol{a}$ とベクトル $\boldsymbol{b}$ の和は，$\boldsymbol{a}$ の終点を $\boldsymbol{b}$ の始点としてベクトルの合成を行うことに相当する．

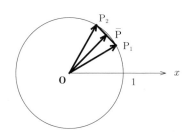

図 **1.2**　二つのベクトルの平均合成ベクトル

1.3 節の例で，東を 0 とし反時計回りを正の方向として方位を $[0, 2\pi)$ で表示し，北東 $\theta_1 = \pi/4$，南東 $\theta_2 = 7\pi/4$ の場合を考えてみよう．θ_1 の方位を表すベクトル $(1/\sqrt{2}, 1/\sqrt{2})'$ と θ_2 を表すベクトル $(1/\sqrt{2}, -1/\sqrt{2})'$ の平均合成ベクトルは $(1/\sqrt{2}, 0)'$ だから，これを単位ベクトルの定数倍の形に変形すると $(1/\sqrt{2})(1, 0)'$ となる．このベクトルの長さは $1/\sqrt{2}$ で方向は $(1, 0)' = (\cos 0, \sin 0)'$ より 0 の方位，すなわち東を表す．

では，東を 0 で表し，反時計回りを正の方向として方位を $[-\pi, \pi)$ で表示するときはどうであろうか？ 北東 $\theta_1 = \pi/4$ と南東 $\theta_2 = -\pi/4$ を表すベクトルは，やはり $(1/\sqrt{2}, 1/\sqrt{2})'$ と $(1/\sqrt{2}, -1/\sqrt{2})'$ であり，それらの平均合成ベクトルの長さは，$1/\sqrt{2}$ で方向は $(1, 0)' = (\cos 0, \sin 0)'$ より 0 の方位，すなわち東を表す．北を 0 とし時計回りを正の方向として方位を $[-\pi, \pi)$ で表示するときには，北東 $\theta_1 = \pi/4$ と南東 $\theta_2 = 3\pi/4$ のベクトルはそれぞれ $(\cos(\pi/4), \sin(\pi/4))' = (1/\sqrt{2}, 1/\sqrt{2})'$ と $(\cos(3\pi/4), \sin(3\pi/4))' = (-1/\sqrt{2}, 1/\sqrt{2})'$ だから，平均合成ベクトル $(0, 1/\sqrt{2})' = (1/\sqrt{2})(0, 1)' = (1/\sqrt{2})(\cos(\pi/2), \sin(\pi/2))'$ を得る．よって，平均合成ベクトルの方向は，北 0 から時計回りに $\pi/2$ の方向，つまり東を表す．同様に，北を 0 とし時計回りを正の方向として方位を $[0, 2\pi)$

で表示しても同じ結果となる．

これらのように，角度の範囲を $[0, 2\pi)$ に取っても $[-\pi, \pi)$ に取っても，また 0 をどこに取っても結果は同じである．

1.5　平均合成ベクトル長

では，平均合成ベクトルがたとえば $(1/\sqrt{2})(1, 0)'$ のとき，その長さ $1/\sqrt{2}$ はどのような意味を持っているのだろうか？

この質問に対する答を得るために，まず単位円周上の二つの点 P_1 と P_2 を表す単位ベクトルが同じ $(a, b)'$ の場合を考えてみよう（図 1.3(a) 参照）．これら二つのベクトルの平均合成ベクトルは明らかに $(a, b)'$ それ自身である．また，もう一つの極端な場合，つまり二つの点 P_1 と P_2 を表すベクトルが反対向きになっている場合を考えよう（図 1.3(b) 参照）．

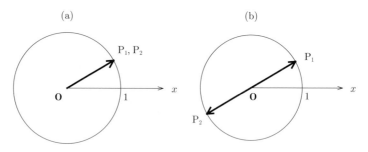

図 **1.3**　二つのベクトルの離れ具合：両極端な場合

二つのベクトルに対応する 2 点は単位円周上にあるので，どんなに離れても原点に関して対称な位置にまでしかならない．一つのベクトルを $(a, b)'$ とするとき反対向きのベクトルは $(-a, -b)'$ だから，それら二つの平均合成ベクトルは原点を表すベクトル $(0, 0)'$ となる．このベクトルに方向は付与できないが，ベクトルの長さは 0 である．円周上の二つの点が最も近い場合，すなわち同じ場合，と最も離れている場合，すなわち原点に関して対称な点の場合，を考えてみたわけだが，それらの平均合成ベクトルの長さ（**平均合成ベクトル長**，mean resultant length）としては，それぞれ 1 と 0 を得た．したがって，平均合成ベクトル長は 1 点への**集中度** (concentration) を表して

いる量と考えられる．最も集中しているときには値 1 で，最も離れているときには値 0 となる．一般に，平均合成ベクトル長の取りうる値は 0 と 1 の間である．たとえば，東を 0 とし，反時計回りを正の方向として方位を $[0, 2\pi)$ で表示するとき，東と北 $(\pi/2)$ を表す二つの単位ベクトル $(1,0)'$ と $(0,1)'$ の平均合成ベクトルは $(1/\sqrt{2})(1,1)'$ と表されるので，平均合成ベクトル長は $1/\sqrt{2} \approx 0.707$ となる．東と南 $(3\pi/2)$ を表す二つのベクトルの平均合成ベクトル $(1/\sqrt{2})(1,-1)'$ の長さも，同じ値 $1/\sqrt{2} \approx 0.707$ である．

2 角度データのまとめ方

第 1 章において角度データの特徴を説明したので，本章では，実例を示しながら，角度データの図的・数的まとめ方について述べる．

2.1 図的表現

第 1 章 1.1 節の表 1.1 において，国土交通省気象庁の Web ページから取られた「東京 44132 トウキョウ」における 2015 年 1 月 1 日から 31 日までの正午 12:00 の場合の風向データを示した．ここでは，データを見やすい形に加工する円周プロット (circular plot) について解説する．

図 2.1 は，(a) 2015 年 1 月 1 日から 31 日（表 1.1），(b) 同年 3 月 1 日から 31 日，(c) 同年 5 月 1 日から 31 日の正午 12:00 の風向の円周ドットプロット (circular dot plot) を示している．1 月は冬の最中であるので，北西から北北西の風が卓越しているのが分かる．3 月は冬から春への移行期であるので，冬型の北北西の風とともに南南東の風も多く吹いている．また，5 月になると，南から南東の間の風が多くなっていることがよく分かる．なお，便宜上，東を 0 度とし，反時計回りに正の値を取るようにしている．これは，数学における三角関数の従来の使用法によるものであり，たとえば北を 0 度として時計回りに正としても一向に差し支えない．

表 1.2 のデータの円周プロットと線形プロット (linear plot) は，それぞれ図 2.2 の (a) と (b) に示される．

データは 0 時台から 23 時台までの人員数からなるので，0 時台のデータは 0 時と 1 時の中間の 0 時 30 分，1 時台のデータは 1 時と 2 時の中間の 1 時 30 分，... に配置した．報告書にあるように，「9 時台から 20 時台に多く搬送されている」ことが分かる．なお，報告書では棒グラフでデータを図示している．棒グラフの図で十分にデータの分布状況を把握することが可能であるが，

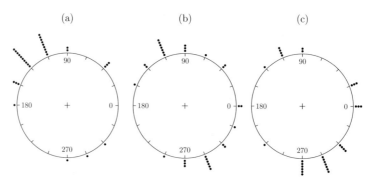

図 2.1 「東京 44132 トウキョウ」における正午 12:00 の風向：(a) 2015 年 1 月 1 日から 31 日，(b) 同年 3 月 1 日から 31 日，(c) 同年 5 月 1 日から 31 日

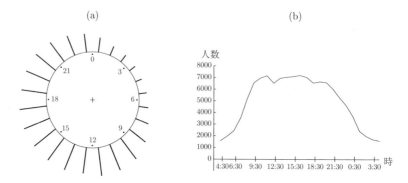

図 2.2 2013 年の東京消防庁救急搬送人員データ（0 時台から 23 時台）：(a) 円周プロット，(b) 線形プロット（4 時台から翌日の 4 時台までの表示）

ここでは，23 時と 0 時は時間的に「近い」ため，円周プロットによって図示した．この例では，データは本来の角度ではないが，24 時間時計のように配置することにより，分布状況がよく分かるという利点がある．線形プロットでは，搬送人員が最も少なかった 4 時台（4 時 30 分）から翌日の 4 時台までをプロットした．したがって，両端で同じ値（1,584 人）を取る．また，同じデータについて，バラ（薔薇）図[1] (rose diagram) によって表示してみると図 2.3 のようになる．破線の円は，24 時間の各 1 時間に同数ずつ分布（一様分布）するとしたときを表す．本書では行っていないが，たとえば色付けするなど工夫をして，見た目にもきれいな図を作るとアピールしやすいと思われる．

さらに，別のデータ例を見てみることにする．人の誕生日は他の日に比べて死亡率が高いという記事を見て，思いつくままに統計学者の生没年月日を

[1] 近代看護教育の母と呼ばれるナイチンゲール (Florence Nightingale) は，クリミア戦争の前線における病院内の負傷兵に対しての衛生状態改善による効果を示すために，新しいデータ表示法を用いた．今日では円周上データの表示法の一つと見ることができる（植物の）ケイトウ（鶏頭）図 (coxcomb chart) もしくはバラ（薔薇）図がそれである．

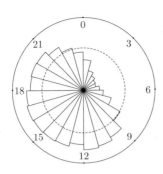

図 2.3 2013 年の東京消防庁救急搬送人員データ（0 時台から 23 時台）のバラ（薔薇）図（破線は一様分布の場合を表す）

ウィキペディアで調べてみた．組織的・網羅的な調査をしたわけではなく，将来において類似のデータが手に入るときを想定して，一つの解析法を提示し紹介するだけであることを予め断っておく．得られた 50 人のデータに対して，ある年の誕生日を 0（ラジアン）とし，次の 1 年の間に死亡した場合に死亡日までの日数を $0 \sim 2\pi$ に変換して単位円周上にプロットすると図 2.4 のようになった．なお，ある年の誕生日から翌年の誕生日の前日までに 2 月 29 日が含まれていない場合は 1 年を 365 日とし，含まれている場合は 366 日として計算した．また，飛行機事故の場合は除外した．図からは，誕生日の直前よりかは直後のほうに多くの点がプロットされているように見えなくもない．基本的な統計量については 2.2.3 項に与えられる．

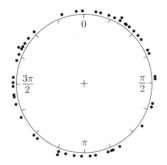

図 2.4 統計学者の生没年月日データからの円周プロット

2.2 数値的表現

2.2.1 平均方向と角度分散

大きさ n の角度データを θ_j $(j = 1, \ldots, n)$（ラジアン）とする．このとき，角度 θ_j は単位円周上の点の座標 $(\cos\theta_j, \sin\theta_j)$ と同一視でき，さらにベクトル $(\cos\theta_j, \sin\theta_j)'$ を導入すると便利なことは，1.4 節の $n = 2$ のときの説明から容易に理解できるであろう．いま，θ_j の余弦と正弦それぞれの和を，

$$C = \sum_{j=1}^{n} \cos\theta_j, \quad S = \sum_{j=1}^{n} \sin\theta_j$$

とおこう．そうすると，ベクトル $(C, S)'$ は n 個のベクトル $(\cos\theta_j, \sin\theta_j)'$ $(j = 1, \ldots, n)$ の合成ベクトルを表し，また，$(C/n, S/n)'$ は平均合成ベクトルを表す．$n = 2$ のときに，二つの点もしくはベクトルと同一視できる P_1 と P_2 から平均合成ベクトルに相当する点 $\overline{P}$ を得る様子を図 1.2 に既に示した．一般の n に対して，合成ベクトル $(C, S)'$ もしくは平均合成ベクトル $(C/n, S/n)'$ の方向は**標本平均方向** (sample mean direction) と呼ばれる．標本平均方向を $\overline{\theta}$ で表すことにすると，$\overline{\theta}$ は合成ベクトル $(C, S)'$ の大きさ $R = \sqrt{C^2 + S^2}$ の値が 0 でないとき，

$$\cos\overline{\theta} = \frac{C}{R}, \quad \sin\overline{\theta} = \frac{S}{R}$$

を満たす $\overline{\theta}$ によって求められる．すなわち $\overline{\theta}$ は $\tan\overline{\theta} = S/C$ を満たすが，このような $\overline{\theta}$ を $[0, 2\pi)$ の区間において陽に表すためには C と S の取る値の範囲で分類しなければならず，具体的には，

$$\overline{\theta} = \begin{cases} \tan^{-1}(S/C), & C > 0,\ S \geq 0 \\ \pi/2, & C = 0,\ S > 0 \\ \tan^{-1}(S/C) + \pi, & C < 0 \\ 3\pi/2, & C = 0,\ S < 0 \\ \tan^{-1}(S/C) + 2\pi, & C > 0,\ S < 0 \end{cases}$$

となる．ここで，逆正接関数 (arctangent function) の値域は主値を採用し，$\tan^{-1}(\cdot) \in (-\pi/2, \pi/2)$ である．R の値が 0 のとき，すなわち $C = S = 0$ のときには平均方向は定義されない．平均合成ベクトル $(C/n, S/n)'$ の大きさ $\overline{R} = \sqrt{C^2 + S^2}/n$ は**標本平均合成ベクトル長** (sample mean resultant length)

と呼ばれ，$0 \leq \overline{R} \leq 1$ を満たす．$\overline{R}$ の値が 1 となるのは，すべての θ_j が同じ角度を表すときで，そのときに限る．このことから $\nu = 1 - \overline{R}$ を分布のばらつきを表す量として採用し，データ θ_j の**角度分散** (circular variance) とするのは自然である．明らかに，$\overline{R} = 1$ ($R = n$) のとき $\nu = 0$，$\overline{R} = 0$ ($R = 0$) のとき $\nu = 1$ となる．

角度のデータ $\theta_1, \ldots, \theta_n$ の平均方向と角度分散，もしくは平均合成ベクトル長は，ある意味で実軸上のデータ $x_1, \ldots, x_n$ の**標本平均** (sample mean) $\overline{x} = n^{-1} \sum_{j=1}^{n} x_j$ と**標本分散** (sample variance) $S^2 = n^{-1} \sum_{j=1}^{n} (x_j - \overline{x})^2$ に似た性質を持つ．このことを説明しよう．

各 x_j と標本平均 $\overline{x}$ との間のズレ $x_j - \overline{x}$ は**偏差** (deviation) と呼ばれる．偏差は各 x_j と標本平均との間の符号付き距離を表している．すなわち，x_j が $\overline{x}$ よりも大きいとき $x_j - \overline{x}$ は x_j と $\overline{x}$ の間の距離を表し，x_j が $\overline{x}$ よりも小さいときは $-(x_j - \overline{x})$ が x_j と $\overline{x}$ の間の距離を表す．偏差の和を取ると $\sum_{j=1}^{n}(x_j - \overline{x}) = \sum_{j=1}^{n} 1 \times (x_j - \overline{x}) = 0$ が成立することは $\overline{x}$ が各 x_j に等しい重み 1 を与えたときの重心を表していることを意味する．一方，標本平均に似たどのような式が平均方向 $\overline{\theta}$ に対して成り立つであろうか？ 少しの計算をしてみると，

$$\begin{aligned}
\sum_{j=1}^{n} \sin(\theta_j - \overline{\theta}) &= \sum_{j=1}^{n} (\sin\theta_j \cos\overline{\theta} - \cos\theta_j \sin\overline{\theta}) \\
&= S \cos\overline{\theta} - C \sin\overline{\theta} \\
&= R \sin\overline{\theta} \cos\overline{\theta} - R \cos\overline{\theta} \sin\overline{\theta} \\
&= 0
\end{aligned}$$

となることが分かる．すなわち，平均方向 $\overline{\theta}$ からの各 θ_j のズレ $\theta_j - \overline{\theta}$ の正弦の和は 0 となる．

また，角度分散も実軸上のデータの標本分散と似た性質を持つことを説明しよう．実軸上のデータ x_j ($j = 1, \ldots, n$) の標本分散 S^2 は 0 以上の値を取り，$S^2 = 0$ となるのは $x_1 = \cdots = x_n$ のときでそのときに限る．角度分散 ν もこれと同様な性質を持つことは既に述べた．S^2 はいくらでも大きくなりうるが，角度データの分散 ν は $0 \leq \nu \leq 1$ と上に有界である．これは標本分散とは異なる性質であるが，二つの角度を表す 2 点はどんなに離れても原点に関して対称な点にまでしか離れようがないことから，角度データの分散が有界な量として定義されるのは妥当と言える．他にも，双方の量が持つ似た性

質がある．

実数 c に対して $U(c) = n^{-1}\sum_{j=1}^{n}(x_j - c)^2$ を最小にする c は，$U(c) = n^{-1}\sum_{j=1}^{n}(x_j - \overline{x})^2 + (\overline{x} - c)^2$ と変形されることから，$c = \overline{x}$ であることが分かる．そのときの値 $U(\overline{x})$ は標本分散 S^2 となる．一方，単位円周上の 2 点に対応する角度を θ, α とすると，それら 2 点間の弦の長さの 2 乗が $2\{1 - \cos(\theta - \alpha)\}$ と表されることから，$V(\alpha) = 1 - n^{-1}\sum_{j=1}^{n}\cos(\theta_j - \alpha)$ とおくと，$V(\alpha) = \nu + 2\overline{R}\sin^2\{(\overline{\theta} - \alpha)/2\}$ と変形できるので，$V(\alpha)$ は $\alpha = \overline{\theta}$ のときに最小となる．そのときの最小値 $V(\overline{\theta})$ は角度分散 ν となる．なお，標本平均合成ベクトル長 $\overline{R}$ は $\overline{R} = n^{-1}\sum_{j=1}^{n}\cos(\theta_j - \overline{\theta})$ と表せることも分かる．また，$t_j = (\cos\theta_j, \sin\theta_j)'$ $(j = 1, \ldots, n)$ とし，$t = (C, S)'$ とすると，恒等式，

$$2(1 - \overline{R}) = \frac{1}{n}\sum_{j=1}^{n}\left\| t_j - \frac{t}{\|t\|} \right\|^2$$

が成り立つ．ただし，$\|\cdot\|$ は $a = (a_1, a_2)'$ のときノルム $\|a\| = \sqrt{a_1^2 + a_2^2}$ を表す．この恒等式の右辺は，大きさ 1 のベクトル t_j と大きさ 1 のベクトル $t/\|t\|$（標本平均方向を表す合成ベクトル t の大きさを 1 にしたベクトル）の差の 2 乗ノルムの平均であることを示している．

2.2.2　その他の基本統計量

大きさ n の角度データを $\theta_1, \ldots, \theta_n$ とする．

標本 p 次三角モーメント　p を正の整数とするとき，標本の p 次三角モーメント (pth trigonometric moment) を次のように定義する：

$$m'_p = \overline{C}_p + i\overline{S}_p = \hat{\rho}_p e^{i\hat{\mu}'_p} \ (\hat{\rho}_p \geq 0)$$

ここで，i は **虚数単位** (imaginary unit) $i = \sqrt{-1}$ を表す[2]．また，

$$\overline{C}_p = \frac{1}{n}\sum_{j=1}^{n}\cos(p\theta_j), \quad \overline{S}_p = \frac{1}{n}\sum_{j=1}^{n}\sin(p\theta_j)$$

であり，$\overline{C}_p$ は標本 p 次余弦モーメント (sample pth cosine moment)，$\overline{S}_p$ は標本 p 次正弦モーメント (sample pth sine moment) と呼ばれる．$\hat{\rho}_p$ と $\hat{\mu}'_p$ は，

---

[2] 本書では虚数単位を i で表す．

$$\hat{\rho}_p^2 = \overline{C}_p^2 + \overline{S}_p^2, \quad \cos\hat{\mu}_p' = \frac{\overline{C}_p}{\hat{\rho}_p}, \quad \sin\hat{\mu}_p' = \frac{\overline{S}_p}{\hat{\rho}_p} \quad (\hat{\rho}_p > 0)$$

であり，$\hat{\rho}_p$ は標本 p 次平均合成ベクトル長 (pth mean resultant length)，$\hat{\mu}_p'$ は標本 p 次平均方向 (pth mean direction) と呼ばれる．

とくに，$p = 1$ のときの量は既に 2.2.1 項で現れている．すなわち，

$$m_1' = \overline{C} + i\overline{S} = \overline{R}e^{i\overline{\theta}}, \quad \overline{C} = \frac{C}{n} = \frac{1}{n}\sum_{j=1}^n \cos\theta_j, \quad \overline{S} = \frac{S}{n} = \frac{1}{n}\sum_{j=1}^n \sin\theta_j$$

であり，$\overline{R} = \sqrt{\overline{C}^2 + \overline{S}^2} = \sqrt{C^2 + S^2}/n$ は標本平均合成ベクトル長，$\overline{\theta}$ は標本平均方向[3]である．

注意 p は「次数」ということから正の整数としたが，負の整数でも $\overline{C}_p$ や $\overline{S}_p$ を定義でき，

$$\overline{C}_{-p} = \overline{C}_p, \quad \overline{S}_{-p} = -\overline{S}_p$$

が成り立つ．m_p' の複素共役 (complex conjugate) は，

$$\overline{m_p'} = \overline{C}_p - i\overline{S}_p = m_{-p}'$$

となる．

[3] ベクトル $(\cos\theta_j, \sin\theta_j)'$ を複素数により $e^{i\theta_j} = \cos\theta_j + i\sin\theta_j$ と表示すると，$\sum_{j=1}^n e^{i\theta_j} = C + iS$ と書ける．したがって，標本平均方向 $\overline{\theta}$ と標本平均合成ベクトル長 $\overline{R}$ は $n^{-1}(C + iS) = \overline{R}e^{i\overline{\theta}}$ となる．

平均方向周りの標本 p 次三角モーメント 標本の平均方向 $\overline{\theta}$ 周りの p 次三角モーメント (sample pth trigonometric moment about the mean direction) を次のように，

$$m_p = \frac{1}{n}\sum_{j=1}^n \cos\{p(\theta_j - \overline{\theta})\} + i\frac{1}{n}\sum_{j=1}^n \sin\{p(\theta_j - \overline{\theta})\}$$

と定義する．そうすると，m_p の長さは $\hat{\rho}_p$ に等しく，m_p の**偏角** (argument) は $\arg m_p = \mu_p' - p\overline{\theta}$ となる．

2.2.3 数値的表現の実例

表 1.1 (図 2.1) の「東京 44132 トウキョウ」12 時風向データについて統計量のいくつかの数値を求めてみると，次のようである．(a)「2015 年 1 月

1日から31日」については，$C \approx -11.1$, $S \approx 18.0$ であり $C < 0$ より標本の平均方向 $\bar{\theta} \approx 2.12$ ラジアン（121.6°），平均合成ベクトル長 $\bar{R} \approx 0.68$，角度分散 $\nu \approx 0.32$ を得る．1月なので，北西から北北西の風が卓越していて，反対方向の南東から南南東の風はまれなことから，平均方向は北西から北北西の間にあり，角度分散は比較的小さい値を取っている．(b)「同年3月1日から31日」については，$C \approx 3.0$, $S \approx 2.3$ より標本の平均方向 $\bar{\theta} \approx 0.66$ ラジアン（37.6°），平均合成ベクトル長 $\bar{R} \approx 0.12$，角度分散 $\nu \approx 0.88$ である．3月は季節が冬から春への移行期であるので，北北西と南南東の風も吹き，平均方向は北東と東北東の間となった．図からも明らかであるが，角度分散が大きいことから，データの円周上での散らばりが大きいことが分かる．(c)「同年5月1日から31日」については，$C \approx 8.3$, $S \approx -8.5$ より標本の平均方向 $\bar{\theta} \approx 5.49$ ラジアン（314.6°），平均合成ベクトル長 $\bar{R} \approx 0.38$，角度分散 $\nu \approx 0.62$ であった．5月では南から南東にかけての風が多くなっていることが分かる．角度分散は1月のときよりは大きく，3月のときよりは小さい．

表1.2（図2.2）の東京消防庁救急搬送人員データH25（0時台から23時台）[4]については，0時を0，時計回りを正の向きとして，$C \approx -20676.9$, $S \approx -255126.5$ であり $C < 0$ より標本の平均方向は $\bar{\theta} \approx 4.02$ ラジアン（15時22分）となる．また，平均合成ベクトル長は $\bar{R} \approx 0.27$ であり，角度分散 $\nu \approx 0.73$ を得る．データの円周上でのばらつきは小さくはない．

図2.4の統計学者の生没年月日データ[5]（標本の大きさ $n = 50$）から計算された標本の平均方向 $\bar{\theta}$，平均合成ベクトル長 $\bar{R}$，角度分散 ν は次のとおりであった：$\bar{\theta} \approx 5.81$ ラジアン（333°），$\bar{R} \approx 0.09$, $\nu \approx 0.91$．角度分散の値は大きく，図からも分かるようにデータは円周上に大きくばらついている．$\bar{R}$ の値は小さいので，平均方向は不安定である．

[4] 東京消防庁救急搬送人員データH25については，後の第5章でも取り上げる．

[5] 統計学者の生没年月日データについても，後の第5章で再度取り上げる．

3 円周上の確率分布の諸概念

本章では，角度データのモデル化のために有用な諸概念を扱う．モデル化の詳細は第 4 章に与えられる．とりあえず角度データの分析に興味ある読者は，先に第 5 章に進んで差し支えない．必要に応じ，適宜に本章および第 4 章に戻るようにすればよい．

3.1 視覚的把握

分布の台 (support) を単位円周（半径 1 の円の円周，circumference）に持つ分布を単位円周上の分布もしくは簡単に**円周上の分布** (circular distribution distribution on the circle) という．数式を用いた説明は後に回すとして，円周上の分布の特徴を視覚的に捉えることにしよう．円周上の分布のイメージがわくようにするには，分布の状況を表す**確率密度関数**（probability density function，定義は 3.2.1 項）をプロットした図を見るとよい．実際，図 3.1(a) を見れば「単位円周を台に持つ」分布の意味は一目瞭然であろう．しかし，円周上の分布の確率密度関数を表示するには，本来は 3 次元空間が必要であるものを平面上に描いているので，確率密度関数の形状を把握するのに図 3.1(a) の表示法は必ずしも適切でない．図 3.1(b) は円周上の分布であることを意識しながら，各点における確率密度関数の形状を把握できるという点で優れている．データのプロットのときにも，この表示法を用いることができる．

図 3.2(a), (b) は確率密度関数（図 3.1(a)）を異なる点において切り開いて図示したものである．図 3.2(a) は $(x,y) = (-1,0)$ において切り開き，反時計回りに角度 $[-\pi, \pi)$ の範囲で表示していて，図 3.2(b) は $(x,y) = (1,0)$ において切り開き，反時計回りに角度 $[0, 2\pi)$ の範囲で表示している．(b) は分布のモードもしくは**最頻値** (mode，確率密度関数 $f(\theta)$ の極大値 $f(\theta_0)$ を与える値 θ_0) が中央付近にきているので，(a) よりも見やすい．図 3.2(a), (b) で

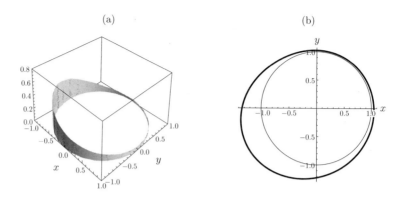

図 3.1 確率密度関数の円周上プロット：(a) 3 次元表示. (b) 2 次元表示

は左端と右端の点において同じ値を取ることに注意しよう．図 3.1 と 3.2 はすべて同じ分布状況を表現しているが，図からの印象はかなり異なるものとなっている．必要に応じて図の使い分けをするとよい．

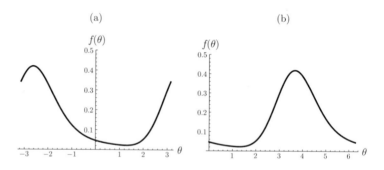

図 3.2 確率密度関数の区間上プロット：(a) 区間 $[-\pi, \pi)$, (b) 区間 $[0, 2\pi)$

図 3.2(a), (b) は，直線上における長さ 2π の各区間上の確率密度関数を表しているが，その持つ意味は直線上の通常の確率密度関数とは若干異なっている．図 3.3 は角度が円周上を何回も回ったときの様子を表すために図 3.1(a) を直線上に描いたものであるが，これは直線上の確率密度関数のグラフとはみなせない．長さ 2π の任意の区間（たとえば図 3.3 における区間 $[\theta_L, \theta_U)$）を取れば円周上の確率密度関数のグラフとみなせる．長さが 2π の区間は任意に取ることができるが，現象をより分かりやすく理解し，また計算を容易にするために，区間は $[0, 2\pi)$ もしくは $[-\pi, \pi)$ に取られることが多い．

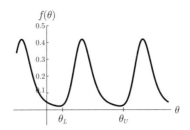

図 **3.3** 確率密度関数の直線上プロット

3.2 数式表現

3.2.1 確率密度関数と分布関数

話を分かりやすくするために，最初に確率密度関数が存在する場合（連続型）を扱うことにする．本書では，円周上の確率分布の確率密度関数とは次の性質を持つ関数 $f(\theta)$ のことをいう．

(1) 区間 $[0, 2\pi)$ のすべての実数 θ に対して $f(\theta) \geq 0$ である．
(2) 関数 $f(\theta)$ を区間 $[0, 2\pi)$ で積分すると 1 になる．すなわち，

$$\int_0^{2\pi} f(\theta) d\theta = 1$$

が成り立つ．
(3) 関数 $f(\theta)$ は周期 2π を持つ周期関数である．すなわち，すべての整数 k に対して，

$$f(\theta + 2k\pi) = f(\theta)$$

が成り立つ．

後ほど具体的に分布名をあげ，それぞれの分布の持つ諸性質を論ずるが，ここではイメージを持ってもらうために，一つだけ，円周上の確率密度関数としては最も簡単な一様分布を例に取ることにする．区間 $[0, 2\pi)$ 上の一様分布の確率密度関数は $[0, 2\pi)$ 上で，正の一定値を取る関数である．その一定値を $c\ (>0)$ とすると，(2) の性質から明らかに，

$$\int_0^{2\pi} c\, d\theta = 2\pi c = 1$$

となるので,$c=1/(2\pi)$ であることが分かる.(3) の性質が成立することも明らかである.したがって,

$$f(\theta) = \frac{1}{2\pi}, \quad 0 \leq \theta < 2\pi$$

は確率密度関数となる.この確率密度関数を持つ分布を**円周上の連続型一様分布** (continuous circular uniform distribution) という.

注意 上の確率密度関数の性質から,長さ 2π の任意の区間 $[\theta_L, \theta_U]$ で $f(\theta)$ を積分すれば 1 となること,式で表せば,

$$\int_{\theta_L}^{\theta_U} f(\theta)d\theta = \int_0^{2\pi} f(\theta)d\theta = 1$$

であることが分かる.点 θ_L が区間 $(-\pi, 0)$ 内にあるときの様子を図示してみると,図 3.4 のようである.区間 $[\theta_L, \theta_U]$(ここで $\theta_U = \theta_L + 2\pi$)での $f(\theta)$ の積分値と区間 $[0, 2\pi)$ での $f(\theta)$ の積分値は等しく 1 となる.**分布関数** (distribution function) は,

$$F(\theta) = \int_0^\theta f(t)dt, \quad 0 \leq \theta < 2\pi$$

で定義されるが,すべての実数 $-\infty < x < \infty$ に対して定義される関数 $F(x+2\pi) - F(x) = 1$ を導入しておくと,長さ 2π の任意の区間 $[\theta_L, \theta_U]$ の中の θ に対して,

$$\int_{\theta_L}^\theta f(x)dx = F(\theta) - F(\theta_L)$$

となる.

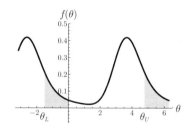

図 3.4 円周上の確率密度関数 $f(\theta)$ の区間 $[\theta_L, \theta_U]$(ここで $\theta_U = \theta_L + 2\pi$)での積分値は区間 $[0, 2\pi)$ での積分値と同じく 1 であることの説明 [1]

---

[1] 実際,$[\theta_L, 0)$ での $f(\theta)$ の θ に関する積分値は $[\theta_U, 2\pi)$ での積分値と同じである(塗りつぶされた二つの部分の面積は等しい).

3.2.2 三角モーメント，平均方向，平均合成ベクトル長

第1章1.3節において，方位データ（ラジアンもしくは度数）から「平均方位」を計算しようとするとき，算術平均を取ると不都合が起こりうることを述べた．このことを分布の言葉で説明すると，次のようになる．例として，関数 $f(\theta) = (1+\cos\theta)/(2\pi)$ を考えてみよう．この関数が確率密度関数となることはすぐに分かるので，その確率変数を Θ としておく．円周を $[-\pi, \pi)$ および $[0, 2\pi)$ とするとき，Θ の分布の2次元円周上プロットを描くと図3.5のようになり，(a) と (b) のどちらにしても直観的に「平均方位」は0である．ところで，「平均 $E(\Theta)$」を $[-\pi, \pi)$ と $[0, 2\pi)$ 上で，それぞれ $\int_{-\pi}^{\pi} \theta f(\theta) d\theta$ と $\int_{0}^{2\pi} \theta f(\theta) d\theta$ で計算すると，値 0 と π を得る．この計算法では，区間の取り方によっては「$E(\Theta)$」の値が同じとはならないことが分かる．この不都合の解消のためには，以下のようにすればよい．

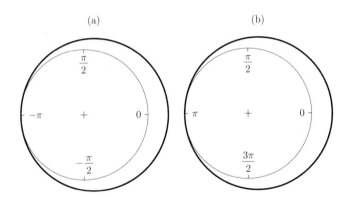

図 **3.5** 確率密度関数 $f(\theta) = (1+\cos\theta)/(2\pi)$ の2次元円周上プロット：(a) $[-\pi, \pi)$，(b) $[0, 2\pi)$

p を負でない整数とするとき，連続型確率変数 Θ の p 次三角モーメント (*p*th trigonometric moment) は，

$$\phi_p = E(e^{ip\Theta}) = \int_0^{2\pi} e^{ip\theta} f(\theta) d\theta, \quad p = 0, 1, 2, \ldots; \ i = \sqrt{-1}$$

で定義される．Euler（オイラー）の公式 $e^{ix} = \cos x + i \sin x$ から，$\phi_p = \alpha_p + i\beta_p$ と分解できる．ここで，$\alpha_p = E\{\cos(p\Theta)\} = \int_0^{2\pi} \cos(p\theta) f(\theta) d\theta$ は p 次余弦モーメント (cosine moment)，$\beta_p = E\{\sin(p\Theta)\} = \int_0^{2\pi} \sin(p\theta) f(\theta) d\theta$ は p 次正弦モーメント (sine moment) と呼ばれる．なお，三角モーメントは

p が非負の整数に対して定義されたことを注意しておこう．実は，三角モーメントは負の整数 q に対しても定義可能であるが，$\alpha_q = \alpha_{-q}$, $\beta_q = -\beta_q$ が成立するので，非負の整数に対して三角モーメントを定義しておけば十分である．分布が $[-\pi, \pi)$ 上で定義されていて 0 に関して対称 (symmetric)，すなわち $f(-\theta) = f(\theta)$ であれば，$\beta_p = 0$ $(p = 0, 1, 2, \ldots)$ である．

注意 確率変数 Θ の特性関数を，実数 t に対して $\phi(t) = E(e^{it\Theta})$ と定義すると，整数 k に対して Θ と $\Theta + 2k\pi$ の分布は同じだから，

$$\phi(t) = E(e^{it\Theta}) = E\{e^{it(\Theta + 2k\pi)}\} = e^{2itk\pi} E(e^{it\Theta})$$
$$= e^{2itk\pi} \phi(t)$$

となる．よって，$e^{2itk\pi} = 1$ となり，t は整数でなければならない．整数 p に対し，$\phi(p)$ を p 次の三角モーメントと呼ぶ．

1 次三角モーメント (first trigonometric moment) を $\phi_1 = E(e^{i\Theta}) = \rho e^{i\mu}$ $(\rho \geq 0)$ と書くとき，ρ は平均合成ベクトル長 (mean resultant length) を表す．$\rho > 0$ のとき，μ は確率変数 Θ の分布の平均方向 (mean direction) となる[2]．$\rho = 0$ であるとき，平均方向は定義されない．平均合成ベクトル長については，$|\phi_1| \leq E(|e^{i\Theta}|) = 1$ だから，不等式 $0 \leq \rho \leq 1$ が成り立つ．また，平均方向は回転に関して共変的であり，平均合成ベクトル長は回転に関して不変的である．この意味は，確率変数 Θ の分布の平均方向を μ，平均合成ベクトル長を ρ とし，固定された角度を ψ とするとき，

$$E\{e^{i(\Theta - \psi)}\} = e^{-i\psi} E(e^{i\Theta}) = \rho e^{i(\mu - \psi)}$$

が成立することをいう．つまり，$\Theta - \psi$ の分布の平均方向は $\mu - \psi$ で，平均合成ベクトル長は ρ のままである．いま，$\psi = \mu$ とすれば，明らかに $E\{e^{i(\Theta - \mu)}\} = \rho$ となる．よって，$E\{\cos(\Theta - \mu)\} = \rho$ かつ $E\{\sin(\Theta - \mu)\} = 0$ となることが分かる．

確率変数 Θ の分布の**円周分散** (circular variance) は，平均合成ベクトル長 ρ を使って $\nu = 1 - \rho$ で定義される．円周分散について，明らかに不等式 $0 \leq \nu \leq 1$ が成り立つ．標本の円周分散の説明において現れたように，確率変数 Θ の分布の円周分散に対しても，

[2] 本節冒頭の例，確率密度関数 $f(\theta) = (1 + \cos\theta)/(2\pi)$ を持つ確率変数 Θ の 1 次三角モーメントは $\phi_1 = E(e^{i\Theta}) = 1/2 = (1/2)e^{i0}$ となるので，Θ の平均方向 0 (直観に一致！)，平均合成ベクトル長 1/2 を得る．

$$V(\alpha) = 1 - E\{\cos(\Theta - \alpha)\} = \nu + 2\rho \sin^2\left(\frac{\mu - \alpha}{2}\right)$$

となるので，$V(\alpha)$ は $\alpha = \mu$ のとき最小値 ν を取る．別の円周分散として，

$$\mathrm{Var}(\Theta) = E\{|e^{i\Theta} - E(e^{i\Theta})|^2\} = 1 - \rho^2$$

を定義することもできる．なお，本分野では**円周標準偏差** (circular standard deviation) として，$\sqrt{\nu}$ や $\sqrt{1-\rho^2}$ でなく，伝統的に $\sigma = \{-2\log(1-\nu)\}^{1/2}$ が用いられてきた[3]．その理由については，後の 4.5 節において説明される．

[3] log は自然対数を表す．

3.2.3 歪度，尖度

円周分布の p 次三角モーメント ϕ_p を $\phi_p = \alpha_p + i\beta_p = \rho_p e^{i\mu_p}$ ($\rho_p \geq 0$) と書くことにすると，ρ_1 は平均合成ベクトル長 ρ を，また，$\rho > 0$ のとき，μ_1 は平均方向 μ を表すのは明らかであろう．同じように，平均方向周りの p 次中心三角モーメント $E\{e^{ip(\Theta-\mu)}\}$ は，p 次中心余弦モーメント $\overline{\alpha}_p = E[\cos\{p(\Theta-\mu)\}]$ と p 次中心正弦モーメント $\overline{\beta}_p = E[\sin\{p(\Theta-\mu)\}]$ を用いて，$E\{e^{ip(\Theta-\mu)}\} = \overline{\alpha}_p + i\overline{\beta}_p$ と書ける．また，$E\{e^{ip(\Theta-\mu)}\} = e^{-ip\mu}E(e^{ip\Theta})$ から，平均方向周りの p 次中心三角モーメントは $E\{e^{ip(\Theta-\mu)}\} = \rho_p e^{i(\mu_p - p\mu)}$ と表すことができる．これらより，明らかに $\rho_p = \sqrt{\overline{\alpha}_p^2 + \overline{\beta}_p^2}$，$\arg(\overline{\alpha}_p + i\overline{\beta}_p) = \arg\phi_p - p\mu$ である．

円周分布が平均方向 μ に関して対称であれば，p 次中心正弦モーメントは $\overline{\beta}_p = E[\sin\{p(\Theta-\mu)\}] = 0$ であるので，**円周分布の歪度** (circular skewness) は，$\overline{\beta}_2$ を使って $\overline{\beta}_2/(1-\rho)^{3/2}$ で定義され，用いられてきた．また，尖度 (circular kurtosis) の定義としては $(\overline{\alpha}_2 - \rho^4)/(1-\rho)^2$ がよく使われている．しかし，$\overline{\beta}_2$ と $\overline{\alpha}_2$ 自身をそれぞれ歪度と尖度として採用する考え方もある．

3.2.4 離散型分布

円周上の**離散型分布** (discrete circular distribution) の場合は，次のようになる．

単位円周上において高々可算無限個の角度 $0 \leq a_0 < a_1 < \cdots < 2\pi$ を考えよう．これらを値に取る離散型確率変数 Θ の確率関数 (probability function) は次のように定義される．

(1) $f(a_j) = \Pr(\Theta = a_j) \geq 0, \quad j = 0, 1, 2, \ldots$

(2) $\sum_{j=0}^{\infty} f(a_j) = 1$

また，離散型確率変数 Θ の分布関数は，

$$F(\theta) = 0 \ (0 \leq \theta < a_0), \quad F(\theta) = \sum_{j=0}^{k} f(a_j) \ (a_k \leq \theta < a_{k+1}; \ k = 0, 1, 2, \ldots)$$

で定義される．

格子分布 (lattice distribution) は，単位円周を m 個 ($m \geq 2$) の均等区間に分割して各区間の中央の角度を $\mu + 2\pi k/m$ ($0 \leq \mu < 2\pi$; $k = 0, 1, \ldots, m-1$) とするとき，

$$\Pr\left(\Theta = \mu + \frac{2\pi}{m} k\right) = p_k, \quad k = 0, 1, \ldots, m-1$$

で与えられる．たとえば，風向を北，北東，東，南東，南，南西，西，北西の8方位で表したり，16方位で表したりする場合を思えばよいであろう．なお，$m = 1$ のときは1点 μ に退化した分布を表す．また，離散型一様分布 (discrete circular uniform distribution) は格子分布の特別な場合であって，$p_k = 1/m$ ($m \geq 2$) のときをいう．

離散型確率変数 Θ の p 次三角モーメント ϕ_p は連続型のときと同じように，

$$\phi_p = E(e^{ip\Theta}) = \sum_{j=0}^{\infty} e^{ipa_j} \Pr(\Theta = a_j), \quad p = 0, 1, 2, \ldots$$

で定義[4]される．離散型一様分布 $\Pr(\Theta = 2\pi k/m) = 1/m$ ($k = 0, 1, \ldots, m-1$) の p 次三角モーメントは，

$$\phi_p = \begin{cases} 1, & p = 0 \\ 0, & 1 \leq p \leq m-1 \end{cases} \pmod{m}$$

となる．このことは次のように示される．$e^{2i\pi k/m}$ ($k = 0, 1, \ldots, m-1$) は方程式 $x^m = 1$ の m 個の解であり，

$$\sum_{k=0}^{m-1} e^{2i\pi k/m} = \frac{1 - e^{2i\pi}}{1 - e^{2i\pi/m}} = 0$$

が成立する（図 3.6 参照）．同様にして，$1 \leq p \leq m-1$ に対して，

---

[4] データ $\theta_1, \ldots, \theta_n$ からの p 次標本三角モーメントは離散分布 $\Pr(\Theta = \theta_j) = 1/n$ ($j = 1, \ldots, n$) に対する p 次母三角モーメントを計算することにより得られる．すなわち，$E(e^{ip\Theta}) = \sum_{j=1}^{n} e^{ip\theta_j} \times \Pr(\Theta = \theta_j) = \overline{C}_p + i\overline{S}_p$ となる．

$$\sum_{k=0}^{m-1} e^{2i\pi pk/m} \times \frac{1}{m} = 0$$

となる.

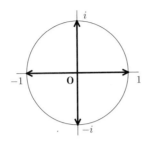

図 3.6 $m=4$ のときの $x^m = 1$ の解 $x = 1, i, -1, -i$ の図示

3.2.5 Chebishev の不等式

直線上の確率変数 X に関する Chebishev（チェビシェフ）の不等式 (Chebishev inequality) の一つの型は, $\varepsilon > 0$ に対して,

$$\Pr(|X-\mu| \geq \varepsilon) \leq \frac{\mathrm{MSE}(X)}{\varepsilon^2}, \quad -\infty < \mu < \infty$$

と表される. **MSE** は**平均二乗誤差** (Mean Squared Error) のことで, $\mathrm{MSE}(X) = E\{(X-\mu)^2\}$ で定義される. 円周上の分布に関しても類似の不等式が成立することを示そう.

円周確率変数 Θ の円周分散 $\nu = E\{1-\cos(\Theta-\mu)\}$ に Chebishev の不等式を適用することを考える. いま,

$$\cos(\theta-\mu) = 1 - 2\sin^2\left(\frac{\theta-\mu}{2}\right)$$

と書けることから, $0 < \varepsilon \leq 1$ に対して,

$$\nu = \int_0^{2\pi} 2\sin^2\left(\frac{\theta-\mu}{2}\right) dF(\theta)$$
$$\geq \int_{|\sin\{(\theta-\mu)/2\}| \geq \varepsilon} 2\varepsilon^2 dF(\theta)$$
$$= 2\varepsilon^2 \Pr(|\sin\{(\Theta-\mu)/2\}| \geq \varepsilon)$$

となる．よって，Chebishev の不等式の一つの型，

$$\Pr\left(\left|\sin\left\{\frac{1}{2}(\Theta-\mu)\right\}\right|\geq\varepsilon\right)\leq\frac{\nu}{2\varepsilon^2},\quad 0<\varepsilon\leq 1 \qquad (3.1)$$

を得る．不等式 (3.1) は分布について何らかの仮定を設けない限りは改良できない．実際，μ に関して対称な分布，

$$\Pr\left(\sin\left\{\frac{1}{2}(\Theta-\mu)\right\}=\pm\varepsilon\right)=\frac{\nu}{2\varepsilon^2},\ \Pr\left(\sin\left\{\frac{1}{2}(\Theta-\mu)\right\}=0\right)=1-\frac{\nu}{2\varepsilon^2}$$

は式 (3.1) において等式となる．

3.3 確率分布の生成法

3.3.1 巻込み法

実数値もしくは整数値を取る任意の分布から，**巻込み法**[5]（wrapping）によって円周上の分布をつくることができる．よって，巻込み法は円周上の分布を生成するための一般的な方法のうちの一つと言うことができる．分布のつくり方は簡単で，いくつかの数理的によい性質を持つが，一方で，生成された分布の確率密度関数がいつでも簡単になるかというとそうではない．以下に，これらのことを見ていこう．

簡単のために，実軸上の連続型確率変数 X を考えよう（離散型でも，少しの注意点を除いて，同様に議論が進む）．X の確率密度関数は $f(x)$ とする．この X から新しく $\Theta = X \pmod{2\pi}$ によってつくられる確率変数 Θ の分布を，X の分布から巻込み法によって生成された分布という．X の従う分布が正規分布のとき，巻込み法によって生成された分布は簡単に「巻込み正規分布」(wrapped normal distribution) と呼ばれ，また，X の従う分布が Cauchy（コーシー）分布のとき，巻込み法によって生成された分布は「巻込み Cauchy 分布」(wrapped Cauchy distribution) と呼ばれる，等々．mod 2π（2π を法として）の意味が不明の読者にとっては，上の表現は分かりにくいと思われるが，実軸を長さ 2π（単位円周の長さ）ずつに区切って，それらを束にすることを意味する．確率密度関数を使った式で表すほうが，より分かりやすいであろう．すなわち，Θ の確率密度関数は，

[5] 「まきこみ」の用語の使用は本書が初めてではなく，既にラオ（奥野ほか訳）『統計的推測とその応用』，東京図書，1977（原著 Rao, C.R. (1973). *Linear Statistical Inference and Its Applications*, 2nd ed., Wiley）の p.165 に見られる．

$$g(\theta) = \sum_{m=-\infty}^{\infty} f(\theta + 2m\pi), \quad 0 \leq \theta < 2\pi$$

で表される．区間 $[0, 2\pi)$ 内の点 θ と区間 $[2m\pi, 2(m+1)\pi)$ (m は整数) 内の点 $\theta + 2m\pi$ を同等とし，$f(\theta + 2m\pi)$ を m について足し合わせて，単位円周上の確率密度関数 $g(\theta)$ を生成している．この表現では $g(\theta)$ は必ずしも周期関数とはならないが，$k = 0, 1, 2, \ldots$ に対して $g(\theta \pm 2k\pi)$ とすれば，全実軸上で周期関数となるように拡張できる．

巻込み分布の持つ著しい性質「Θ の p 次三角モーメントは X の特性関数の引数が整数 p のものに一致する」を示そう．実際，

$$E(e^{ip\Theta}) = \int_0^{2\pi} e^{ip\theta} g(\theta) d\theta = \sum_{m=-\infty}^{\infty} \int_{2m\pi}^{2(m+1)\pi} e^{ip(x-2m\pi)} f(x) dx$$
$$= \int_{-\infty}^{\infty} e^{ipx} f(x) dx = E(e^{ipX})$$

となる．途中で $e^{ip(-2m\pi)} = \cos(-2pm\pi) + i\sin(-2pm\pi) = 1$ を使った．二つの独立な確率変数 X_1 と X_2 の和 $X_1 + X_2$ の巻込み分布は，それぞれの巻込み変数 $X_1 \pmod{2\pi}$ と $X_2 \pmod{2\pi}$ の和の分布に等しい．すなわち，$X_1 + X_2 \pmod{2\pi} \stackrel{\mathrm{d}}{=} X_1 \pmod{2\pi} + X_2 \pmod{2\pi}$ が成立する．記法 $\stackrel{\mathrm{d}}{=}$ は左辺の分布 (distribution) と右辺の分布が等しいことを表す．この結果から，実軸上の分布が和に関して**再生性** (reproductive property) を持つならば，対応する巻込み分布も和に関して再生性をもち，実軸上の分布が和に関して**無限分解可能** (infinitely divisible) ならば，対応する巻込み分布も和に関して無限分解可能であることが分かる．また，X の分布が 0 に関して対称ならば，p 次三角モーメント $\phi_p = E(e^{ip\Theta}) = \alpha_p + i\beta_p$ において p 次正弦モーメントは $\beta_p = 0$ となる．このとき，$\phi_p = \alpha_p$ となり，p 次三角モーメントは p 次余弦モーメントに等しい．

条件 $\sum_{p=1}^{\infty}(\alpha_p^2 + \beta_p^2) < \infty$ が成り立てば，巻込み変数 Θ の分布の確率密度関数 $g(\theta)$ は，

$$g(\theta) = \frac{1}{2\pi}\left[1 + 2\sum_{p=1}^{\infty}\{\alpha_p \cos(p\theta) + \beta_p \sin(p\theta)\}\right], \quad 0 \leq \theta < 2\pi, \quad \text{a.e.}$$

と Fourier（フーリエ）級数 (Fourier series) 表現が可能となる[6]．この表現は全実軸上で周期関数となっている．

[6] a.e. は「ほとんど至る所」(almost everywhere) を表す．

3.3.2 射影法

平面上の任意の非退化連続型2変量確率分布から**射影法** (projecting) によって円周上の分布をつくることができる.

$(X, Y)'$ を平面上の2変量確率ベクトルとし，その結合（同時）確率密度関数を $g(x, y)$ としよう．いま，**極座標変換** (polar transformation)（図3.7），

$$X = R\cos\Theta, \quad Y = R\sin\Theta$$

を行って $(X, Y)'$ を $(R, \Theta)'$ に変換する．R の取りうる値の範囲は $[0, \infty)$，Θ の取りうる値の範囲は $[0, 2\pi)$ であり，変換のヤコビアン (Jacobian) は，

$$\frac{\partial(x, y)}{\partial(r, \theta)} = \begin{vmatrix} \frac{\partial x}{\partial r} & \frac{\partial x}{\partial \theta} \\ \frac{\partial y}{\partial r} & \frac{\partial y}{\partial \theta} \end{vmatrix} = \begin{vmatrix} \cos\theta & -r\sin\theta \\ \sin\theta & r\cos\theta \end{vmatrix} = r$$

だから，$g(x, y)\,dxdy = g(r\cos\theta, r\sin\theta)r\,drd\theta$ より Θ の周辺確率密度関数は，

$$f(\theta) = \int_0^\infty g(r\cos\theta, r\sin\theta) r\,dr$$

で与えられる．この確率密度関数を持つ分布を $(X, Y)'$ から射影法によって生成された分布（**射影分布**, projected distribution）という．たとえば，2変量正規分布からつくられる射影分布は**射影正規分布** (projected normal distribution) と呼ばれる．

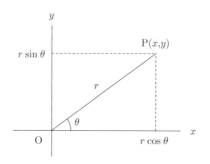

図 **3.7** 極座標変換

3.3.3 条件付け法

3.3.2項と同じく，$(X, Y)'$ を平面上の2変量確率ベクトルとし，その結合

確率密度関数を $g(x,y)$ とする．極座標変換 $X = R\cos\Theta$, $Y = R\sin\Theta$ 後の確率密度関数 $h(r,\theta) = g(r\cos\theta, r\sin\theta)r$ において，$R = r$ が所与のときの角度 Θ の条件付き分布，その確率密度関数，

$$h(\theta|r) = \frac{h(r,\theta)}{\int_0^\infty h(r,\theta)dr}, \quad 0 \le \theta < 2\pi$$

を求める方法を**条件付け法**[7] (conditioning) という．

[7] 射影法，条件付け法は第6章における球面上の分布の生成にも使われる．

3.3.4 エントロピー最大化法

本節ではモーメントが与えられたときのエントロピーを最大化する分布 (maximum entropy distribution) に関する結果[8]について述べよう．すなわち，次のようである．確率密度関数 $f(\theta)$，与えられた定数 g_j $(j = 1, 2, \dots)$ に対し，モーメント条件，

$$\int_0^{2\pi} h_j(\theta) f(\theta) d\theta = g_j, \quad j = 1, 2, \dots$$

を満たすような可積分関数 $h_j(\theta)$ $(j = 1, 2, \dots)$ に対して，エントロピー $-\int_0^{2\pi} f(\theta) \log f(\theta) d\theta$ を最大化する分布の確率密度関数 $f(\theta)$ は，

$$f(\theta) = \exp\{a_0 + a_1 h_1(\theta) + a_2 h_2(\theta) + \cdots\}$$

で達成される．ここで，定数 $a_0, a_1, \dots$ は，上の条件を満たすものと仮定する．とくに，4.1 節で詳述する一様分布はモーメント条件が何もないときのエントロピー最大化分布である．

[8] エントロピー最大化法は円周分布の生成に限られるわけではない．かなり先ではあるが，7.2 節を参照のこと．

3.3.5 単位円周と直線との間の 1 対 1 変換

単位球面と平面との間の 1 対 1 対応を与える**立体射影** (stereographic projection) を単位円周と直線との間の 1 対 1 対応において用いると，その関係は図 3.8 のように表される．図 3.8 を見ると，点 N(0,1) を除く単位円周上の点は直線と 1 対 1 の関係があることが分かる．その関係式は $x = \tan(\theta/2)$ で与えられる．

したがって，逆変換 $\theta = 2\tan^{-1} x$ を用いることによって，直線上において確率変数 X が従う分布は単位円周上の確率変数 $\Theta = 2\tan^{-1} X$ の分布に

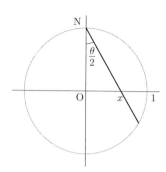

図 3.8 単位円周と直線との間の 1 対 1 対応

変換されることになる．たとえば，直線上において X の従う分布が確率密度関数,

$$f_X(x) = \frac{1}{\pi(1+x^2)}, \quad -\infty < x < \infty$$

を持つ Cauchy 分布とすると，変換の微分を取ることによって $d\theta = \{2/(1+x^2)\}dx$ となるから，Θ の確率密度関数は，

$$f_\Theta(\theta) = \frac{1}{2\pi}, \quad -\pi < \theta < \pi$$

となる．すなわち，Θ が従う分布は円周上の一様分布となる．このようにして，直線上の任意の連続分布から単位円周上の分布を生成することができる．半直線上の分布を基にしても，もちろん構わない．たとえば，確率密度関数,

$$f_X(x) = \lambda e^{-\lambda x}, \quad x > 0; \lambda > 0$$

を持つ指数分布は，同じ変換により確率密度関数,

$$f_\Theta(\theta) = \frac{\lambda}{2\cos^2(\theta/2)} e^{-\lambda \tan(\theta/2)} = \frac{\lambda}{1+\cos\theta} e^{-\lambda \tan(\theta/2)}, \quad 0 < \theta < \pi$$

を持つ単位半円周上の分布に変換される．必要があれば，さらに $\Theta = \Phi/2$ と変換することにより，$(0, 2\pi)$ 上の分布を得る．

変換 $X = \tan(\Theta/2)$ の代わりに，別の変換 $X = 2\cos(\Theta/2)$ を考えることができる．この変換は，$(0, 2\pi)$ を $(-2, 2)$ へ移す 1 対 1 変換であるが，立体射影とは異なる考え方に基づいている．その考え方については，6.2 節の Lambert 正積方位図法を参照のこと．この変換によって確率変数 Θ が単位円周上で一様分布に従うためには，直線上の分布は何であるかについて考えてみよう．逆変換 $\theta = 2\cos^{-1}(x/2)$ の微分を取ると $d\theta/dx = -1/\sqrt{1-(x/2)^2}$ だから，単

位円周上の一様確率密度関数は直線上の確率密度関数,

$$f_X(x) = \frac{1}{2\pi\sqrt{1-(x/2)^2}}, \quad -2 < x < 2$$

に変換されることが分かる. 逆に, 区間 $(-2,2)$ 上において確率密度関数 $f_X(x)$ を持つ確率変数 X を $\Theta = 2\cos^{-1}(X/2)$ と変換することにより, Θ は単位円周上の一様分布に従う. なお, さらに $U = (X/2)^2$ と変換すると, U の確率密度関数は,

$$f_U(u) = \frac{1}{\pi} u^{-1/2}(1-u)^{-1/2}, \quad 0 < u < 1$$

と得られる. これは, 区間 $(0,1)$ 上のパラメータ $(1/2, 1/2)$ を持つベータ分布 (beta distribution) の確率密度関数となっている.

3.3.6 1次分数変換

1次分数変換 (linear fractional transformation) もしくは **Möbius**（メビウス）**変換** (Möbius transformation) と呼ばれる**等角写像**[9] (conformal mapping) は複素関数論や幾何学において現れる. a, b, c, d を複素数とし, $ad - bc \neq 0$ とする. 複素変数 z の Möbius 変換,

$$w = f(z) = \frac{az+b}{cz+d} \tag{3.2}$$

は次の基本的な変換の合成からなっている.

(a) $w = z + a$（平行移動）, (b) $w = az$, (c) $w = \dfrac{1}{z}$（反転）

なお, (b) は $a = re^{i\theta}$ とおくとき, 伸縮 $w = rz$ と回転 $w = e^{i\theta}z$ を表す. 変換 (3.2) は, $c = 0$ のとき $ad \neq 0$ から $d \neq 0$ より $w = (a/d)z + b/d$ であり, $c \neq 0$ のとき $w = \{(bc - ad)/c^2\}/(z + d/c) + a/c$ となる. なお, 3.3.5 項における立体射影は一つの 1 次分数変換を表すことを注意しておこう. 実際, 少しの計算により,

$$\frac{i(1-e^{i\theta})}{1+e^{i\theta}} = \tan\left(\frac{\theta}{2}\right)$$

となることが分かる.

Möbius 変換,

[9] 二つの線分のなす角を保存する写像のこと. 地球の表面を円筒に投影して地図に使われる Mercator（メルカトル）図法はこの性質を備えている. 一方で, この図法では緯度が高くなるにつれて距離や面積が拡大される.

$$w = \frac{z+a}{1+\bar{a}z} \tag{3.3}$$

は単位円をそれ自身に写す変換である．ここで，$\bar{a}$ は複素数 a の共役複素数を表す．実際，複素数 z が単位円上の点のとき，すなわち $|z|=1$ のとき，右辺の複素数の長さは $|(z+a)/(1+\bar{a}z)| = |\bar{z}| \times |(z+a)/(1+\bar{a}z)| = |(1+a\bar{z})/(1+\bar{a}z)| = 1$ となり，確かに w は単位円上の点となる．また，z と w は方程式，

$$(z+a)\overline{w} = (\bar{z}+\bar{a})w + z\bar{a} - \bar{z}a \tag{3.4}$$

を満たすことが分かる．実際，$w(1+\bar{a}z) = z+a$ から，両辺の共役複素数を取り $\overline{w}(1+a\bar{z}) = \bar{z}+\bar{a}$ となり，二つの式 $w(\bar{z}+\bar{a})z = z+a$, $\overline{w}(z+a)\bar{z} = \bar{z}+\bar{a}$ それぞれの両辺に右側から $\bar{z}$ と z をかけて，$w(\bar{z}+\bar{a}) = 1+a\bar{z}$, $\overline{w}(z+a) = 1+\bar{a}z$ となる．辺々引いて $w(\bar{z}+\bar{a}) - \overline{w}(z+a) = a\bar{z} - \bar{a}z$ を得る．よって，変形すれば方程式 (3.4) を得る．その式は，3 点 $-z, a, w$ が一直線上にあることを示している．変換 (3.3) を図的に表示すると図 3.9 のようになる．なお，この図は，Möbius 変換の（任意次元）球面の場合への拡張を暗示するものとなっている．

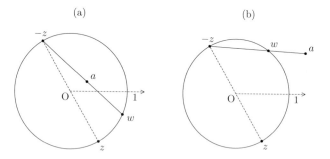

図 3.9 Möbius 変換 w のプロット：(a) $z = \exp(-i\pi/3)$, $a = (1/3)\exp(i\pi/6)$, (b) $z = \exp(-i\pi/3)$, $a = (3/2)\exp(i\pi/6)$

単位円上の Möbius 変換 $w = e^{i\mu}(z+a)/(1+\bar{a}z)$ ($w = e^{i\theta}$, $z = e^{i\tilde{\theta}}$, $a = re^{i\nu}$, $0 \leq \mu, \nu < 2\pi$, $0 \leq r < 1$) の角度変換表現は，

$$\theta = \nu + \mu + 2\tan^{-1}\left[w_r \tan\left\{\frac{1}{2}(\tilde{\theta}-\nu)\right\}\right], \quad w_r = \frac{1-r}{1+r} \tag{3.5}$$

となる．角度 $(\tilde{\theta}-\nu)/2$ を $\tan$ 変換により直線上に写し，直線上でスケールチェンジ w_r を行った後に $2\tan^{-1}$ により角度に戻し，角度 $\nu+\mu$ 分回転した結果 θ となっていると解釈することができる．

4 円周上の確率分布モデル

本章は，いくらか数理的な部分を含む．読者が微積分や初等確率論・統計学の知識を持っていることを仮定して話を進める．説明の途中で現れる特殊関数が理解されればそれに越したことはないが，むしろ角度データを表現する分布の性質や導出の仕方が理解され，データ解析の際に活用されることを目標とする．

4.1 一様分布

単位円周上で一定の高さを持つ連続型確率密度関数は，c を定数として，

$$f(\theta) = c, \quad 0 \leq \theta < 2\pi$$

と表され，積分 $\int_0^{2\pi} f(\theta)d\theta = 2\pi c = 1$ より $c = 1/(2\pi)$ であることが分かる．この分布を円周上の**連続型一様分布** (circular uniform distribution, uniform distribution on the circle) もしくは**円周一様分布**と呼ぶ．文脈が明らかなときには，単に一様分布ということにする．一様分布は未知のパラメータを含まない．一様分布は分布としては極めて簡単であるが，興味ある性質を持ち，重要な分布の一つと言える．以下に，いくつかの性質を述べることにする．

円周上の確率密度関数 $f(\theta)$ に対する Shannon（シャノン）のエントロピーに関して不等式，

$$-\int_0^{2\pi} f(\theta) \log f(\theta) d\theta \leq \log(2\pi) \tag{4.1}$$

が成立し，等号は $f(\theta)$ が一様分布に従うときでそのときに限る．これは，一様分布がモーメントに関して何らの制約なしに Shannon のエントロピーを最大にする分布であることを示している点で興味深い．

円周一様分布の分布関数は明らかに，

$$F(\theta) = \int_0^\theta f(x)dx = \frac{\theta}{2\pi}, \quad 0 \leq \theta < 2\pi$$

となる．また，p 次三角モーメントは，Θ を一様分布に従う確率変数として，

$$\phi_p = E(e^{ip\Theta}) = \begin{cases} 1, & p = 0 \\ 0, & p \neq 0 \end{cases}$$

となることは明らかであろう．このことから，一様分布の平均合成ベクトル長は 0 となり，平均方向は存在しない．言い換えれば，分布に「好みの方向」がない．平均合成ベクトル長が 0 なので，円周分散は 1 となる．では，逆に円周分散 1 の分布（平均合成ベクトル長 0 の分布）は一様分布かというと，そうではない．一つの例を与えてみよう．確率密度関数，

$$f(\theta) = \frac{1}{2\pi}\{1 + 2a\cos(2\theta)\}, \quad |a| \leq \frac{1}{2}, 0 \leq \theta < 2\pi$$

の p 次三角モーメントは，

$$\int_0^{2\pi} e^{ip\theta} f(\theta) d\theta = \begin{cases} 1, & p = 0 \\ 0, & p = 1, 3, 4, \ldots \\ a, & p = 2 \end{cases}$$

となるので，$a \neq 0$ のときは一様分布でないにもかかわらず平均合成ベクトル長は 0 となる．

　円周一様分布の他の著しい性質を述べよう．Θ を一様分布に従う確率変数とし，Ψ を Θ とは独立で p 次三角モーメント $\psi_p = E(e^{ip\Psi})$ を持つ円周上の分布の確率変数とする．そのとき，確率変数の和 $\Theta + \Psi$ の p 次三角モーメントは，

$$E(e^{ip(\Theta+\Psi)}) = \phi_p \psi_p = \begin{cases} 1, & p = 0 \\ 0, & p \neq 0 \end{cases}$$

となる．分布と p 次三角モーメントとの 1 対 1 対応から確率変数の和 $\Theta + \Psi$ は一様分布に従うことが分かる．このことを一般化すると，互いに独立な n 個の確率変数 $\Theta_1, \ldots, \Theta_n$ の中に一様分布に従う確率変数が一つでも入っていれば，和 $\Theta_1 + \cdots + \Theta_n$ の分布は一様分布となる．実は，証明は与えないが，緩い仮定の下で，互いに独立で同一分布に従う n 個の確率変数 $\Theta_1, \ldots, \Theta_n$ の和の分布は n を大きくするとき一様分布に収束することが言える．この事実

は円周上の分布における和に関する中心極限定理[1] に相当する．

次に，ランダムウォークに関する話題を取り上げよう．Pearson（ピアソン）は1905年の *Nature* 誌に次の問題を提出した．原文のまま引用してみると以下のようである：

"A man starts from a point **O** and walks l yards in a straight line; he then turns through any angle whatever, and walks another l yards in a second straight line. He repeats this process n times. I require the probability that after these n stretches he is at a distance between r and $r + \delta r$ from his starting point, **O**."

この問題[2]に対する一般解（各回の動く距離を a_j とするときの r の確率密度関数）は1905年にKluyver（クルイバー）によって，0次の第1種Bessel（ベッセル）関数 J_0 を用いて，

$$f(r) = r \int_0^\infty t\, J_0(rt) \prod_{j=1}^n J_0(a_j t)\, dt$$

と与えられた．なお，一般の次数 λ の第1種Bessel関数の級数表現は，

$$J_\lambda(z) = \left(\frac{z}{2}\right)^\lambda \sum_{k=0}^\infty \frac{(-z^2/4)^k}{k!\,\Gamma(\lambda+k+1)}$$

である．Γ はガンマ関数[3]を表す．$n=2$ のとき（図4.1）は，Bessel関数を持ち出さなくても，3辺の長さを a_1, a_2, r とする三角形OATに関する余弦定理 $r^2 = a_1^2 + a_2^2 - 2a_1 a_2 \cos\theta$（$\theta$（$0 < \theta < \pi$）は辺OAとTAのなす角）を用いることにより，$r$ の確率密度関数，

$$f(r) = \frac{2r}{\pi\sqrt{\{r^2 - (a_1-a_2)^2\}\{(a_1+a_2)^2 - r^2\}}}$$

を導くことができる．これは演習問題としておこう．一般論との関係に関しては，三角形の面積（Heron（ヘロン）の公式），

$$\Delta = \sqrt{\{r^2 - (a_1-a_2)^2\}\{(a_1+a_2)^2 - r^2\}}/4, \quad 0 < r < a_1 + a_2$$

に対して，Bessel関数に関する著しい公式，

$$\int_0^\infty x J_0(rx) J_0(a_1 x) J_0(a_2 x)\, dx = \frac{1}{2\pi\Delta}$$

---

[1] 円周上の分布に関する中心極限定理は線形確率変数の和に関する中心極限定理と著しく異なるので，注意が必要である．

[2] Pearson のランダムウォーク問題に関連する現象としては，蝶の移動や震央の位置変化をあげることができる．

[3] ガンマ関数 $\Gamma(s)$ は $\Gamma(s) = \int_0^\infty x^{s-1} e^{-x} dx$ ($s > 0$) で定義される．漸化式 $\Gamma(s+1) = s\Gamma(s)$ から，n を正の整数とするとき $\Gamma(n+1) = n!$ となることが分かる．これより，ガンマ関数は階乗関数を引数が正の数へ拡張した関数と見ることもできる．また，$\Gamma(1/2) = \sqrt{\pi}$ となる．

から $f(r) = r/(2\pi\Delta)$ が求められる．

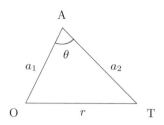

図 4.1　Pearson のランダムウォーク問題 $(n=2)$

4.2 ハート型分布

4.2.1 諸性質

パラメータ μ $(0 \leq \mu < 2\pi)$ と ρ $(0 \leq \rho \leq 1/2)$ の**ハート型分布** (cardioid distribution) $C(\mu, \rho)$ の確率密度関数は，

$$f(\theta) = \frac{1}{2\pi}\{1 + 2\rho\cos(\theta - \mu)\}, \quad 0 \leq \theta < 2\pi \tag{4.2}$$

で与えられる．文献によっては ρ を $-1/2 \leq \rho \leq 1/2$ とする場合があるが，ρ が負のときには $\rho\cos(\theta - \mu) = -\rho\cos\{\theta - (\mu+\pi)\}$ となるので，ここでは非同定を避けるために $0 \leq \rho \leq 1/2$ としておく．$\rho = 0$ のとき，$C(\mu, \rho)$ が一様分布に帰着することは明らかであろう．用語の「ハート型」は，極座標変換 $x = r\cos\theta$, $y = r\sin\theta$ $(r \geq 0; 0 \leq \theta < 2\pi)$ による関数 $r = f(\theta)$ を xy 平面上に図示したグラフがハート型 (cardioid) 曲線となることに由来する（図 4.2 参照）．

$C(\mu, \rho)$ の分布は μ に関して対称であり，また単峰である．モードは μ で，反モードは $\mu \pm \pi$ となる（図 4.3 参照）．また，式 (4.2) の $f(\theta)$ は $\theta = \mu \pm \pi/2$, $\mu \pm 3\pi/2$ において変曲点を持つ．分布関数は，

$$F(\theta) = \frac{1}{2\pi}\left[\theta + 2\rho\left\{\sin(\theta - \mu) + \sin\mu\right\}\right], \quad 0 \leq \theta < 2\pi$$

である．

確率変数 Θ が $C(\mu, \rho)$ に従うとき，$C(\mu, \rho)$ の p 次三角モーメントは，

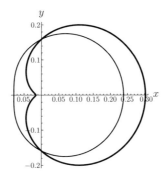

図 **4.2** 曲線 $r = (1 + 2\rho\cos\theta)/(2\pi)$ のグラフ（$\rho = 0.25$（細線），$\rho = 0.45$（太線））

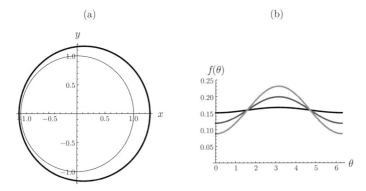

図 **4.3** ハート型分布 $C(\mu, \rho)$ の確率密度関数のグラフ：(a) $\mu = 0$（x 軸の正の方向），$\rho = 0.4$；(b) $\mu = \pi$，$\theta = \pi$ において下から $\rho = 0.05, 0.25, 0.45$

$$E(e^{ip\Theta}) = \begin{cases} 1, & p = 0 \\ \rho e^{i\mu}, & p = 1 \\ 0, & p \geq 2 \end{cases}$$

と計算できるので，$C(\mu, \rho)$ の平均方向 μ，平均合成ベクトル長 ρ を得る．円周分散 $\nu = 1 - \rho$ は不等式 $1/2 \leq \nu \leq 1$ を満たす．したがって，$C(\mu, \rho)$ はパラメータのどのような値に対しても 1 点に退化した分布とはなりえない．このことには注意を要する．Θ_1 が $C(\mu_1, \rho_1)$ に従い，Θ_2 が Θ_1 と独立に平均方向 μ_2 で平均合成ベクトル長 ρ_2 の分布に従うとすると，和 $\Theta_1 + \Theta_2$ の p 次三角モーメントは，

$$E\{e^{ip(\Theta_1+\Theta_2)}\} = \begin{cases} 1, & p=0 \\ \rho_1\rho_2\, e^{i(\mu_1+\mu_2)}, & p=1 \\ 0, & p \geq 2 \end{cases}$$

となるので，$\Theta_1+\Theta_2$ はハート型分布 $C(\mu_1+\mu_2, \rho_1\rho_2)$ に従う．より一般に，確率変数列 $\Theta_1,\ldots,\Theta_n$ は互いに独立で，各 Θ_j $(j=1,\ldots,n)$ の平均方向は μ_j で平均合成ベクトル長は ρ_j とし，少なくとも一つの Θ_j はハート型分布に従うとすると，和 $\sum_{j=1}^{n} \Theta_j$ はハート型分布 $C(\sum_{j=1}^{n}\mu_j, \prod_{j=1}^{n}\rho_j)$ に従う．とくに，すべての j について Θ_j が $C(\mu_j, \rho_j)$ に従うとすると，$n\to\infty$ のとき，$0\leq\rho_j\leq 1/2$ より $\prod_{j=1}^{n}\rho_j\to 0$ だから，$\sum_{j=1}^{n}\Theta_j$ の分布は一様分布に収束することが直接的に（中心極限定理を使うことなしに）言える．

4.2.2 モーメントに関するその他の性質

式 (4.2) において $\mu=0$ のとき，$C(\mu,\rho)$ の三角モーメントの式から $E(\cos\Theta)=\rho$，$E(\sin\Theta)=0$ である．また，$\cos\Theta$ の 2 次モーメントは，余弦関数の積に関する公式，

$$\cos x \cos y = \frac{1}{2}\{\cos(x+y)+\cos(x-y)\}$$

から，

$$E(\cos^2\Theta) = \frac{1}{2\pi}\int_0^{2\pi} \cos^2\theta\,(1+2\rho\cos\theta)d\theta = \frac{1}{2}$$

となることが分かる．したがって，$\cos\Theta$ の分散，

$$\mathrm{Var}(\cos\Theta) = E(\cos^2\Theta) - \{E(\cos\Theta)\}^2 = \frac{1}{2}-\rho^2$$

を得る．同様に，$\mathrm{Var}(\sin\Theta)=1/2$ となる．また，$\cos\Theta$ と $\sin\Theta$ の共分散 $\mathrm{Cov}(\cos\Theta,\sin\Theta)$ は，$\cos\Theta$ と $\sin\Theta$ の 1 次積モーメントが，

$$E(\cos\Theta\sin\Theta) = \frac{1}{2\pi}\int_0^{2\pi}\cos\theta\sin\theta\,(1+2\rho\cos\theta)d\theta = 0$$

であることから，$\mathrm{Cov}(\cos\Theta,\sin\Theta)=0$ である．よって，$\cos\Theta$ と $\sin\Theta$ の間の Pearson の相関係数，

$$\mathrm{Corr}(\cos\Theta,\sin\Theta) = \frac{\mathrm{Cov}(\cos\Theta,\sin\Theta)}{\sqrt{\mathrm{Var}(\cos\Theta)\mathrm{Var}(\sin\Theta)}} = 0$$

を得ることになる．$\cos\Theta$ と $\sin\Theta$ の間には $\cos^2\Theta + \sin^2\Theta = 1$ という関係があるが，$\cos\Theta$ と $\sin\Theta$ の相関係数は 0 である．Pearson の相関係数は直線的な関係の強さを測る量であることを思い起こそう．

一方，$\mu = 0$ とは限らない一般の場合 (4.2) においては，

$$\mathrm{Var}(\cos\Theta) = \mathrm{Var}\{\cos(\Theta - \mu + \mu)\} = \frac{1}{2} - \rho^2 \cos^2\mu,$$

$$\mathrm{Var}(\sin\Theta) = \mathrm{Var}\{\sin(\Theta - \mu + \mu)\} = \frac{1}{2} - \rho^2 \sin^2\mu,$$

$$\mathrm{Cov}(\cos\Theta, \sin\Theta) = \mathrm{Cov}\{\cos(\Theta - \mu + \mu), \sin(\Theta - \mu + \mu)\} = -\rho^2 \cos\mu \sin\mu$$

となる．よって，$\cos\Theta$ と $\sin\Theta$ の間の Pearson の相関係数は，

$$\mathrm{Corr}(\cos\Theta, \sin\Theta) = \frac{-\rho^2 \cos\mu \sin\mu}{\sqrt{(1/2 - \rho^2 \cos^2\mu)(1/2 - \rho^2 \sin^2\mu)}}$$

である．$\mu = 0$ とおけば，もちろん $\mathrm{Corr}(\cos\Theta, \sin\Theta) = 0$ に帰着する．

4.3 von Mises 分布

4.3.1 定義といくつかの性質

パラメータ μ $(0 \leq \mu < 2\pi)$ と κ (≥ 0) の **von Mises**（フォン・ミーゼス）分布[4] (von Mises distribution) $\mathrm{VM}(\mu, \kappa)$ の確率密度関数は

$$f(\theta) = \frac{1}{2\pi I_0(\kappa)} e^{\kappa \cos(\theta - \mu)}, \quad 0 \leq \theta < 2\pi \quad (4.3)$$

で与えられる．式 (4.3) 中に現れる関数 I_0 は 0 次の第 1 種変形 Bessel 関数を表す．ここでは，後々のことを考えて，より一般に r 次の**第 1 種変形 Bessel 関数** (modified Bessel function of the first kind and order r)，

$$I_r(\kappa) = \frac{1}{2\pi} \int_0^{2\pi} \cos(r\theta) e^{\kappa \cos\theta} d\theta = \sum_{j=0}^{\infty} \frac{1}{\Gamma(r+j+1) j!} \left(\frac{\kappa}{2}\right)^{2j+r} \quad (4.4)$$

を定義しておく．式 (4.3) において $\kappa \geq 0$ の仮定は，分布の非同定性を避けるためである．実際，$I_0(\kappa) = I_0(-\kappa)$ なので，$\mathrm{VM}(\mu, \kappa) \equiv \mathrm{VM}(\mu \pm \pi, -\kappa)$ となる．$\kappa = 0$ のときには，(4.3) において μ は現れず，$I_0(0) = 1$ より $\mathrm{VM}(\mu, \kappa)$ は円周一様分布に帰着する．$\kappa > 0$ のとき，$\mathrm{VM}(\mu, \kappa)$ が μ に関して対称で単峰なことは明らかであろう．また，μ は分布のモードとなっている．

[4] von Mises 分布は円周正規 (circular normal) 分布と呼ばれることがあり，円周上のデータのモデル化と解析において中心的な役割を演じてきた．

確率変数 Θ が $\mathrm{VM}(\mu,\kappa)$ に従うとき，p 次三角モーメントは，

$$E(e^{ip\Theta}) = \int_0^{2\pi} e^{ip(\theta+\mu)} \frac{1}{2\pi I_0(\kappa)} e^{\kappa \cos\theta} d\theta = e^{ip\mu} \frac{I_p(\kappa)}{I_0(\kappa)}$$

と計算できる．よって，$\mathrm{VM}(\mu,\kappa)$ の平均方向は μ であり，平均合成ベクトル長は $A(\kappa) \equiv I_1(\kappa)/I_0(\kappa)$ とパラメータ κ の関数となる．$\kappa=0$ のとき $\mathrm{VM}(\mu,\kappa)$ が一様分布に帰着することは既に述べた．κ に関してもう一つの極端な場合の $\kappa \to \infty$ のときは，z が大きい値のときの 0 次の第 1 種変形 Bessel 関数に関する漸近式 $I_0(z) \approx e^z/\sqrt{2\pi z}$ から，

$$\frac{1}{2\pi I_0(\kappa)} e^{\kappa \cos(\theta-\mu)} \approx \frac{\sqrt{\kappa}}{\sqrt{2\pi} \exp[\kappa\{1-\cos(\theta-\mu)\}]}$$

となるので，$\mathrm{VM}(\mu,\kappa)$ は μ において 1 点に退化した分布に収束することが分かる．このように，κ は分布の集中度 (concentration) を制御するパラメータを表す．なお，$A(\kappa)$ は κ に関して単調増加関数で $A(0)=0$ および $\kappa \to \infty$ のとき $A(\kappa) \to 1$ という性質を持つ．この事実の，技巧的ではあるが数理的に興味ある手法による証明を紹介しよう．まず，$g(\theta)$ を $\mathrm{VM}(0,\kappa)$ の確率密度関数とし，Θ をその分布に従う確率変数とすると，$\mathrm{VM}(0,\kappa)$ の Fisher（フィッシャー）情報量 (Fisher information) を使うことによって，

$$E\left[\left\{\frac{\partial}{\partial \kappa}\log g(\Theta)\right\}^2\right] = -E\left\{\frac{\partial^2}{\partial \kappa^2}\log g(\Theta)\right\} = A'(\kappa) > 0$$

と，$A(\kappa)$ が κ に関して単調増加関数となることを証明できる．次に，$A(0)=0$ であることは $I_0(0)=1$ と $I_1(0)=0$ から明らかである．最後に L'Hospital（ロピタル）の定理を使って，

$$\ell = \lim_{\kappa\to\infty} \frac{I_1(\kappa)}{I_0(\kappa)} = \lim_{\kappa\to\infty} \frac{I_1'(\kappa)}{I_0'(\kappa)} = \lim_{\kappa\to\infty} \frac{I_0(\kappa)-I_1(\kappa)/\kappa}{I_1(\kappa)} = \frac{1}{\ell}$$

で $\ell>0$ だから $\ell=1$ を得る．また，p 次余弦モーメントは $\alpha_p = \{I_p(\kappa)/I_0(\kappa)\}\cos(p\mu)$ で，p 次正弦モーメントは $\beta_p = \{I_p(\kappa)/I_0(\kappa)\}\sin(p\mu)$ だから，(4.3) を Fourier 級数表現すれば，

$$f(\theta) = \frac{1}{2\pi}\left[1 + 2\sum_{p=1}^\infty \{\alpha_p \cos(p\theta) + \beta_p \sin(p\theta)\}\right]$$

$$= \frac{1}{2\pi}\left[1 + 2\sum_{p=1}^\infty \frac{I_p(\kappa)}{I_0(\kappa)} \cos\{p(\theta-\mu)\}\right]$$

を得る.

　第1種変形 Bessel 関数の級数展開表現 (4.4) において $r = 0$ とおくことにより, $I_0(\kappa) = 1 + (\kappa/2)^2 + \cdots$ となるので, κ の値が小さいとき,

$$\begin{aligned}f(\theta) &= \frac{1}{2\pi I_0(\kappa)} e^{\kappa \cos(\theta - \mu)} \\ &= \frac{1}{2\pi} \left\{1 - \left(\frac{\kappa}{2}\right)^2 + \cdots \right\} \{1 + \kappa \cos(\theta - \mu) + \cdots\} \\ &\approx \frac{1}{2\pi}\{1 + \kappa \cos(\theta - \mu)\}\end{aligned}$$

を得る.すなわち, $\mathrm{VM}(\mu, \kappa)$ は κ の値が小さいときパラメータ μ と $\kappa/2$ のハート型分布 $C(\mu, \kappa/2)$ に近似される.一方, κ の値が大きいときには, $\Theta \sim \mathrm{VM}(\mu, \kappa)$ に対して, z が十分大のときの前出の漸近式 $I_0(z) \approx e^z/\sqrt{2\pi z}$ から, $X = \sqrt{\kappa}(\Theta - \mu)$ の分布は,その確率密度関数が,

$$\begin{aligned}\frac{1}{2\pi\sqrt{\kappa}\,I_0(\kappa)} e^{\kappa \cos(x/\sqrt{\kappa})} &\approx \frac{1}{\sqrt{2\pi}} e^{-\kappa\{1 - \cos(x/\sqrt{\kappa})\}} \\ &\to \frac{1}{\sqrt{2\pi}} e^{-x^2/2}, \quad \kappa \to \infty\end{aligned}$$

となるので,このとき**標準正規分布** (standard normal distribution) に収束することが言える.

　$\mathrm{VM}(0, \kappa)$ の分布関数は確率密度関数の Taylor(テイラー)展開,

$$f(\theta) = \frac{1}{2\pi I_0(\kappa)} \sum_{p=0}^{\infty} \frac{\kappa^p \cos^p \theta}{p!}$$

を項別積分することにより,

$$F(\theta) = \frac{1}{4\pi I_0(\kappa)} \sum_{p=0}^{\infty} \frac{\kappa^p}{p!} B_{\sin^2 \theta}\left(\frac{1}{2}, \frac{p+1}{2}\right), \quad 0 \leq \theta < 2\pi$$

となる. $B_z(a, b)$ は**不完全ベータ関数** (incomplete beta function) $B_z(a, b) = \int_0^z x^{a-1}(1-x)^{b-1}\,dx$ $(a > 0,\ b > 0,\ 0 < z < 1)$ を表す.確率密度関数の Fourier 級数展開からは,分布関数の別形として,

$$F(\theta) = \frac{\theta}{2\pi} + \frac{1}{\pi I_0(\kappa)} \sum_{p=1}^{\infty} \frac{I_p(\kappa) \sin(p\theta)}{p}$$

を得る.

4.3.2 VM(μ, κ) のパラメータ (μ, κ) の最尤推定

VM(μ, κ) からの大きさ n の標本もしくはデータ $\theta_1, \ldots, \theta_n$ (VM(μ, κ) に従う独立な確率変数列の具体的に取った値) に基づく**尤度** (likelihood) は, μ と κ の関数として,

$$L(\mu, \kappa) = \frac{1}{\{2\pi I_0(\kappa)\}^n} \exp\left\{\kappa \sum_{j=1}^n \cos(\theta_j - \mu)\right\}$$

で与えられる. このとき, パラメータベクトル $(\mu, \kappa)'$ の**最尤推定法** (maximum likelihood estimation) による推定値 (最尤推定値) は μ と κ に関して $L(\mu, \kappa)$ を最大にする (もしくは, 最大値が存在しない場合を考慮して「上界の最小値を与える」) ような $\theta_1, \ldots, \theta_n$ の関数 $\hat{\mu} = \hat{\mu}(\theta_1, \ldots, \theta_n)$ と $\hat{\kappa} = \hat{\kappa}(\theta_1, \ldots, \theta_n)$ として求められる.

尤度関数 $L(\mu, \kappa)$ の中の式 $\sum_{j=1}^n \cos(\theta_j - \mu)$ は,

$$\sum_{j=1}^n \cos(\theta_j - \mu) = C \cos \mu + S \sin \mu = R \cos(\alpha - \mu)$$

と変形できる. ここで, C, S, R は 2.2.1 項に既に定義されているが, ここで再定義しておくと $C = \sum_{j=1}^n \cos \theta_j$, $S = \sum_{j=1}^n \sin \theta_j$, $R = \sqrt{C^2 + S^2}$ を表す. また, α は $R \cos \alpha = C$ と $R \sin \alpha = S$ を満たす角度 ($0 \leq \alpha < 2\pi$) である. ただし, $R \neq 0$ とする. 対数尤度関数 $\log L(\mu, \kappa)$ において, κ を固定し, μ に関して $\log L(\mu, \kappa)$ を最大にするには, 上の変形式から $\mu = \alpha$ とすればよいことが分かる. よって, μ の最尤推定値 $\hat{\mu}$ はベクトル $(C, S)'$ の方向を表す角度であり, 2.2.1 項に現れた標本平均方向 $\overline{\theta}$ に一致する.

次に, $\log L(\mu, \kappa)$ を κ に関して微分すると,

$$\frac{\partial \log L(\mu, \kappa)}{\partial \kappa} = -\frac{nI_1(\kappa)}{I_0(\kappa)} + \sum_{j=1}^n \cos(\theta_j - \mu)$$

であり, 関数 $A(\kappa) = I_1(\kappa)/I_0(\kappa)$ は, 4.3.1 項に示したように, $A(0) = 0$, $A(\infty) = 1$ で単調増加関数だから, 方程式,

$$-nA(\kappa) + \sum_{j=1}^n \cos(\theta_j - \hat{\mu}) = -nA(\kappa) + C \cos \hat{\mu} + S \sin \hat{\mu} = -nA(\kappa) + R = 0$$

を満たす解 $\hat{\kappa} = A^{-1}(\overline{R})$ は κ の最尤推定値となる. $\overline{R}$ は標本平均合成ベクトル長 (2.2.1 項) を表す.

4.3.3 条件付け法

von Mises 分布は，2 変量正規分布に従う確率ベクトルを極座標変換し，3.3.3 項の条件付け法を利用することにより生成されることを示そう．

確率ベクトル $(X_1, X_2)'$ は平均ベクトル $\boldsymbol{\eta} = (\eta_1, \eta_2)'$ と分散共分散行列 I_2（2 次の単位行列）を持つ 2 変量正規分布 $N_2(\boldsymbol{\eta}, I_2)$ に従うとしよう．$(X_1, X_2)'$ を極座標変換 $X_1 = R\cos\Theta$，$X_2 = R\sin\Theta$ によって確率ベクトル $(R, \Theta)'$ に変換をする．同様に，$(\eta_1, \eta_2)'$ も $\eta_1 = \rho\cos\tau$，$\eta_2 = \rho\sin\tau$ と変換しておく．そうすると $(R, \Theta)'$ の結合確率密度関数は，

$$g(r,\theta) = \frac{r}{2\pi} e^{-\{r^2 - 2r\rho\cos(\theta-\tau) + \rho^2\}/2}, \quad r \geq 0,\ 0 \leq \theta < 2\pi$$

となり，$R = r\ (>0)$ が所与の下での Θ の条件付き確率密度関数，

$$f(\theta|r) = \frac{1}{2\pi I_0(\rho r)} e^{\rho r \cos(\theta-\tau)}, \quad 0 \leq \theta < 2\pi$$

を得ることになる．これは $\mathrm{VM}(\tau, \rho r)$ を表す．このように，von Mises 分布は 2 変量正規分布から条件付け法によって生成が可能であることが分かる．ちなみに，明らかではあるが，$\kappa > 0$，$\boldsymbol{\mu} = (\cos\mu, \sin\mu)'$ として 2 変量正規分布 $N_2(\boldsymbol{\mu}, I_2/\kappa)$ から出発し $R = 1$ として条件付け法を適用すると Θ の条件付き分布は $\mathrm{VM}(\mu, \kappa)$ となる．

4.3.4 最大エントロピー法

本節では，3.3.4 項の最大エントロピー法に基づいて von Mises 分布を生成してみよう．

定数 g_1 に対し，1 次余弦モーメントに関する制約条件，

$$\int_0^{2\pi} \cos\theta f(\theta) d\theta = g_1$$

の下でエントロピーを最大化する分布の確率密度関数は，適当な定数 a_0 と a_1 を使って，

$$f(\theta) = \exp(a_0 + a_1 \cos\theta)$$

の形となる．$f(\theta)$ は確率密度関数なので積分 $\int_0^{2\pi} f(\theta) d\theta = 1$ を満たさねばならないことより，$2\pi e^{a_0} I_0(a_1) = 1$ である．したがって，

$$f(\theta) = \frac{1}{2\pi I_0(a_1)} e^{a_1 \cos \theta}, \quad 0 \leq \theta < 2\pi$$

を得る．これは $\mathrm{VM}(0, a_1)$ の確率密度関数を表す．最初の定数 g_1 は a_1 を使うと $g_1 = \int_0^{2\pi} \cos \theta f(\theta) d\theta = I_1(a_1)/I_0(a_1)$ と表されることが分かる．

$\kappa > 0$ および $0 \leq \mu < 2\pi$ に対し，1次の余弦および正弦モーメントに関する二つの制約条件，

$$\int_0^{2\pi} \cos \theta f(\theta) d\theta = \frac{I_1(\kappa)}{I_0(\kappa)} \cos \mu, \quad \int_0^{2\pi} \sin \theta f(\theta) d\theta = \frac{I_1(\kappa)}{I_0(\kappa)} \sin \mu$$

を課したとき $\mathrm{VM}(\mu, \kappa)$ が得られることを見るのは困難ではないであろう．

4.3.5　和の分布

von Mises 分布が，正規分布と同じように，いくつかの良い数理的性質を持つことは事実であるが，都合の悪い性質もある．そのうちの一つが，和に関する再生性を持たないということである．

いま，確率変数 Θ_1 と Θ_2 は独立で，それぞれ $\mathrm{VM}(\mu_1, \kappa_1)$ と $\mathrm{VM}(\mu_2, \kappa_2)$ に従うとして和 $\Theta_1 + \Theta_2$ の分布を計算してみよう．合成積，

$$h(\theta) = \frac{1}{4\pi^2 I_0(\kappa_1) I_0(\kappa_2)} \int_0^{2\pi} \exp\{\kappa_1 \cos(\xi - \mu_1) + \kappa_2 \cos(\theta - \xi - \mu_2)\} d\xi$$

において被積分関数の指数部分は，

$$\kappa_1 \cos(\xi - \mu_1) + \kappa_2 \cos(\theta - \xi - \mu_2)$$
$$= \sqrt{\kappa_1^2 + \kappa_2^2 + 2\kappa_1 \kappa_2 \cos\{\theta - (\mu_1 + \mu_2)\}} \cos(\xi - \alpha)$$

と変形される．ここにおいて，α は，

$$\tan \alpha = \frac{\kappa_1 \sin \mu_1 + \kappa_2 \sin(\theta - \mu_2)}{\kappa_1 \cos \mu_1 + \kappa_2 \cos(\theta - \mu_2)}$$

と表される．よって，積分を実行して，

$$h(\theta) = \frac{1}{2\pi I_0(\kappa_1) I_0(\kappa_2)} I_0\left(\sqrt{\kappa_1^2 + \kappa_2^2 + 2\kappa_1 \kappa_2 \cos\{\theta - (\mu_1 + \mu_2)\}}\right)$$

となる．この式より，たとえ $\kappa_1 = \kappa_2$ かつ $\mu_1 = \mu_2$ であったとしても，和 $\Theta_1 + \Theta_2$ の分布は von Mises 分布でないことが分かる．ついでながら，明らかではあるが，κ_1 もしくは κ_2 のどちらかが 0 であったとすると，$\mathrm{VM}(\mu, 0)$

は一様分布を表すので，一様変数と von Mises 変数の和の分布は一様分布となることが分かる．

4.3.6 分布間の分離度

φ は正の数の集合 $\mathbb{R}_+$ から実数の集合 $\mathbb{R}$ への**下に凸な関数** (convex function) ($\mathbb{R}_+$ 内の任意の 2 点 x_1, x_2 と λ ($0 \leq \lambda \leq 1$) に対して $\varphi(\lambda x_1 + (1-\lambda)x_2) \leq \lambda\varphi(x_1) + (1-\lambda)\varphi(x_2)$ が成り立つ) で $\varphi(1) = 0$ を満たすとする．また，確率変数 Θ は確率密度関数 $f(\theta)$ を持つとしよう．この $f(\theta)$ を持つ分布と確率密度関数 $g(\theta)$ を持つ分布との間の φ による**分離度**（ダイバージェンス，divergence）を，

$$D(f, g; \varphi) \equiv E\left\{\varphi\left(\frac{g(\Theta)}{f(\Theta)}\right)\right\} = \int_0^{2\pi} \varphi\left(\frac{g(\theta)}{f(\theta)}\right) f(\theta) d\theta$$

で定義する．凸関数 h に関する Jensen（イェンセン）の不等式[5]($E\{h(\Theta)\} \geq h\{E(\Theta)\}$) から，$D(f, g; \varphi) \geq \varphi[E\{g(\Theta)/f(\Theta)\}] = \varphi(1) = 0$ が成り立つ．特に $g = f$ であれば，明らかに $D(f, g; \varphi) = 0$ となる．$D(f, g; \varphi)$ は f の分布と g の分布の間の類似度もしくは非類似度を表し，最も類似している（すなわち同じ）$g = f$ のとき，値 0 を取る．

注意 二つの集合 A と B が排反であるとは $A \cap B = \emptyset$（空集合）のことをいう．ここで，$A \cap B$ は A と B の共通部分を表す．二つの事象 A と B の独立性は $\Pr(A \cap B) = \Pr(A)\Pr(B)$ で表され，$\Pr(A \cap B)/\{\Pr(A)\Pr(B)\}$ は A と B の関係の程度を表す．二つの確率変数 X と Y の間の Pearson 相関係数は $\mathrm{Corr}(X, Y) \equiv \mathrm{Cov}(X, Y)/\sqrt{\mathrm{Var}(X)\mathrm{Var}(Y)}$ で定義され，X と Y の無相関性は $\mathrm{Corr}(X, Y) = 0$ で表される．X と Y の相関係数は X と Y の直線性の関係の程度を表す．これらは二つの集合，事象，確率変数の間の関係を表現する手段と考えられるが，同様に，二つの分布間の関係として「類似度」を定義することができる．この類似度は，生態学においては Nich（生態的地位）Overlap を表す一つの指標として用いられている．

注意 分離度（ダイバージェンス）はむしろ非類似度（分布間の離れ具合）を表している．見方を変えれば，類似度に関係する量を定義していることになる．簡単な類似度として，二つの確率密度関数 $f(x)$ と $g(x)$ に対して重なりの部分

[5] $\varphi(x)$ を下に凸な関数とし，x_0 を定義域の点とすると，点 x_0 において $\varphi(x)$ を下から支持する直線 $y = \varphi(x_0) + a(x - x_0)$ が存在する．すなわち，$\varphi(x) \geq \varphi(x_0) + a(x - x_0)$ となる．ここで，直線の傾きを表す a は x_0 における左微分係数 $h'_-(x_0)$ と右微分係数 $h'_+(x_0)$ を用いて $h'_-(x_0) \leq a \leq h'_+(x_0)$ である．確率変数 X に対して $x_0 = E(X)$ とおくとき $E\{\varphi(X)\} \geq E[\varphi\{E(X)\} + a\{X - E(X)\}] = \varphi\{E(X)\}$ を得る．

の面積 $\int \min\{f(x), g(x)\}dx$ がある.さらに,$I(r,s) = \int \{f(x)\}^r \{g(x)\}^s dx$ とおくとき,$r = s = 1/2$ のときは松下(嘉米男 Kameo Matusita)の類似度,$s = 1 - r$ $(0 < r < 1)$ のときは Chernoff(チャーノフ)の類似度,$J(r,s) = 2I(r,s)/\{I(2r,0) + I(0,2s)\}$ とおくとき $J(1,1)$ は森下(正明 Masaaki Morisita)の類似度,$G(r,s) = I(r,s)/\sqrt{I(2r,0)I(0,2s)}$ とおくとき $G(1,1)$ は Pianka(ピアンカ)の類似度として知られている.なお,$I(r,s)$ はいつでも $I(r,s) \leq 1$ というわけではないが,$J(r,s)$ と $G(r,s)$ については $J(r,s) \leq 1$,$G(r,s) \leq 1$ で,等号は $f(x) = g(x)$ a.e. が成り立つ.

ダイバージェンスの二つの例をあげる.$\varphi(t) = (1 - \sqrt{t})^2$ もしくは $\varphi(t) = 2(1 - \sqrt{t})$ とするとき,

$$D_{\mathrm{H}}(f,g) = \int_0^{2\pi} \left(1 - \sqrt{\frac{g(\theta)}{f(\theta)}}\right)^2 f(\theta)d\theta = \int_0^{2\pi} \left(\sqrt{f(\theta)} - \sqrt{g(\theta)}\right)^2 d\theta$$

$$= 2\left(1 - \int_0^{2\pi} \sqrt{f(\theta)g(\theta)}d\theta\right) = \int_0^{2\pi} 2\left(1 - \sqrt{\frac{g(\theta)}{f(\theta)}}\right) f(\theta)d\theta$$

となる.これを Hellinger(ヘリンジャー)のダイバージェンス (Hellinger divergence) という.明らかに,不等式 $0 \leq D_{\mathrm{H}}(f,g) \leq 2$ を満たす.また,$d(f,g) \equiv \sqrt{D_{\mathrm{H}}(f,g)}$ とおくと d は距離の公理を満たす.このことから,$d(f,g)$ は Hellinger 距離 (Hellinger distance) と呼ばれる.すなわち,d は次の性質を持つ.

(a) $d(f,g) \geq 0$ で $d(f,g) = 0$ は $f = g$ a.e. のときでそのときに限る.
(b) 対称性 $d(f,g) = d(g,f)$ が成り立つ.
(c) 三角不等式 $d(f,g) \leq d(f,h) + d(h,g)$ が成り立つ.

次に,$\varphi(t) = -\log t$ とするとき,

$$D_{\mathrm{KL}}(f,g) = -\int_0^{2\pi} \log\left(\frac{g(\theta)}{f(\theta)}\right) f(\theta)d\theta$$

となり,これを Kullback(カルバック)–Leibler(ライブラー)のダイバージェンス (Kullback–Leibler divergence) という.$D_{\mathrm{KL}}(f,g)$ は f と g に関して対称でなく,距離ではない.$g(\theta) = 1/(2\pi)$(円周一様分布)のときには,

$$D_{\mathrm{KL}}(f,g) = \log(2\pi) + \int_0^{2\pi} f(\theta) \log f(\theta)d\theta \ (\geq 0)$$

だから，4.1 節に現れた Shannon のエントロピーに関する不等式 (4.1) となる．

確率密度関数 $f(\theta)$ の $\mathrm{VM}(\mu_1, \kappa_1)$ に対し，確率密度関数 $g(\theta)$ の $\mathrm{VM}(\mu_2, \kappa_2)$ との間の Hellinger のダイバージェンスは，直接的な計算により，

$$D_\mathrm{H}(f,g) = 2\left\{1 - \frac{I_0\left(\frac{1}{2}\sqrt{\kappa_1^2 + \kappa_2^2 + 2\kappa_1\kappa_2\cos(\mu_1-\mu_2)}\right)}{\sqrt{I_0(\kappa_1)I_0(\kappa_2)}}\right\}$$

であることが分かる．Kullback–Leibler のダイバージェンスは，

$$D_\mathrm{KL}(f,g) = \log\left\{\frac{I_0(\kappa_2)}{I_0(\kappa_1)}\right\} + \{\kappa_1 - \kappa_2\cos(\mu_1-\mu_2)\}\frac{I_1(\kappa_1)}{I_0(\kappa_1)}$$

となる．$g(\theta)$ を ξ $(0 \leq \xi < 2\pi)$ だけ回転して，$D_\mathrm{H}(f,g)$ と $D_\mathrm{KL}(f,g)$ が最大値と最小値を取るようにすることができて，それらは，

$$\max_\xi D_\mathrm{H}(f(\theta), g(\theta+\xi)) = 2\left\{1 - \frac{I_0\left(\frac{1}{2}|\kappa_1-\kappa_2|\right)}{\sqrt{I_0(\kappa_1)I_0(\kappa_2)}}\right\},$$
$$\xi = \mu_2 - \mu_1 + \pi \pmod{2\pi},$$
$$\min_\xi D_\mathrm{H}(f(\theta), g(\theta+\xi)) = 2\left\{1 - \frac{I_0\left(\frac{1}{2}(\kappa_1+\kappa_2)\right)}{\sqrt{I_0(\kappa_1)I_0(\kappa_2)}}\right\},$$
$$\xi = \mu_2 - \mu_1 \pmod{2\pi},$$
$$\max_\xi D_\mathrm{KL}(f(\theta), g(\theta+\xi)) = \log\left\{\frac{I_0(\kappa_2)}{I_0(\kappa_1)}\right\} + (\kappa_1+\kappa_2)\frac{I_1(\kappa_1)}{I_0(\kappa_1)},$$
$$\xi = \mu_2 - \mu_1 + \pi \pmod{2\pi},$$
$$\min_\xi D_\mathrm{KL}(f(\theta), g(\theta+\xi)) = \log\left\{\frac{I_0(\kappa_2)}{I_0(\kappa_1)}\right\} + (\kappa_1-\kappa_2)\frac{I_1(\kappa_1)}{I_0(\kappa_1)},$$
$$\xi = \mu_2 - \mu_1 \pmod{2\pi}$$

となる．

4.3.7　Bayes（ベイズ）的観点

事前分布 (prior distribution) が事後分布 (posterior distribution) と同じ分布の族に属するとき**共役事前分布** (conjugate prior distribution) といわれる．$\mathrm{VM}(\mu,\kappa)$ において $\kappa\,(=\kappa_0)$ が既知のパラメータのとき，確率密度関数は，

$$f(\theta) = \frac{1}{2\pi I_0(\kappa_0)}\exp(a\cos\theta + b\sin\theta), \quad a = \kappa_0\cos\mu;\ b = \kappa_0\sin\mu$$

となり分布は指数型 (exponential type) だから，$\mathrm{VM}(\mu,\kappa_0)$ は共役事前分布

を持つ．

実際に，$\theta_1,\ldots,\theta_n$ $(0 \leq \theta_j < 2\pi;\ j=1,\ldots,n)$ を $\mathrm{VM}(\mu,\kappa_0)$ からのランダム標本とすると，結合確率密度関数は $\boldsymbol{\theta}=(\theta_1,\ldots,\theta_n)'$ として，

$$p(\boldsymbol{\theta}|\mu) = \frac{1}{\{2\pi I_0(\kappa_0)\}^n} e^{\kappa_0 \sum_{j=1}^n \cos(\theta_j - \mu)}, \quad 0 \leq \mu < 2\pi$$

となる．いま μ の事前分布を確率密度関数 $\pi(\mu|m,\delta)$ を持つ $\mathrm{VM}(m,\delta)$ とすると，事後分布の確率密度関数，

$$p(\mu|\boldsymbol{\theta}) = \frac{p(\boldsymbol{\theta}|\mu)\pi(\mu|m,\delta)}{\int_0^{2\pi} p(\boldsymbol{\theta}|\mu)\pi(\mu|m,\delta)d\mu} = \frac{1}{2\pi I_0(\delta_*)} e^{\delta_* \cos(\mu-\mu_*)}$$

を得ることになる．これは $\mathrm{VM}(\mu_*,\delta_*)$ を表す．ここで，

$$\delta_* = \sqrt{(\kappa_0 R)^2 + \delta^2 + 2\kappa_0 \delta \sum_{j=1}^n \cos(\theta_j - m)},$$

$$R^2 = C^2 + S^2,\ C = \sum_{j=1}^n \cos\theta_j,\ S = \sum_{j=1}^n \sin\theta_j$$

であり，事後分布のモード μ_* は，

$$\delta_* \cos\mu_* = \kappa_0 C + \delta \cos m,\ \delta_* \sin\mu_* = \kappa_0 S + \delta \sin m$$

を満たす．

4.3.8 混合 von Mises 分布

2峰性の分布 (bimodal distribution) の一つの候補として，二つの von Mises 分布の混合分布 (mixture) について述べよう．数理的性質を調べるには，一方の von Mises 分布の平均方向を 0 としておいて一般性を失わない．したがって，二つの von Mises 分布 $\mathrm{VM}(0,\kappa_1)$ と $\mathrm{VM}(\mu,\kappa_2)$ の混合分布について考えることにする．その確率密度関数は $\mathrm{VM}(0,\kappa_1)$，$\kappa_1 > 0$ の確率密度関数 $f_1(\theta)$ と $\mathrm{VM}(\mu,\kappa_2)$，$0 \leq \mu \leq \pi$，$\kappa_2 > 0$ の確率密度関数 $f_2(\theta)$ を混合比率 p $(0 \leq p \leq 1)$ で混合して，

$$f(\theta) = pf_1(\theta) + (1-p)f_2(\theta), \quad 0 \leq \theta < 2\pi$$

と表現される．**単峰性** (unimodality) もしくは **2峰性** (bimodality) の条件を

表 4.1　モード・反モードの数と位置（U：単峰，B：2 峰）

場合	μ	p	形	モード M	反モード A
(i)	0	$0 \leq p \leq 1$	U	0	π
(ii)	π	$p_1 \leq p \leq p_2$	B	$0, \pi$	$0 < A^* < \pi < A^* < 2\pi$
		$0 \leq p < p_1$	U	π	0
		$p_2 < p \leq 1$	U	0	π
(iiia)	$0 < \mu < \pi$	$0 \leq p \leq 1$	U	$0 < M < \mu$	$\pi < A < \mu + \pi$
	$\sin \mu > h(\tilde{\theta})$				
(iiib)	$0 < \mu < \pi$	$p'_1 \leq p \leq p'_2$	B	$0 < M < \theta_1 < A < \theta_2 < M \leq \mu < \pi < A < \mu + \pi$	
	$\sin \mu \leq h(\tilde{\theta})$	$0 \leq p < p'_1$	U	$\theta_2 < M < \mu$	$\pi < A < \mu + \pi$
		$p'_2 < p \leq 1$	U	$0 < M < \theta_1$	$\pi < A < \mu + \pi$

場合	記法
(ii)	$p_1 = \{1 + \kappa^* \exp(\kappa_1 + \kappa_2)\}^{-1}$, $p_2 = \{1 + \kappa^* \exp(-\kappa_1 - \kappa_2)\}^{-1}$, $\kappa^* = \{\kappa_1 I_0(\kappa_2)\}/\{\kappa_2 I_0(\kappa_1)\}$, $A^* = \cos^{-1}[\log\{(1-p)/(p\kappa^*)\}/(\kappa_1 + \kappa_2)]$
(iiia)	$h(\theta) = \sin \theta \sin(\theta - \mu)\{\kappa_2 \sin(\theta - \mu) - \kappa_1 \sin \theta\}$; $\tilde{\theta}$: $h(\theta)$ $(0 < \theta < \mu)$ の最大値を与える値
(iiib)	$p'_j = \{1 - \kappa^*/u(\theta_j)\}^{-1}$ $(j = 1, 2)$, $u(\theta) = \{\sin(\theta - \mu)/\sin \theta\} \exp\{\kappa_2 \cos(\theta - \mu) - \kappa_1 \cos \theta\}$, θ_1, θ_2 $(0 < \theta_1 < \theta_2 < \mu)$：方程式 $\sin \mu - h(\theta) = 0$ $(0 < \theta < \mu)$ の二つの解

まとめてみると表 4.1 のようになる．

表中 $\tilde{\theta}$ は $\cot \theta$ に関する 3 次方程式，

$$A \cot^3 \theta + B \cot^2 \theta + C \cot \theta + D = 0, \quad 0 < \theta < \mu < \pi$$

の一意的な解を表す．係数の A, B, C, D は，

$$A = \kappa_2 \sin^2 \mu, \ B = 2\kappa_1 \sin \mu - 2\kappa_2 \sin(2\mu),$$
$$C = 2\kappa_2 \cos(2\mu) - 3\kappa_1 \cos \mu + \kappa_2 \cos^2 \mu, \ D = -B/2$$

である．

4.3.9　多峰性 von Mises 分布

$m \ (\geq 2)$ 峰性 von Mises 分布の確率密度関数は，

$$f(\theta) = \frac{1}{2\pi I_0(\kappa)} e^{\kappa \cos\{m(\theta - \mu)\}}, \quad 0 \leq \theta < 2\pi; \ 0 \leq \mu < 2\pi/m; \ \kappa \geq 0$$

と表される．積分 $\int_0^{2\pi/m} f(\theta) d\theta = 1/m$ なので，円周の一部 $0 \leq \theta < 2\pi/m$ における von Mises 分布の確率密度関数，

$$f(\theta) = \frac{m}{2\pi I_0(\kappa)} e^{\kappa \cos\{m(\theta-\mu)\}}, \quad 0 \leq \mu < 2\pi/m;\ \kappa \geq 0$$

を得ることになる．

注意 Φ を $\mathrm{VM}(0, \kappa)$ に従う確率変数とし，m を 2 以上の整数とすると，確率変数変換 $\Theta = \Phi/m$ 後の Θ の確率密度関数は，

$$f(\theta) = \frac{m}{2\pi I_0(\kappa)} e^{\kappa \cos(m\theta)}, \quad 0 \leq \theta < \frac{2\pi}{m}$$

となる．したがって，$0 \leq \theta < 2\pi$ での m 峰性確率密度関数，

$$f_\Theta(\theta) = \frac{1}{2\pi I_0(\kappa)} e^{\kappa \cos(m\theta)}$$

を得ることになる．この例のように，Φ を von Mises 分布に従うとし，一般に a を正の定数とするとき，$a\Phi$ は $0 \leq \theta < 2\pi$ 上の von Mises 分布に従うわけではないことが分かる．

4.4 巻込み Cauchy 分布

4.4.1 諸性質

実軸上の分布として次の確率密度関数，

$$g(x) = \frac{\sigma}{\pi(x^2 + \sigma^2)}, \quad -\infty < x < \infty;\ 0 < \sigma < \infty$$

を持つ Cauchy 分布 (Cauchy distribution) を考えよう．σ は分布の尺度パラメータを表し，分布のメディアン（中央値）は 0 である．ちなみに，Cauchy 分布では平均は存在せず，したがって，より高次のモーメントも存在しない[6]．メディアンが分布の中心を表現するパラメータの役割を持つ．確率変数 X が尺度パラメータ σ の Cauchy 分布に従うとき，その特性関数は，

$$\phi(t) = E(e^{itX}) = e^{-\sigma|t|}, \quad -\infty < t < \infty$$

で与えられる．巻込み分布における Fourier 級数表現の式から，$\Theta = X \pmod{2\pi}$ で生成される巻込み Cauchy 分布 (wrapped Cauchy distribution) $\mathrm{WC}(0, \rho)$ の確率密度関数 $f(\theta)$ は，$\alpha_p = E\{\cos(p\Theta)\} = e^{-\sigma p}$，$\beta_p = E\{\sin(p\Theta)\} = 0\ (p = 1, 2, \ldots)$ であり，

[6] Jensen の不等式もしくは Hölder（ヘルダー）の不等式から，$0 < r < s$ となる数 r, s について $E(|X|^r) \leq \{E(|X|^s)\}^{r/s}$ が成り立つ．よって，$0 < r < s$ のとき，s 次モーメントが存在すれば r 次モーメントが存在する．対偶を取ると，r 次モーメントが存在しなければ s 次モーメントは存在しない．

$$\sum_{p=1}^{\infty}(\alpha_p^2+\beta_p^2)=\sum_{p=1}^{\infty}e^{-2\sigma p}=\frac{1}{e^{2\sigma}-1}<\infty$$

であるので,

$$f(\theta)=\frac{1}{2\pi}\left\{1+2\sum_{p=1}^{\infty}\rho^p\cos(p\theta)\right\},\quad 0\leq\theta<2\pi$$

となる. ここで, $\rho=e^{-\sigma}$ を表す. 上式を変形すると, Euler の公式 $e^{ix}=\cos x+i\sin x$ (x は実数) より,

$$\begin{aligned}f(\theta)&=\mathrm{Re}\left\{\frac{1}{2\pi}\left(1+2\sum_{p=1}^{\infty}\rho^p e^{ip\theta}\right)\right\}\\&=\mathrm{Re}\left\{\frac{1}{2\pi}\left(1+\frac{2\rho e^{i\theta}}{1-\rho e^{i\theta}}\right)\right\}\\&=\mathrm{Re}\left\{\frac{1}{2\pi}\left(1+\frac{2\rho e^{i\theta}}{1-\rho e^{i\theta}}\times\frac{1-\rho e^{-i\theta}}{1-\rho e^{-i\theta}}\right)\right\}\\&=\frac{1-\rho^2}{2\pi(1+\rho^2-2\rho\cos\theta)},\quad 0\leq\theta<2\pi\end{aligned}\qquad(4.5)$$

を得る. 式の途中で $\mathrm{Re}(z)$ は複素数 z の実部 (real part) を意味する. $\mathrm{WC}(0,\rho)$ の平均方向は 0 で, 平均合成ベクトル長は ρ となる.

注意 4.2 節のハート型の命名は確率密度関数 $f(\theta)$ の極方程式 $r=f(\theta)$ を直交座標で表示するとハート型 (cardioid) となるからと説明された. 巻込み Cauchy 分布の確率密度関数の極方程式による基本形は離心率を ε ($0<\varepsilon<1$) とし半直弦を l (>0) とする楕円 $r=l/(1+\varepsilon\cos\theta)$ であるので, 巻込み Cauchy 分布は楕円型分布と呼ばれてもよさそうなものだが, この名称は使われていない. 巻込み Cauchy 分布は Cauchy 分布の巻込み法による生成だから, 歴史的にこのように呼ばれている.

注意 巻込み Cauchy 確率密度関数に現れる,

$$P_\rho(\theta,\mu)=\frac{1-\rho^2}{1+\rho^2-2\rho\cos(\theta-\mu)},\quad \theta,\mu\in[0,2\pi);\ \rho\in[0,1)$$

は実 Poisson (ポアソン) 核 (real Poisson kernel) として知られている関数である.

WC$(0,\rho)$ の確率密度関数が 0 に関して対称でモード 0 を持つことは明らかであろう．また，WC$(0,\rho)$ は，$\rho \to 0$ $(\sigma \to \infty)$ のとき一様分布に収束し，$\rho \to 1$ $(\sigma \to 0)$ のとき $\theta = 0$ の 1 点に退化した分布に収束する．WC$(0,\rho)$ の正弦モーメントは 0 であり，p 次余弦モーメントは巻込み分布の一般論から $C(0,\sigma)$ の特性関数に一致し $\phi_p = \rho^p$ $(p \geq 0)$ となる．分布関数の表現のためには確率密度関数 $f(\theta)$ を $-\pi \leq \theta < \pi$ で考えておくと便利である．実際，分布関数は $F(-\pi) = 0$,

$$F(\theta) = \int_{-\pi}^{\theta} f(t)dt = \frac{1}{2} + \frac{1}{\pi}\tan^{-1}\left\{\frac{1+\rho}{1-\rho}\tan\left(\frac{\theta}{2}\right)\right\}, \quad -\pi < \theta < \pi$$

および $F(\pi) = 1$ と表現できる．ここで，逆正接関数 $y = \tan^{-1} x$ は $-\infty < x < \infty$ に対し主値 $-\pi/2 < y < \pi/2$ で定義されている．$0 \leq \theta < 2\pi$ で考える場合は，$F(\pi) = 1/2$,

$$F(\theta) = \begin{cases} \dfrac{1}{\pi}\tan^{-1}\left\{\dfrac{1+\rho}{1-\rho}\tan\left(\dfrac{\theta}{2}\right)\right\}, & 0 \leq \theta < \pi \\ 1 + \dfrac{1}{\pi}\tan^{-1}\left\{\dfrac{1+\rho}{1-\rho}\tan\left(\dfrac{\theta}{2}\right)\right\}, & \pi < \theta < 2\pi \end{cases}$$

と θ の範囲によって式の形が変わる．

平均方向 μ の巻込み Cauchy 分布 WC(μ,ρ) の確率密度関数は式 (4.5) において θ の代わりに $\theta - \mu$ で置き換えることによって得ることができる．確率変数 Θ が WC(μ,ρ) に従い，c を実定数とすると，$c\Theta$ の三角モーメントは $E(e^{ic\Theta}) = e^{ic\mu}\rho^{|c|}$ となるので，$c\Theta$ は WC$(c\mu,\rho^{|c|})$ に従う．また，巻込み Cauchy 分布は和と差に関して再生性を持つ．すなわち，確率変数 Θ_1 と Θ_2 は独立でそれぞれ WC(μ_1,ρ_1) と WC(μ_2,ρ_2) に従うとすると，$\Theta_1 \pm \Theta_2$ は WC$(\mu_1 \pm \mu_2, \rho_1\rho_2)$ となる．この事実は $\Theta_1 \pm \Theta_2$ の三角モーメントを計算すれば明らかに分かる．Θ_j $(j = 1,\ldots,n)$ が互いに独立でそれぞれ WC(μ_j,ρ_j) に従うときには，和 $\sum_{j=1}^{n}\Theta_j$ は WC$(\sum_{j=1}^{n}\mu_j, \prod_{j=1}^{n}\rho_j)$ に従う．$n \to \infty$ のとき，$0 < \rho_j < 1$ なので $\prod_{j=1}^{n}\rho_j \to 0$ となり，巻込み Cauchy 変数の和は一様分布に収束することが中心極限定理を使わず直接的に言える．

4.4.2 巻込み Cauchy 分布の別の見方

複素平面上の変数を用いて巻込み Cauchy 分布と本質的に同じ分布を与えることができる．その表現は Möbius 変換と相性がよい．Möbius 変換は複素

数表現のほうが角度表現より簡潔だからであるが，複素数表現に慣れていない読者にとってはかえって分かりにくいと感じるかもしれない．よって，本項は巻込み Cauchy 分布の理論的に重要な別の見方ではあるが，読み飛ばしても差し支えはない．

複素数 $\alpha = \alpha_1 + i\alpha_2$ ($\alpha_1 = \mathrm{Re}(\alpha)$, $\alpha_2 = \mathrm{Im}(\alpha)$, $i = \sqrt{-1}$) とし，直線上において，

$$f(x) = \frac{|\alpha_2|}{\pi|x-\alpha|^2}, \quad -\infty < x < \infty$$

を持つ Cauchy 分布に従う確率変数 X を考えよう．実際，上式を変形すると，

$$f(x) = \frac{|\alpha_2|}{\pi\{(x-\alpha_1)^2 + \alpha_2^2\}}$$

となるので上式は Cauchy 分布の確率密度関数を表し，α_1 は分布のメディアン，また $|\alpha_2|$ は尺度のパラメータとなっていることが分かる．$\alpha_2 \neq 0$ に対して，α とその共役複素数 $\bar{\alpha}$ は同じ Cauchy 分布を表す．特別な場合として $\alpha = \pm i$ のときには，標準 Cauchy 分布を表すことになる．また，$\alpha_2 = 0$ に対しては 1 点 α_1 に退化した分布を表すと解釈する．

いま，Cauchy 分布に従う確率変数 X を，

$$Z = \frac{1+iX}{1-iX}$$

と変換することを考えよう．複素変数 Z の長さは $|Z| = 1$ となるので，Z は複素平面において原点を中心とする単位円周上に値を取る確率変数であり，その確率密度関数は，$\psi = (1+i\alpha)/(1-i\alpha)$ および $|\psi| \neq 1$ として，

$$f(z) = \frac{|1-|\psi|^2|}{2\pi|z-\psi|^2}, \quad |z| = 1$$

となる．この確率密度関数を持つ分布を $C^*(\psi)$ と表記し，簡単のために $Z \sim C^*(\psi)$ と書くことにする．とくに，$C^*(0)$ は一様分布となる．確率密度関数，

$$f(\theta) = \frac{1-\rho^2}{2\pi\{1+\rho^2 - 2\rho\cos(\theta-\mu)\}}, \quad 0 \leq \theta < 2\pi$$

を持つ巻込み Cauchy 分布 $\mathrm{WC}(\mu, \rho)$ は，その確率変数を Θ とすると，$Z = \exp(i\Theta)$ によって達成される．パラメータの関係は $\mu = \arg(\psi)$ および，

$$\rho = \begin{cases} |\psi|, & |\psi| < 1 \\ 1/|\psi|, & |\psi| > 1 \end{cases}$$

である.

上で定義された $C^*(\psi)$ は次のように簡潔に表される諸性質を持つ.

(a) C^* 分布は角度の回転に関して閉じている．より詳しくは，a を実数とし $\beta_0 = \exp(ia)$（複素平面内の単位円周上の点）のとき，$Z \sim C^*(\psi)$ ならば $\beta_0 Z \sim C^*(\beta_0 \psi)$ が成り立つ．複素数 z に $\beta_0 = \exp(ia)$ をかけることは，z を円周に沿って a だけ回転させることに対応する．直観的に明らかな事実であるが，一様分布 $C^*(0)$ は角度の回転に関して不変である．式で表すと，$Z \sim C^*(0)$ のとき $\beta_0 Z \sim C^*(0)$ となる.

(b) C^* 分布は確率変数の積に関して閉じている．より詳しくは，Z_1 と Z_2 は独立で $Z_1 \sim C^*(\psi_1)$, $|\psi_1| \le 1$ かつ $Z_2 \sim C^*(\psi_2)$, $|\psi_2| \le 1$ ならば $Z_1 Z_2 \sim C^*(\psi_1 \psi_2)$ が成り立つ．

(c) C^* 分布は Möbius 変換に関して閉じている．より詳しくは，$Z \sim C^*(\psi)$ のとき，複素数 β_1 ($|\beta_1| \ne 1$) に対し Möbius 変換に関して $(Z+\beta_1)/(1+\overline{\beta}_1 Z) \sim C^*((\psi+\beta_1)/(1+\overline{\beta}_1 \psi))$ が成り立つ．パラメータ自身が Möbius 変換の形となっている．この事実から明らかに分かるのは，一様分布 $C^*(0)$ 確率変数の Möbius 変換は $C^*(\beta_1)$ という事実である.

4.4.3 von Mises 分布混合

巻込み Cauchy 分布は von Mises 分布の混合によって生成することができる．この事実を示すために条件付き確率変数 $\Theta | (K=k)$ は $\mathrm{VM}(0, \kappa)$ に従い，K の確率密度関数は，

$$f(\kappa) = \sqrt{\alpha^2 - 1}\, I_0(\kappa) e^{-\alpha \kappa}, \quad \kappa \ge 0;\ \alpha > 1$$

としよう．そうすると，(Θ, K) の結合確率密度関数は

$$f(\theta, \kappa) = \frac{\sqrt{\alpha^2 - 1}}{2\pi} e^{-\kappa(\alpha - \cos\theta)}, \quad 0 \le \theta < 2\pi;\ \kappa \ge 0$$

となる．したがって，Θ の無条件確率密度関数は，

$$f(\theta) = \int_0^\infty f(\theta, \kappa) d\kappa = \frac{\sqrt{\alpha^2 - 1}}{2\pi(\alpha - \cos\theta)}, \quad 0 \le \theta < 2\pi;\ \alpha > 1$$

となり，Θ の分布として WC$(0, \alpha - \sqrt{\alpha^2 - 1})$ を得る．なお，K の確率密度関数は意外な場面で現れる．それについては，第 8 章の 8.4 節を参照のこと．

4.5 巻込み正規分布

前節の巻込み Cauchy 分布のように，巻込み分布は直線上の任意の分布から構成することができる．本節では，正規分布からつくられる巻込み分布について考えよう．正規分布は数理統計学において中心的な役割を演じてきたことから，円周上の巻込み正規分布 (wrapped normal distribution) もよい性質を持っているのではないかと期待できる．

確率変数 X が平均 0，分散 $a^2\,(>0)$ の正規分布 $N(0, a^2)$ に従うとすると，その確率密度関数は，

$$f(x) = \frac{1}{\sqrt{2\pi}a}\,e^{-x^2/(2a^2)}, \quad -\infty < x < \infty$$

だから，対応する巻込み正規分布の確率密度関数は，

$$f(\theta) = \frac{1}{\sqrt{2\pi}a}\sum_{k=-\infty}^{\infty}\exp\left\{-\frac{(\theta + 2\pi k)^2}{2a^2}\right\}, \quad 0 \leq \theta < 2\pi \qquad (4.6)$$

で与えられる．X の特性関数は，

$$\phi_p = E(e^{ipX}) = \exp(-p^2 a^2/2)$$

となるから，(4.6) の Fourier 級数表現は，

$$f(\theta) = \frac{1}{2\pi}\left\{1 + 2\sum_{p=1}^{\infty}\rho^{p^2}\cos(p\theta)\right\}, \quad 0 \leq \theta < 2\pi \qquad (4.7)$$

である．得られた分布を WN$(0, \rho)$ と表記する．ここで，ρ は $\rho = \exp(-a^2/2)$ (したがって，$0 < \rho < 1$) を表す．なお，式 (4.7) は，シータ関数，

$$\vartheta_3(z, q) = 1 + 2\sum_{n=1}^{\infty}q^{n^2}\cos(2nz)$$

を用いると，

$$f(\theta) = \frac{1}{2\pi}\vartheta_3(\theta/2, \rho)$$

と表現することが可能である．

WN$(0,\rho)$ の平均方向は 0 であり，正弦モーメントは 0 で p 次余弦モーメントは $\exp(-p^2a^2/2)$ だから，1 次余弦モーメント $\rho = \exp(-a^2/2)$ は WN$(0,\rho)$ の平均合成ベクトル長を表す．したがって，円周分散は $\nu = 1 - \rho = 1 - \exp(-a^2/2)$ となり，a に対して解くと，$a = \{-2\log(1-\nu)\}^{1/2}$ となる．巻込み正規分布は実軸上の正規分布から導かれるので，正規分布の持つ良い性質のいくつかが巻込み正規分布に遺伝するであろうと考えるのは自然である．本分野の発展の初期段階では巻込み正規分布について多くの性質が調べられたので，上の a の代わりに $\sigma = \{-2\log(1-\nu)\}^{1/2}$ と書いて，これが円周標準偏差 (circular standard deviation) の定義[7]として用いられてきた．

巻込み正規分布 WN$(0,\rho)$ は，単峰で，点 0 に関して対称であることは明らかであろう．位置のパラメータ μ を導入して WN(μ,ρ) を定義し，点 μ に関して対称分布を考えたいときには，(4.6) もしくは (4.7) における確率密度関数の θ のかわりに $\theta - \mu$ とすればよい．WN(μ,ρ) の平均方向は μ で，平均合成ベクトル長は ρ のままとなる．(4.6) もしくは (4.7) において $\rho \to 0$ $(a \to \infty)$ とすると，円周一様分布の確率密度関数に収束する．また，$\rho \to 1$ $(a \to 0)$ とすると，$\theta = 0$ において退化した分布（1 点分布）に近づく．巻込み法の一般論 (3.3.1 項) に説明があるように，正規分布が和に関する再生性を持つことから，WN(μ,ρ) は再生性を持つことが分かる．具体的には，確率変数 Θ_1 と Θ_2 は独立で，それぞれ，WN(μ_1,ρ_1) と WN(μ_2,ρ_2) に従うとすると，$\Theta_1 \pm \Theta_2$ は WN$(\mu_1 \pm \mu_2, \rho_1\rho_2)$ に従う．より一般に，確率変数列 Θ_j $(j=1,\ldots,n)$ が独立に，それぞれ，WN(μ_j,ρ_j) に従うとすると，和 $\sum_{j=1}^n \Theta_j$ は WN$(\sum_{j=1}^n \mu_j, \prod_{j=1}^n \rho_j)$ に従うことになる．ここにおいて $n \to \infty$ とすると，$\prod_{j=1}^n \rho_j \to 0$ となることから，直接的に $\sum_{j=1}^n \Theta_j$ は $n \to \infty$ のとき円周一様分布に分布収束するのを見ることができる．

WN$(0,\rho)$ の確率密度関数の形は，ある場合には適当なパラメータを持つ von Mises 分布の確率密度関数の形に極めて近い．より正確に述べると，次のようである．WN$(0,\rho)$ を導くための $N(0,a^2)$ の分散 a^2 の値が小さいとき，平均合成ベクトル長 $\rho = \exp(-a^2/2)$ は $\exp(-a^2/2) \approx 1 - a^2/2$ と近似される．ところで，von Mises 分布 VM$(0,\kappa)$ の平均合成ベクトル長 $I_1(\kappa)/I_0(\kappa)$ は，$|z|$ の値が大きいときの第 1 種変形 Bessel 関数に関する漸近展開，

$$I_\nu(z) \approx \frac{e^z}{\sqrt{2\pi z}}\left(1 - \frac{4\nu^2 - 1}{8z}\right), \quad |\arg z| < \frac{\pi}{2}$$

[7] 円周標準偏差の定義の由来．

を使うと，κ の値が大きいとき，

$$\frac{I_1(\kappa)}{I_0(\kappa)} \approx 1 - \frac{1}{2\kappa}$$

と近似される．よって，$1 - 1/(2\kappa)$ と $1 - a^2/2$ を等値させると $\kappa = 1/a^2$ を得る．図 4.4 は，$\rho = e^{-a^2/2}$ に対して WN$(0, \rho)$ とその近似 ($\kappa = 1/a^2$) である VM$(0, \kappa)$ を図示している．$a^2 = 0.3$ のとき $\kappa = 1/0.3 \approx 3.3$（大きい値）であり，この場合，近似はかなりよいが，一方，$a^2 = 0.9$ のとき $\kappa = 1/0.9 \approx 1.1$（小さい値）であり，この場合，近似はそれほどよくはない．

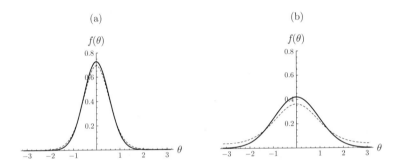

図 4.4 巻込み正規分布 WN$(0, \exp(-a^2/2))$ の von Mises 分布 VM$(0, \kappa)$ 近似 ($\kappa = 1/a^2$)：(a) WN：$a^2 = 0.3$（実線），VM：$\kappa = 1/0.3 \approx 3.3$（破線），(b) WN：$a^2 = 0.9$（実線），VM：$\kappa = 1/0.9 \approx 1.1$（破線）

4.6　一般化ハート型分布

4.6.1　生成と性質

Cauchy 確率密度関数に対する立体射影法（3.3.5 項）を，より一般に，自由度 m の t 分布の確率密度関数，

$$f(x) = \frac{\Gamma((m+1)/2)}{\Gamma(m/2)\sqrt{\pi m}} \left(1 + \frac{x^2}{m}\right)^{-(m+1)/2}, \quad -\infty < x < \infty$$

に対して適用してみよう．具体的には，$u = 0, v = \sqrt{m}, m = 2n + 1$ ($n = 0, 1, \ldots$) として，変換，

$$x = u + v \frac{\sin\theta}{1 + \cos\theta} = u + v \tan\frac{\theta}{2}, \quad -\pi \leq \theta < \pi \tag{4.8}$$

を考える．そうすると，円周上の確率密度関数，

$$g(\theta) = \frac{\Gamma(n+1)}{2^{n+1}\sqrt{\pi}\Gamma(n+1/2)}(1+\cos\theta)^n, \quad -\pi \leq \theta < \pi \quad (4.9)$$

が得られる．Cauchy 分布の場合の $n=0$ ($m=1$) であれば，$\Gamma(1/2) = \sqrt{\pi}$ より，結果する円周分布は一様分布となることは明らかであろう．また，$n=1$ であれば，$\Gamma(s+1) = s\Gamma(s)$ より，(4.9) はハート型（の特別な場合）となる．

ハート型分布 $C(\mu, \rho)$ の確率密度関数 (4.2) もしくは (4.9) の一般化として，$\mu = 0$ の場合，適当な a と b に対して，

$$f(\theta) \propto (1 + a\cos\theta)^b$$

の形を考えることは自然であろう．関数 $f(\theta)$ が確率密度関数となるためには，a は $|a| \leq 1$ を満たさねばならない．パラメータ μ ($0 \leq \mu < 2\pi$), κ (≥ 0), および ψ ($-\infty < \psi < \infty$) を持つ確率密度関数の具体的な形として，

$$f_\psi(\theta) = \frac{\{\cosh(\kappa\psi)\}^{1/\psi}\{1+\tanh(\kappa\psi)\cos(\theta-\mu)\}^{1/\psi}}{2\pi P_{1/\psi}(\cosh(\kappa\psi))}, \quad 0 \leq \theta < 2\pi \quad (4.10)$$

が考えられている．この分布を**一般化ハート型** (generalized cardioid) 分布と呼び，簡単に $GC(\mu, \kappa, \psi)$ と表すことにする．式 (4.10) 中，$P_\psi(\cdot)$ は，

$$\int_0^\pi (z+\sqrt{z^2-1}\cos x)^{1/\psi} dx = \pi P_{1/\psi}(z), \quad \psi > 0,$$

$$\int_0^\pi \frac{1}{(z+\sqrt{z^2-1}\cos x)^{-1/\psi}} dx = \pi P_{-1/\psi-1}(z) = \pi P_{1/\psi}(z), \quad \psi < 0$$

で定義される **Legendre**（ルジャンドル）**陪関数** (associated Legendre function) を表す．$GC(\mu, \kappa, \psi)$ は，$\kappa = 0$ のときと，有限な κ に対して $\psi \to \pm\infty$ のときのどちらでも一様分布に帰着する．また，$\psi = 0$ は連続性により $\psi \to 0$ と解釈し，このとき von Mises 分布 $VM(\mu, \kappa)$, $\psi = 1$ のときハート型分布 $C(\mu, \tanh(\kappa)/2)$, $\psi = -1$ のとき巻込み Cauchy 分布 $WC(\mu, \tanh(\kappa/2))$, $-1 < \psi < 0$ のとき自由度 d ($= -2(1+1/\psi) > 0$) の**円周 t 分布** (circular t distribution with d degrees of freedom) を表す．

円周 t 分布は，von Mises 分布が 2 変量正規分布から条件付け法により求められたのに類似して，2 変量 t 分布において長さと角度 $(R, \Theta)'$ への極座標変換を行い，R が所与のときの Θ の従う分布として得ることができる．実際，

より一般に，Y を平均ベクトル $\boldsymbol{\eta}$，分散共分散行列 $\sigma^2 I_2$（I_2 は 2 次の単位行列）の 2 変量正規分布 $N_2(\boldsymbol{\eta}, \sigma^2 I_2)$ の尺度パラメータ σ に関して混合した (scale mixture) 分布（分布関数 $G(\sigma)$）に従う確率ベクトルとする．このとき，Y の確率密度関数は，

$$f(\boldsymbol{y}) = \int_0^\infty \frac{1}{2\pi\sigma^2} \exp\left\{-\frac{1}{2\sigma^2}(\boldsymbol{y}-\boldsymbol{\eta})'(\boldsymbol{y}-\boldsymbol{\eta})\right\} dG(\sigma)$$

と表現される．ここで，Y と $\boldsymbol{\eta}$ に対して，極座標変換 $Y = R\,\boldsymbol{e}(T)$，$\boldsymbol{\eta} = \rho\,\boldsymbol{e}(\tau)$ を施す．なお，$R = \|Y\|$（Y の長さ），$\boldsymbol{e}(T) = (\cos T, \sin T)'$（$Y$ の方向余弦）を表し，同様に $\rho = \|\boldsymbol{\eta}\|\,(>0)$，$-\pi \leq \tau < \pi$ に対して $\boldsymbol{e}(\tau) = (\cos\tau, \sin\tau)'$ である．$(R, T)'$ の結合確率密度関数を求め，条件付け法により $R = r$ が所与のときの T の条件付き確率密度関数 $f(t|r) = f(r, t)/f(r)$ を計算して，角度変数 T の分布を得ることができる．$G(\sigma)$ を $G(\sigma) = 0\,(0 \leq \sigma < 1)$，$1\,(1 \leq \sigma < \infty)$ と選べば，これは明らかに 2 変量正規分布 $N_2(\boldsymbol{\eta}, I_2)$ の条件付け法による角度分布の生成だから，von Mises 分布 $\text{VM}(\tau, \rho r)$ を得る．

重み $G(\sigma)$ を，$1/\sigma^2$ がガンマ型の分布，

$$\frac{dG(\sigma)}{d\sigma} = \frac{2^{1-\nu}A^{2\nu}}{\Gamma(\nu)}\,\sigma^{-1-2\nu} \exp\left(-\frac{A^2}{2\sigma^2}\right), \quad 0 < A < \infty;\ 0 < \nu < \infty$$

と取ると，$(R, T)'$ の結合確率密度関数は，

$$f_P(r, t) = r\nu(\pi A^2)^{-1}\left\{1 + \frac{\rho^2 + r^2 - 2\rho r \cos(t - \tau)}{A^2}\right\}^{-(\nu+1)}$$

と表されるので，$R = r$ が所与のときの T の条件付き確率密度関数，

$$f_P(t|r) = C^{-1}\left\{1 - \frac{2\rho r}{A^2 + \rho^2 + r^2}\cos(t - \tau)\right\}^{-(\nu+1)}, \quad -\pi \leq t < \pi \tag{4.11}$$

を得る．正規化定数 (normalizing constant) C は，

$$C = 2\pi\,{}_2F_1\left(\frac{\nu}{2} + \frac{1}{2}, \frac{\nu}{2} + 1; 1; \left\{\frac{2\rho r}{A^2 + \rho^2 + r^2}\right\}^2\right)$$

となる．${}_2F_1$ は **Gauss**（ガウス）**超幾何関数** (Gauss hypergeometric function) を表し，

$${}_2F_1(a, b; c; z) = \sum_{k=0}^\infty \frac{(a)_k (b)_k}{(c)_k}\frac{z^k}{k!}$$

で定義される．$(a)_k$ は **Pochhammer**（ポッホハンマー）の記号 (Pochammer's symbol) と呼ばれ,

$$(a)_k = \begin{cases} a(a+1) \times \cdots \times (a+k-1), & k \geq 1 \\ 1, & k = 0 \end{cases}$$

で定義される．それは，ガンマ関数を使えば $(a)_k = \Gamma(a+k)/\Gamma(a)$ と表される．とくに，n を正の数として，$\nu = n/2$, $A^2 = n$ とするとき，(4.11) は自由度 n の円周 t 分布の確率密度関数を表す．それは，明らかに，

$$f_t(\theta) = \frac{[1 - \{2\rho r/(n+\rho^2+r^2)\}\cos(t-\tau)]^{-(n/2+1)}}{2\pi\, {}_2F_1(n/4+1/2, n/4+1; 1; \{2\rho r/(n+\rho^2+r^2)\}^2)}, \quad -\pi \leq \theta < \pi$$

となる．直線上の t 分布は，自由度が 1 のとき Cauchy 分布で，自由度を無限大にすると標準正規分布に近づく．この事実に類似して，自由度 n の円周 t 分布は，$n \to 0$ のとき，

$$\begin{aligned} {}_2F_1\left(\frac{1}{2}, 1; 1; \left(\frac{2\rho r}{\rho^2+r^2}\right)^2\right) &= {}_1F_0\left(\frac{1}{2}; \left(\frac{2\rho r}{\rho^2+r^2}\right)^2\right) \\ &= \left\{1 - \left(\frac{2\rho r}{\rho^2+r^2}\right)^2\right\}^{-1/2} \end{aligned}$$

から巻込み Cauchy 分布 $\mathrm{WC}(\tau, (\rho^2+r^2-|\rho^2-r^2|)/(2\rho r))$ となり，$n \to \infty$ のとき，

$$\lim_{n\to\infty}\left\{1 - \frac{2\rho r}{n+\rho^2+r^2}\cos(\theta-\tau)\right\}^{-(n/2+1)} = e^{\rho r \cos(\theta-\tau)}$$

および,

$$\lim_{n\to\infty} {}_2F_1\left(\frac{n}{4}+\frac{1}{2}, \frac{n}{4}+1; 1; \left(\frac{2\rho r}{n+\rho^2+r^2}\right)^2\right) = I_0(\rho r)$$

から von Mises 分布 $\mathrm{VM}(\tau, \rho r)$ となる．

注意　t 分布（直線上）は，平均と分散が未知の正規分布からの確率標本に基づいて平均を検定するときの検定統計量として現れる．U を標準正規分布に従う確率変数とし，V を U と独立に自由度 k のカイ二乗分布に従う確率変数とするとき，$T = U/\sqrt{V/k}$ の従う分布が自由度 k の t 分布である．T の確率密度関数を求めるには，$X = V$ とおいて $(U, V)'$ から $(T, X)'$ に変換する．逆解きして $U = T\sqrt{X/k}$, $V = X$ となるので，ヤコビアンを計算すると $\partial(u,v)/\partial(t,x) = \sqrt{x/k}$ だから，$(T, X)'$ の結合確率密度関数は，

$$f(t,x) = \frac{1}{2^{(k+1)/2}\sqrt{\pi k}\,\Gamma(k/2)} x^{(k+1)/2-1} e^{-(1+t^2/k)x/2}$$

となる．よって，T の周辺確率密度関数は，$f(t) = \int_0^\infty f(t,x)dx$ を計算して，

$$f(t) = \frac{\Gamma((k+1)/2)}{\sqrt{\pi k}\,\Gamma(k/2)} \left(1+\frac{t^2}{k}\right)^{-(k+1)/2}$$

$$= \frac{1}{\sqrt{k}\,B(1/2,k/2)} \left(1+\frac{t^2}{k}\right)^{-(k+1)/2}$$

と求められるわけであるが，次のことが注意される．すなわち，$f(t)$ を求めるための上の積分は，$x = k/w$ と変数変換すれば，「重み関数」$h(w)$ を使って，正規分布の分散混合の形,

$$f(t) = \int_0^\infty \frac{1}{\sqrt{2\pi}\sqrt{w}} e^{-t^2/(2w)} h(w) dw$$

と書けることである．ここで，

$$h(w) = \frac{k^{k/2}}{2^{k/2}\,\Gamma(k/2)} \left(\frac{1}{w}\right)^{k/2+1} e^{-k/(2w)}$$

を表す．$h(w)$ は，自由度 k のカイ二乗変量 V を $W = k/V$ と変換して得られる確率密度関数である．このように，t 分布は正規分布 $N(0,w)$ の分散 w の重み関数 $h(w)$ による混合分布として表せる．t 分布は，最初，検定統計量の従う分布として導入されたが，現在ではそれを（パラメータを含めることによって）正規分布よりも裾が重いモデルとして採用できる．なお，ロジスティック分布や安定分布も，重み関数をうまく取ると，正規分布の分散もしくは尺度（標準偏差）混合分布として表すことができる．

4.6.2 三角モーメント

$GC(0,\kappa,\psi)$ の確率密度関数は $\theta = 0$ に関して対称だから，p 次三角モーメントは p 次余弦モーメントに一致し，$\psi > 0$ に対し，

$$\alpha_p = \frac{\Gamma(1/\psi+1)P_{1/\psi}^p(\cosh(\kappa\psi))}{\Gamma(1/\psi+p+1)P_{1/\psi}(\cosh(\kappa\psi))}$$

で，$\psi < 0$ に対し，

$$\alpha_p = \frac{\Gamma(1/|\psi| - p) P_{1/\psi}^p(\cosh(\kappa\psi))}{\Gamma(1/|\psi|) P_{1/\psi}(\cosh(\kappa\psi))}$$

となる. $\psi \to 0$ のときは $\mathrm{VM}(\mu, \kappa)$ に収束し $\alpha_p = I_p(\kappa)/I_0(\kappa)$ であり, $\psi = -1$ の特別な場合は巻込み Cauchy 分布に収束し $\alpha_p = \tanh^p(\kappa/2)$ となる.

4.7 分布の変形と非対称化

前 4.6 節では, ハート型, von Mises, 巻込み Cauchy の各分布を含む族の一般化ハート型分布について考察した. この分布はよく知られた円周上の分布をサブモデルとして含んでいることから, 分布の当てはめの際に非常に都合がよい. すなわち, 一般化ハート型分布をフルモデルとしてハート型, von Mises, 巻込み Cauchy の各分布モデル間での選択を**赤池情報量規準** (Akaike's information criterion) **AIC** やベイズ情報量規準 (Bayesian information criterion) **BIC**[8] で比較することができる. しかしながら, 一般化ハート型分布には, 分布が単峰, 平均方向に関して対称であるという制限があることも知っておかねばならない. データによっては別の型の分布を想定するほうが望ましい場合もある. 本節では, モード付近での分布の挙動を考慮に入れた変形についても触れる.

4.7.1 Batschelet–Papakonstantinou 変形

確率密度関数の中の $\cos(\theta - \mu)$ $(0 < \mu < 2\pi)$ の代わりに新しいパラメータ ν $(-\infty < \nu < \infty)$ を導入して $\cos\{(\theta - \mu) + \nu \sin(\theta - \mu)\}$ と変形する仕方が知られている. 本書では, これを Batschelet（バチュレット）– Papakonstantinou（パパコンスタンティノウ）変形 と呼ぶことにする. ハート型分布の Batschelet–Papakonstantinou 変形は,

$$f(\theta) = \frac{1}{2\pi\{1 - \kappa J_1(\nu)\}} [1 + \kappa \cos\{(\theta - \mu) + \nu \sin(\theta - \mu)\}], \quad 0 \leq \theta < 2\pi \tag{4.12}$$

で与えられる. ハート型の正規化のための定数 $1/(2\pi)$ は $1/[2\pi\{1 - \kappa J_1(\nu)\}]$ $(0 \leq \kappa \leq 1)$ と変えられることに注意しよう. パラメータ μ $(0 \leq \mu < 2\pi)$ は分布の平均方向を表し, 分布は μ に関して対称である. パラメー

[8] AIC と BIC は, AIC = $-2\log$（最大尤度）$+2\times$（自由パラメータ数）と BIC= $-2\log$（最大尤度）$+\log n\times$（自由パラメータ数）で与えられる. ここで, n は標本の大きさを表す.

タ κ は集中度を表し，ν は分布の形と峰の数を制御する．$J_n(z)$ は第 1 種 n 次 Bessel 関数で，積分表現では，

$$J_n(z) = \frac{1}{\pi}\int_0^\pi \cos(n\theta - z\sin\theta)d\theta, \quad n = 0, 1, 2, \ldots$$

と表される．$\nu = 0$ のとき上の確率密度関数 (4.12) がハート型分布 $C(\mu, \kappa/2)$ を表すのを見ることはたやすい．また，$\kappa = 0$ のときは一様分布に帰着する．

$0 < \kappa \leq 1$ のとき，すなわち一様分布でないとき，(4.12) が単峰であるのは $|\nu| \leq 1$ のときでそのときに限る．$-1 \leq \nu < 0$ であれば，(4.12) は対応するハート型よりもモードの付近で扁平 (flat-topped) となり，一方，$0 < \nu \leq 1$ であれば，より急峻 (sharply-peaked) となる．$|\nu| > 1$ のときは，$h(\nu) = \cos^{-1}(-1/\nu) + \nu\sqrt{1 - 1/\nu^2}$ とするとき，ν が条件 $m\pi < h(\nu) \leq (m+1)\pi$ $(m = 1, 2, \ldots)$ を満たすならば (4.12) は $(2m+1)$ 個の峰を持ち，$m\pi \leq h(\nu) < (m+1)\pi$ $(m = -1, -2, \ldots)$ を満たすならば $(2|m|+1)$ 個の峰を持つ．この条件はハート型の Batschelet–Papakonstantinou 変形だけでなく，以下の von Mises 分布の変形の場合，また，より一般の場合でも同様である．(4.12) の p 次の三角モーメントは，

$$\phi_p = E(e^{ip\Theta}) = \frac{\kappa\{J_{p-1}(\nu) + (-1)^{p-1}J_{p+1}(\nu)\}}{2\{1 - \kappa J_1(\nu)\}} e^{ip\mu}$$

で与えられる．この式から平均方向は μ で平均合成ベクトル長は $\rho = \kappa\{J_0(\nu) + J_2(\nu)\}/[2\{1 - \kappa J_1(\nu)\}]$ であることが分かる．

Batschelet–Papakonstantinou 変形を von Mises 分布 $\mathrm{VM}(\mu, \kappa)$ に対して施すと，

$$f(\theta) = C^{-1}\exp[\kappa\cos\{(\theta - \mu) + \nu\sin(\theta - \mu)\}], \quad 0 \leq \theta < 2\pi \quad (4.13)$$

を得る．ここで，$0 \leq \mu < 2\pi$, $\kappa \geq 0$, $-\infty < \nu < \infty$ である．C は正規化定数を表し，積分，

$$C = \int_{-\pi}^{\pi} \exp\{\kappa\cos(\theta + \nu\sin\theta)\} d\theta$$

で表現される．$\nu = 0$ のとき，明らかに von Mises 分布 $\mathrm{VM}(\mu, \kappa)$ を表す．$-1 \leq \nu < 0$ ならば，(4.13) は対応する von Mises 分布よりもモードの付近で扁平であり，$0 < \nu \leq 1$ ならば，より急峻となる（図 4.5 参照）．一般化ハート型分布の Batschelet–Papakonstantinou 変形，

$$f_\nu(\theta) \propto [1 + \tanh(\kappa\psi)\cos\{\theta - \mu + \nu\sin(\theta - \mu)\}]^{1/\psi}, \quad 0 \leq \theta < 2\pi \quad (4.14)$$

が μ に関して対称で (4.12) と (4.13) よりも一般なクラスの一つを与えることは明らかであろう．ここで，$\kappa \geq 0$，$-\infty < \psi < \infty$，$0 \leq \mu < 2\pi$，$-\infty < \nu < \infty$ である．(4.14) において $\psi = -1$ とすれば，巻込み Cauchy 分布の Batschelet–Papakonstantinou 変形となる．

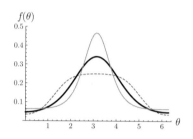

図 4.5 von Mises 分布の Batschelet–Papakonstantinou 変形：$\mu = \pi$，$\kappa = 1$，$\nu = -0.75$（破線）；0（太実線，von Mises 分布 VM$(\pi, 1)$）；0.75（細実線）

本節の最後に，モードの付近で「扁平」もしくは「急峻」であることの意味するものは何かについて触れておこう．$\theta = 0$ の周りで確率密度関数の性質を議論するので，定義域を区間 $[-\pi, \pi)$ と取ることにする．

区間 $[-\pi, \pi)$ において 2 階連続微分可能関数 f_0 はすべての θ（$-\pi \leq \theta < \pi$）に対して $f_0(\theta) > 0$ とする．また，$f_0(\theta) = g(\cos\theta)$ は $\cos\theta$（$-\pi \leq \theta < \pi$）の関数として，単峰で $\theta = 0$ において唯一のモードを持つような円周上の確率密度関数とする．関数，

$$f_\nu(\theta) = \{c(\nu)\}^{-1} g(\cos(\theta + \nu\sin\theta)), \quad -\pi \leq \theta < \pi \quad (4.15)$$

を考えて，$-\infty < \nu < \infty$ に対し定数 $c(\nu)$ は $\int_{-\pi}^{\pi} f_\nu(\theta)d\theta = 1$ を満たすとすると，$f_\nu(\theta)$ は，$\theta = 0$ において対称な円周上の確率密度関数となる．$\nu = 0$ のとき，$f_0(\theta) = g(\cos\theta)$ は Batschelet–Papakonstantinou 変形を施す前の確率密度関数を表す．こうして，$f_\nu(\theta) = \{c(\nu)\}^{-1} f_0(\theta + \nu\sin\theta)$ と書くことができる．なお，

$$c(\nu) = \int_{-\pi}^{\pi} f_0(\theta + \nu\sin\theta)d\theta$$

である．ハート型分布 $C(0, \rho)$ の確率密度関数 $g(\cos\theta) = (2\pi)^{-1}(1 + 2\rho\cos\theta)$， von Mises 分布 VM$(0, \kappa)$ の確率密度関数 $g(\cos\theta) = \{2\pi I_0(\kappa)\}^{-1}\exp(\kappa\cos\theta)$, 巻込み Cauchy 分布 WC$(0, \rho)$ の確率密度関数 $g(\cos\theta) = (1-\rho^2)/\{2\pi(1+\rho^2-2\rho\cos\theta)\}$ を例にあげられる.

確率密度関数 (4.15) を持つ分布の扁平性・急峻性は次のように述べることができる. 分布は単峰, すなわち $-1 \leq \nu \leq 1$ とする. ν_1 と ν_2 が不等式 $-1 \leq \nu_1 < \nu_2 \leq 1$ を満たすとき, 次が成り立つ.

(a) $f_{\nu_1}(0) < f_{\nu_2}(0)$ および $f_{\nu_1}(-\pi) < f_{\nu_2}(-\pi)$ となる.

(b) $\theta = 0$ において $f_\nu(\theta)$ の曲率 (curvature)
$$\frac{f''_\nu(0)}{[1+\{f'_\nu(0)\}^2]^{3/2}} = f''_\nu(0) \quad (f'_\nu(0) = 0 \text{ により})$$
は $f''_{\nu_1}(0) > f''_{\nu_2}(0)$ となり, また $\theta = -\pi$ においては $f''_{\nu_1}(-\pi) < f''_{\nu_2}(-\pi)$ となる.

上の (a) と (b) の条件が満たされるとき, f_{ν_1} は f_{ν_2} よりも扁平, もしくは f_{ν_2} は f_{ν_1} よりも急峻と呼ぶことにする. 扁平性・急峻性は $\theta = 0$ において明らかな形で目に見えるが, 実際は $\theta = -\pi$ においても影響を及ぼしていることに注意しよう. なお, 一様分布の確率密度関数は明らかに「扁平」な形状を示すが, (a) や (b) を満たすわけではない. また, 上の事実の証明はそれほど困難ではない. 実際, 次のようである.

(a) 区間 $(0, \pi)$ のすべての θ に対して $0 < \theta + \nu_j\sin\theta < \pi$ $(j = 1, 2)$ であって $\theta + \nu_1\sin\theta < \theta + \nu_2\sin\theta$ となる. $f_0(\theta)$ は単峰で唯一のモード $\theta = 0$ を持つことを仮定しているので,
$$c(\nu_1) = 2\int_0^\pi f_0(\theta + \nu_1\sin\theta)d\theta > 2\int_0^\pi f_0(\theta + \nu_2\sin\theta)d\theta = c(\nu_2)$$
となり, したがって,
$$f_{\nu_1}(0) = \{c(\nu_1)\}^{-1}f_0(0) < \{c(\nu_2)\}^{-1}f_0(0) = f_{\nu_2}(0)$$
を得る. 同様にして, $f_{\nu_1}(-\pi) < f_{\nu_2}(-\pi)$ も得られる.

(b) $f''_0(0) < 0$ であり, $f_\nu(\theta)$ の θ に関する 2 階微分は,
$$f''_\nu(\theta) = \{c(\nu)\}^{-1}\{-\nu\sin\theta f'_0(\theta + \nu\sin\theta) + (1+\nu\cos\theta)^2 f''_0(\theta + \nu\sin\theta)\}$$
だから,

$$f''_{\nu_1}(0) = \{c(\nu_1)\}^{-1}(1+\nu_1)^2 f''_0(0) > \{c(\nu_2)\}^{-1}(1+\nu_2)^2 f''_0(0) = f''_{\nu_2}(0)$$

となる．同様にして，$f''_{\nu_1}(-\pi) < f''_{\nu_2}(-\pi)$ も得られる．

4.7.2 非対称化

$f(\theta)$ は $[-\pi, \pi)$ 上の円周確率密度関数を表すとし，$\theta = 0$ に関して対称を仮定する．また，$g(\theta)$ は $[-\pi, \pi)$ 上の円周確率密度関数とし，$\theta = 0$ に関して対称を仮定するとともに，$g(\theta)$ の分布関数を $G(\theta) = \int_{-\pi}^{\theta} g(t)dt$ とおく．さらに，$w(\theta)$ は $[-\pi, \pi)$ 上で $-\pi \le w(\theta) < \pi$，奇関数，周期的とする．このとき，非対称な円周上の分布のクラスとして確率密度関数，

$$f_\mu(\theta) = 2f(\theta - \mu)G(w(\theta - \mu)), \quad -\pi \le \theta < \pi; \ -\pi \le \mu < \pi$$

を持つ場合を考えることができる．G として，とくに，円周一様分布の分布関数を取ると，$G(\theta) = (\pi + \theta)/(2\pi)$ であり，また，$w(\theta)$ としては，k をある整数，$-1 \le \lambda \le 1$ として，$w(\theta) = \lambda\pi\sin(k\theta)$ としよう．そうすると，たとえば $f(\theta)$ を $0 < \rho < 1$ とする巻込み Cauchy 分布 $WC(0, \rho)$ の確率密度関数とし，$w(\theta) = \lambda\pi\sin(2\theta)$ とおくと，確率密度関数，

$$f(\theta; \mu, \rho, \lambda) = \frac{1}{2\pi}\frac{1-\rho^2}{1+\rho^2-2\rho\cos(\theta-\mu)}\{1+\lambda\sin 2(\theta-\mu)\}, \quad -\pi \le \mu < \pi$$

を持つ非対称巻込み Cauchy 分布を得ることになる．また，$f(\theta)$ を $\kappa > 0$ とする von Mises 分布 $VM(0, \kappa)$ の確率密度関数とし，$w(\theta) = \lambda\pi\sin\theta$ とおくと，確率密度関数，

$$f(\theta; \mu, \kappa, \lambda) = \frac{1}{2\pi I_0(\kappa)} e^{\kappa\cos(\theta-\mu)}\{1+\lambda\sin(\theta-\mu)\}, \quad -\pi \le \mu < \pi$$

を持つ非対称 von Mises 分布を得る．$\lambda = 0$ のときには，上で定義した非対称巻込み Cauchy 分布と非対称 von Mises 分布は，それぞれ，(対称) 巻込み Cauchy 分布 $WC(\mu, \rho)$ と von Mises 分布 $VM(\mu, \kappa)$ に帰着することは明らかであろう．

いま，$f_0(\theta)$ を η に関して対称な円周確率密度関数とするとき，次の形，

$$f(\theta) = f_0(\theta - \eta)\{1 + \lambda\sin(\theta - \eta)\}, \quad -1 \le \lambda \le 1$$

の確率密度関数を持つ分布を正弦関数摂動法による非対称分布 (sine-skewed

distribution) と呼ぶことにし，この分布のクラスについての諸性質を述べてみよう．諸性質を導くには，$\eta = 0$ としておいて一般性を失わないので，記法の煩雑さを避けるためにこのようにおくことにする．明らかであるが，$\lambda = 0$ のときには $f(\theta) = f_0(\theta - \eta)$ は $\theta = \eta$ に関して対称となるので，確率密度関数 f_0 を持つ分布は正弦関数摂動法による非対称分布を生成する際の基礎となる分布を意味するわけである．

$\eta = 0$ とするときの確率密度関数 $f(\theta)$ を持つ分布に従う確率変数を Θ とする．基礎となる確率密度関数 $f_0(\theta)$ の分布関数を $F_0(\theta)$ とおくと，Θ の分布関数は，

$$F(\theta) = \int_{-\pi}^{\theta} f_0(\phi)(1 + \lambda \sin \phi) d\phi = F_0(\theta) + \lambda \int_{-\pi}^{\theta} f_0(\phi) \sin \phi \, d\phi$$

となる．また，Θ の p 次の余弦モーメント $\alpha_p = E\{\cos(p\theta)\}$ と p 次の正弦モーメント $\beta_p = E\{\sin(p\theta)\}$ は，$f_0(\theta)$ の p 次の余弦モーメント $\alpha_{0,p} = \int_{-\pi}^{\pi} \cos(p\theta) f_0(\theta) d\theta$ を用いて表現することができる．実際，$p = 0, \pm 1, \pm 2, \ldots$ に対して，$f_0(\theta)$ は $\theta = 0$ に関して対称（偶関数）だから，

$$\alpha_p = \int_{-\pi}^{\pi} \cos(p\theta) f_0(\theta)(1 + \lambda \sin \theta) d\theta = \alpha_{0,p}$$

および，

$$\begin{aligned}\beta_p &= \int_{-\pi}^{\pi} \sin(p\theta) f_0(\theta)(1 + \lambda \sin \theta) d\theta \\ &= \lambda \int_{-\pi}^{\pi} f_0(\theta) \frac{1}{2} \{\cos(p-1)\theta - \cos(p+1)\theta\} d\theta \\ &= \frac{\lambda}{2}(\alpha_{0,p-1} - \alpha_{0,p+1})\end{aligned}$$

を得る．なお，明らかではあるが，$p = 0$ のときは $\alpha_p = 1$，$\beta_p = 0$ である．これらより，$E(e^{ip\Theta}) = \rho_p e^{i\mu_p}$ とおくとき，Θ の p 次平均合成ベクトル長 ρ_p は，

$$\rho_p = \sqrt{\alpha_{0,p}^2 + \lambda^2 (\alpha_{0,p-1} - \alpha_{0,p+1})^2 / 4}$$

で，p 次平均方向 μ_p は，

$$\mu_p = \arg\{\alpha_{0,p} + i\lambda(\alpha_{0,p-1} - \alpha_{0,p+1})/2\}$$

と表現される．$\lambda(1 - \alpha_{0,2}) \neq 0$ を仮定するとき，平均合成ベクトル長

$\rho \equiv \rho_1 \neq 0$, 平均方向 $\mu \equiv \mu_1 \neq 0$ となる. また, 円周分散と円周標準偏差はそれぞれ,

$$\nu = 1 - \rho = 1 - \sqrt{\alpha_{0,1}{}^2 + \lambda^2(1-\alpha_{0,2})^2/4}$$

と,

$$\sigma = \{-2\log(1-\nu)\}^{1/2} = [-\log\{\alpha_{0,1}^2 + \lambda^2(1-\alpha_{0,2})^2/4\}]^{1/2}$$

で与えられる. 平均方向 μ 周りの 2 次の余弦および正弦モーメントは, それぞれ, $\overline{\alpha}_2 = E[\cos\{2(\Theta-\mu)\}]$, $\overline{\beta}_2 = E[\sin\{2(\Theta-\mu)\}]$ で得られ, また, 円周歪度と尖度は $s = \overline{\beta}_2/\nu^{3/2}$, $k = (\overline{\alpha}_2 - \rho^4)/\nu^2$ となる.

正弦関数摂動法による二つの確率密度関数 $f_1(\theta) = f_{10}(\theta)(1 + \lambda_1 \sin\theta)$ と $f_2(\theta) = f_{20}(\theta)(1 + \lambda_2 \sin\theta)$ の混合分布は, 摂動パラメータ λ_1 と λ_2 を共通の λ とすると,

$$pf_1(\theta) + (1-p)f_2(\theta) = (1 + \lambda\sin\theta)\{pf_{10}(\theta) + (1-p)f_{20}(\theta)\}, \quad 0 \leq p \leq 1$$

となる. これは, 基礎となる対称な二つの確率密度関数 $f_{10}(\theta)$ と $f_{20}(\theta)$ の混合分布を基礎対称分布として正弦関数摂動法によって非対称化した分布の確率密度関数となっている.

4.8 正弦関数摂動法による一般化ハート型非対称分布

前節の基礎対称確率密度関数 $f_0(\theta)$ として一般化ハート型を取ると, 対応する正弦関数摂動法における確率密度関数,

$$f(\theta) = \frac{\cosh^{1/\psi}(\kappa\psi)\{1 + \tanh(\kappa\psi)\cos\theta\}^{1/\psi}(1 + \lambda\sin\theta)}{2\pi P_{1/\psi}(\cosh(\kappa\psi))} \qquad (4.16)$$

を得る. この分布は正弦関数摂動法によるハート型, von Mises, 巻込み Cauchy 分布を含むことになる. 式 (4.16) の分布関数は, $\psi \neq -1, 0$ のとき,

$$F(\theta) = F_0(\theta) + \frac{\lambda\cosh^{1/\psi}(\kappa\psi)}{2\pi(1/\psi + 1)\tanh(\kappa\psi)P_{1/\psi}(\cosh(\kappa\psi))}$$
$$\times \left[\{1 - \tanh(\kappa\psi)\}^{1/\psi+1} - \{1 + \tanh(\kappa\psi)\cos\theta\}^{1/\psi+1}\right]$$

と表現される．ここで，$F_0(\theta)$ はパラメータ μ, κ, ψ の一般化ハート型分布（4.6節）の分布関数を表す．

正弦関数摂動法による一般化ハート型非対称分布の単峰もしくは2峰のための判別式は次のようになる．まず，(4.16) の θ に関する1階微分は，

$$f'(\theta) = \frac{\cosh^{1/\psi}(\kappa\psi)\{1+\tanh(\kappa\psi)\cos\theta\}^{1/\psi-1}}{2\pi P_{1/\psi}(\cosh(\kappa\psi))}$$
$$\times \left[\lambda\cos\theta\{1+\tanh(\kappa\psi)\cos\theta\} - \frac{\tanh(\kappa\psi)}{\psi}\sin\theta(1+\lambda\sin\theta)\right]$$

となる．いま，$\cos\theta = x$ とおくと，x に関する4次方程式,

$$[\lambda x\{1+\tanh(\kappa\psi)x\} - \lambda\tanh(\kappa\psi)(1-x^2)/\psi]^2 = \tanh^2(\kappa\psi)(1-x^2)/\psi^2$$

の判別式は，

$$\begin{aligned}D_{\mathrm{GC}} &= \psi^6\lambda^6\coth^6(\kappa\psi) + \psi^4\lambda^4\{(-\psi^2+8\psi+8)\lambda^2+3\}\coth^4(\kappa\psi)\\ &\quad -\psi^2\lambda^2\{8(\psi+1)(\psi^2-2\psi-2)\lambda^4+2(10\psi^2+19\psi+10)\lambda^2-3\}\\ &\quad \times \coth^2(\kappa\psi) + (1-\lambda^2)\{4\psi(\psi+1)\lambda^2+1\}^2 \end{aligned} \quad (4.17)$$

で与えられる．分布は，$D_{\mathrm{GC}} \geq 0$ ならば単峰性，$D_{\mathrm{GC}} < 0$ ならば2峰性を表す．$\kappa > 0$ および $\lambda \in [-1,1]$ に対して，単峰となるための十分条件として $4-3\sqrt{3} \leq \psi \leq -0.5$ を得る．これは，不等式 $(-\psi^2+8\psi+8)\lambda^2+3 \geq 0$ および $8(\psi+1)(\psi^2-2\psi-2)\lambda^4+2(10\psi^2+19\psi+10)\lambda^2-3 \leq 0$ から確かめられる．

以下で，正弦関数摂動法による一般化ハート型非対称分布の特別な場合である正弦関数摂動法によるハート型, von Mises, 巻込み Cauchy 分布の場合について調べよう．

4.8.1　正弦関数摂動法によるハート型非対称分布

式 (4.16) において $\psi = 1$ の場合，適当にパラメータを取り直すと，正弦関数摂動法によるハート型非対称分布の確率密度関数，

$$f(\theta) = \frac{1}{2\pi}(1+k\cos\theta)(1+\lambda\sin\theta), \quad -\pi \leq \theta < \pi \quad (4.18)$$

を得る．ここで，$0 \leq k \leq 1$, $0 \leq \lambda \leq 1$ である．λ についての制限は，$f(\theta|k,-\lambda) = f(\theta+\pi/2|\lambda,k)$ となるので，分布が同定されるようにつけた．

式 (4.18) は，$\cos\xi = k/\sqrt{\lambda^2+k^2}$，$\sin\xi = \lambda/\sqrt{\lambda^2+k^2}$ として，

$$f(\theta) = \frac{1}{2\pi}\left[1 + \sqrt{\lambda^2+k^2}\cos(\theta-\xi) + \frac{k\lambda}{2}\cos\left\{2\left(\theta-\frac{\pi}{4}\right)\right\}\right]$$

と別表現が可能である．

単峰性のための判別式は，一般化ハート型非対称分布のときの判別式 (4.17) で $\psi = 1$ および $\tanh(\kappa\psi)$ の代わりに k とおいて，

$$D_C = \frac{1}{k^6}\{(1-\lambda^2)(8\lambda^2+1)^2 k^6 + 3\lambda^2(16\lambda^4 - 26\lambda^2 + 1)k^4$$
$$+ 3\lambda^4(5\lambda^2+1)k^2 + \lambda^6\}$$

となる．$D_C \geq 0$ ならば分布は単峰であり，$D_C < 0$ ならば 2 峰性を表す．p 次の余弦および正弦モーメントは，

$$\alpha_1 = \frac{k}{2}, \quad \alpha_p = 0 \ (p \geq 2),$$
$$\beta_1 = \frac{\lambda}{2}, \quad \beta_2 = \frac{k\lambda}{4}, \quad \beta_p = 0 \ (p \geq 3)$$

で与えられる．これらより，平均合成ベクトル長 $\rho = \sqrt{k^2+\lambda^2}/2$ を得，$0 \leq \rho \leq 1/\sqrt{2}$ となる．よって，円周分散 $\nu = 1 - \rho$ について $[1-1/\sqrt{2}, 1]$ である．

正弦関数摂動法によるハート型非対称分布の確率密度関数の形状の例を図 4.6 に与える．

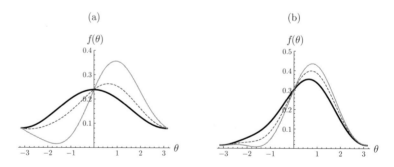

図 4.6 正弦関数摂動法によるハート型非対称分布の確率密度関数の形状：(a) 単峰分布 $\kappa = 0.5$，$\lambda = 0$（太実線，対称）；0.3（破線）；0.9（細実線）．(b) $\kappa = 0.9$，$\lambda = 0.5$（太実線，単峰）；0.75（破線，単峰）；0.95（細実線，2 峰）

4.8.2　正弦関数摂動法による von Mises 非対称分布

$\psi \to 0$ のとき，von Mises 分布 $\mathrm{VM}(0,\kappa)$ を基礎とする正弦関数摂動法による非対称分布の確率密度関数は，

$$f(\theta) = \frac{e^{\kappa \cos \theta}}{2\pi I_0(\kappa)} (1 + \lambda \sin \theta), \quad -\pi \leq \theta < \pi \tag{4.19}$$

となり，その分布関数は，$F_0(\theta)$ を $\mathrm{VM}(0,\kappa)$ の分布関数とするとき，

$$F(\theta) = F_0(\theta) + \frac{\lambda}{2\pi \kappa I_0(\kappa)} \left(e^{-\kappa} - e^{\kappa \cos \theta} \right)$$

で与えられる．分布の単峰性・2 峰性を判別するための関数 D は，$\psi \to 0$ とすると $\psi^j \coth^j(\kappa\psi) \to 1/\kappa^j$ $(j = 2, 4, 6)$ となるので，一般化ハート型非対称分布のときの判別式 (4.17) から次の式，

$$D_{\mathrm{VM}} = \frac{1}{\kappa^6} \left\{ (1-\lambda^2)\kappa^6 + \lambda^2(16\lambda^4 - 20\lambda^2 + 3)\kappa^4 + \lambda^4(8\lambda^2 + 3)\kappa^2 + \lambda^6 \right\}$$

を得る．分布は，$D \equiv \kappa^6 D_{\mathrm{VM}} \geq 0$ ならば単峰で，$D < 0$ ならば 2 峰になる．$D < 0$ となる λ と κ の領域は広くなく，したがってほとんどの場合は単峰である．たとえば，$\kappa = 1$，$\lambda = 0$（対称，単峰）；$\lambda = 0.3$（非対称，単峰）；$\lambda = 0.9$（非対称，単峰）のときの確率密度関数の形状は図 4.7 のようになる．

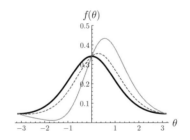

図 4.7　正弦関数摂動法による von Mises 非対称分布の確率密度関数の形状：単峰分布 $\kappa = 1$，$\lambda = 0$（太実線，対称）；0.3（破線，非対称）；0.9（細実線，非対称）

λ の値が 1 に近く，κ が大きい値のときだけ D の値が負になる．たとえば $\lambda = 0.95$ として，$D = D(\kappa)$ を図に表してみよう（図 4.8 参照）．D の値が負になる κ の範囲は極めて狭いことが図 4.8 から分かる．また，$\lambda = 0.95$，$\kappa = 3$ の場合は 2 峰ではあるが，図 4.9(a) を見て分かるように 2 峰性は明確

でない．$-\pi \leq \theta < -1$ の範囲で確率密度関数の図を拡大して描いてみてようやく分かる程度である（図 4.9(b) 参照）．$-\pi \leq \theta < -1.5$ の範囲で確かに峰は存在するものの，確率密度関数の値はかなり 0 に近い．

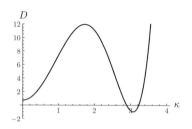

図 4.8 正弦関数摂動法による von Mises 非対称分布の単峰性の判別関数のグラフ：$\lambda = 0.95$ の場合

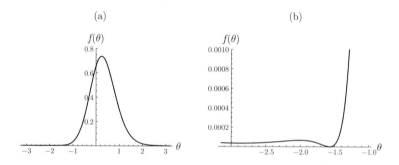

図 4.9 正弦関数摂動法による von Mises 非対称 2 峰分布 $\kappa = 3$, $\lambda = 0.95$ の場合：(a) 確率密度関数の形状；(b) 拡大描画

正弦関数摂動法による von Mises 非対称分布の p 次余弦モーメント α_p および正弦モーメント β_p は，

$$\alpha_p = \frac{I_p(\kappa)}{I_0(\kappa)}$$

および，

$$\beta_p = \frac{\lambda\{I_{p-1}(\kappa) - I_{p+1}(\kappa)\}}{2I_0(\kappa)} = \frac{p\lambda}{\kappa}\frac{I_p(\kappa)}{I_0(\kappa)} = \frac{p\lambda}{\kappa}\alpha_p$$

となる．これらから，平均合成ベクトル長，

$$\rho \equiv \rho_1 = \frac{I_1(\kappa)}{\kappa I_0(\kappa)} \sqrt{\kappa^2 + \lambda^2}$$

や他の特性量を計算できる．

4.8.3　正弦関数摂動法による巻込み Cauchy 非対称分布

式 (4.16) において $\psi = -1$ のとき，正弦関数摂動法による巻込み Cauchy 非対称分布を得る．その確率密度関数は，$0 \leq \rho_0 < 1$ と $-1 \leq \lambda \leq 1$ に対して，

$$f(\theta) = \frac{1 - \rho_0^2}{2\pi(1 + \rho_0^2 - 2\rho_0 \cos\theta)} (1 + \lambda \sin\theta), \quad -\pi \leq \theta < \pi \qquad (4.20)$$

で与えられる．また，分布関数は，

$$F(\theta) = \frac{1}{2} + \frac{1}{\pi} \tan^{-1}\left\{\frac{1+\rho_0}{1-\rho_0} \tan\left(\frac{\theta}{2}\right)\right\} + \frac{\lambda(1-\rho_0^2)}{4\pi\rho_0} \log\left\{\frac{1 + \rho_0^2 - 2\rho_0\cos\theta}{(1+\rho_0)^2}\right\}$$

と表現される．

分布は必ず単峰になることが次のようにして分かる．確率密度関数 $f(\theta)$ の θ に関する 1 階微分は，$a = 2\rho_0/(1+\rho_0^2) \in [0, 1)$，$\zeta = a\lambda/\sqrt{\lambda^2 + a^2} \in [-1/\sqrt{2}, 1/\sqrt{2}]$，$\xi = \arg(\lambda + ia)$ の下に，

$$f'(\theta) = \frac{\sqrt{1-a^2}\sqrt{\lambda^2+a^2}}{2\pi(1-a\cos\theta)^2} \{\cos(\theta + \xi) - \zeta\}$$

となる．分布の単峰性・2 峰性を判別するための関数 D_{WC} は，一般化ハート型非対称分布のときの判別式 (4.17) において $\psi = -1$ および $\tanh(\kappa\psi)$ のかわりに $-a$ とおいて，判別式，

$$D_{\mathrm{WC}} = \frac{1}{a^6} \left\{(1-\lambda^2)a^6 + \lambda^2(3 - 2\lambda^2)a^4 + \lambda^4(3-\lambda^2)a^2 + \lambda^6\right\}$$

を得る．$-1 \leq \lambda \leq 1$ より $D_{\mathrm{WC}} > 0$ となることが分かるので，分布は単峰性を表す．図 4.10 は，パラメータの値が $\rho = 0.5$，$\lambda = -0.5$（太実線，非対称）；0（破線，対称）；0.8（細実線，非対称）であるときの確率密度関数の形状を示している．

次に，モードと反モードについて考えてみよう．$a \in [0, 1)$ なので，$0 < \lambda \leq 1$ のとき $\xi \in [0, \pi/2)$ である．モードと反モードは

$$\theta^* = -\xi \pm \cos^{-1}\zeta$$

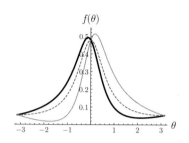

図 4.10 正弦関数摂動法による巻込み Cauchy 非対称分布の確率密度関数の形状：$\rho = 0.5$, $\lambda = -0.5$（太実線, 非対称）; 0（破線, 対称）; 0.8（細実線, 非対称）

において生じる．また，$-1 \leq \lambda < 0$ のときは $\xi \in [\pi/2, \pi]$ である．このとき，モードと反モードは，それぞれ $\theta^* = -\xi + \cos^{-1}\zeta$ および $\theta^* = -\xi - \cos^{-1}\zeta + 2\pi$ において生じる．モードと反モードにおける確率密度関数の値は $0 < \lambda \leq 1$ の場合と同じであり，

$$f(\theta^*) = \frac{1-\rho_0^2}{2\pi(1+\rho_0^2)} \frac{\sqrt{\lambda^2 + a^2 - (a\lambda)^2} \pm \lambda^2}{\sqrt{\lambda^2 + a^2 - (a\lambda)^2} \mp a^2}$$

となる．

p 次余弦モーメント α_p および正弦モーメント β_p は，$\alpha_p = \rho_0^{|p|}$ および $\beta_p = \lambda(\rho_0^{|p-1|} - \rho_0^{|p+1|})/2$ であり，これらから平均合成ベクトル長を得ることができる．正弦関数摂動法による巻込み Cauchy 非対称分布は，和の分布に関して次の興味ある性質を持つ．Θ_1 と Θ_2 を独立に，それぞれパラメータ (ρ_1, λ_1) と (ρ_2, λ_2) の正弦関数摂動法による巻込み Cauchy 非対称分布とする．それらの特性関数を $\{\phi_p : p = 0, \pm 1, ...\}$ および $\{\psi_p : p = 0, \pm 1, ...\}$ とすると，和 $\Theta_1 + \Theta_2$ の特性関数は，

$$E\left\{e^{ip(\Theta_1+\Theta_2)}\right\}$$
$$= \phi_p \psi_p$$
$$= \{\rho_1^{|p|} + i\lambda_1(\rho_1^{|p-1|} - \rho_1^{|p+1|})/2\}\{\rho_2^{|p|} + i\lambda_2(\rho_2^{|p-1|} - \rho_2^{|p+1|})/2\}$$
$$= (\rho_1\rho_2)^{|p|} - \lambda_1\lambda_2(\rho_1^{|p-1|} - \rho_1^{|p+1|})(\rho_2^{|p-1|} - \rho_2^{|p+1|})/4$$
$$\quad + i\{\rho_1^{|p|}\lambda_2(\rho_2^{|p-1|} - \rho_2^{|p+1|})/2 + \rho_2^{|p|}\lambda_1(\rho_1^{|p-1|} - \rho_1^{|p+1|})/2\}$$

と表現される．とくに $\lambda_2 = 0$ とすると，

$$\phi_p \psi_p = (\rho_1\rho_2)^{|p|} + i\rho_2^{|p|}\lambda_1(\rho_1^{|p-1|} - \rho_1^{|p+1|})/2$$

を得ることになる．ここにおいて，

$$\begin{cases} \rho_3 = \rho_1 \rho_2 \\ \lambda_3 = \rho_2^{|p|} \lambda_1 (\rho_1^{|p-1|} - \rho_1^{|p+1|})/\{(\rho_1\rho_2)^{|p-1|} - (\rho_1\rho_2)^{|p+1|}\} \end{cases}$$

とおくと，$\lambda_3 \in [-1, 1]$ であれば，その特性関数はパラメータ (ρ_3, λ_3) の正弦関数摂動法による巻込み Cauchy 非対称分布のものとなっている．

4.9 ハート型変数の Möbius 変換

確率変数 ξ が平均方向 μ，平均合成ベクトル長 ρ のハート型分布 $C(\mu, \rho)$ に従うとき，Möbius 変換，

$$\begin{aligned} M(\theta) &= \arg\left\{\beta \frac{e^{i\theta} + \alpha}{1 + \overline{\alpha}e^{i\theta}}\right\} \\ &= 2\tan^{-1}\left\{\left(\frac{1-r_\alpha}{1+r_\alpha}\right)\tan\frac{1}{2}(\theta - \mu_\alpha)\right\} + (\mu_\alpha + \mu_\beta) \end{aligned}$$

によって $\eta = M(\xi)$ と変数変換したときの η の分布について考察する．ここで，$\alpha = r_\alpha e^{i\mu_\alpha}$，$\beta = e^{i\mu_\beta}$ を表し，$0 \leq r_\alpha < 1$ とする．

上の変換は 1 対 1 だから，その逆変換が存在して，

$$\frac{d}{d\eta}M^{-1}(\eta) = \frac{1-r_\alpha^2}{1+r_\alpha^2 - 2r_\alpha\cos(\eta - \mu_\alpha - \mu_\beta)}$$

となる．したがって，一般に ξ の確率密度関数を $g(\xi)$ とおくと，変換 $\eta = M(\xi)$ によって変換された η の確率密度関数 $f(\eta)$ は，

$$f(\eta) = g(M^{-1}(\eta))\frac{d}{d\eta}M^{-1}(\eta) = \frac{(1-r_\alpha^2)g(M^{-1}(\eta))}{1+r_\alpha^2 - 2r_\alpha\cos(\eta - \gamma)} \quad (4.21)$$

と求められる．ここで，$\gamma = \mu_\alpha + \mu_\beta$ である．式 (4.21) は一般式を表しており，もしも ξ の分布が一様分布であれば，$g(\xi) = 1/(2\pi)$ だから，$\eta\ (= M(\xi))$ の分布は巻込み Cauchy 分布 $WC(\gamma, r_\alpha)$ となるはずであるが，実際にそうなることはすぐに確かめられる．いま，ここでは，ξ の分布としてハート型分布 $C(\mu, \rho)$ を考えるのだから，

$$f(\eta) = \frac{(1-r_\alpha^2)h(\eta)}{2\pi\{1+r_\alpha^2 - 2r_\alpha\cos(\eta - \gamma)\}}$$

である．ここで，

$$h(\eta) = 1 + 2\rho \left\{ \frac{\cos(\eta - \gamma_1 - \gamma) - 2r_\alpha \cos \gamma_1 + r_\alpha^2 \cos(\eta + \gamma_1 - \gamma)}{1 + r_\alpha^2 - 2r_\alpha \cos(\eta - \gamma)} \right\}$$

で，γ_1 は $\gamma_1 = \mu - \mu_\alpha$ を表す．特別な場合として，$\rho = 0$ であれば，$C(\mu, \rho)$ は一様分布に帰着するから，上の考察から明らかなように，$f(\eta)$ は $\mathrm{WC}(\gamma, r_\alpha)$ の確率密度関数となる．また，$r_\alpha = 0$ であれば，Möbius 変換は $M(\theta) = \theta + \mu_\beta$ だから $M^{-1}(\theta) = \theta - \mu_\beta$ となり，$f(\eta)$ は $C(\mu + \mu_\beta, \rho)$ の確率密度関数となることが確かめられる．

確率密度関数 (4.21) を持つ分布は，四つのパラメータ $\gamma_1\ (= \mu - \mu_\alpha)$，$\gamma\ (= \mu_\alpha + \mu_\beta)$，$\rho$ および r_α を含む分布となっているので，この分布を $\mathrm{MC}(\gamma_1, \gamma, \rho, r_\alpha)$ もしくは誤解がない場合は簡単に MC と書くことにする．γ は MC 分布の位置を制御するパラメータを表す．$\gamma = 0$ のときの確率密度関数 (4.21) のグラフを図 4.11 に示す．分布は一般には非対称で 2 峰性を表す．単峰性の条件については，式が複雑であるのでここでは示さない（「文献ノート」(4.12 節) を参照のこと）．対称性を調べるために MC 分布の歪度を計算してみると，

$$\begin{aligned} s &= \frac{E[\sin\{2(\eta - \mu_{\mathrm{MC}})\}]}{(1 - \rho_{\mathrm{MC}})^{3/2}} \\ &= -\frac{2\rho^2 r_\alpha (1 - r_\alpha^2)^2}{\rho_{\mathrm{MC}}^2 (1 - \rho_{\mathrm{MC}})^{3/2}} \{\rho(1 - r_\alpha^2) + r_\alpha \cos \gamma_1\} \sin \gamma_1 \end{aligned}$$

となる．ここで，μ_{MC} は MC 分布の平均方向，ρ_{MC} は平均合成ベクトル長を表し，

$$\mu_{\mathrm{MC}} = \gamma + \tan^{-1}\left\{ \frac{\rho(1 - r_\alpha^2) \sin \gamma_1}{r_\alpha + \rho(1 - r_\alpha^2) \cos \gamma_1} \right\}$$

および，

$$\rho_{\mathrm{MC}} = \sqrt{\rho^2 (1 - r_\alpha^2)^2 + r_\alpha^2 + 2\rho r_\alpha (1 - r_\alpha^2) \cos \gamma_1}$$

で与えられる．なお，$0 \leq \rho_{\mathrm{MC}} \leq \rho(1 - r_\alpha^2) + r_\alpha < 1$ である．これより，対称であるためには，

$$\rho^2 r_\alpha (1 - r_\alpha^2)^2 \{\rho(1 - r_\alpha^2) + r_\alpha \cos \gamma_1\} \sin \gamma_1 = 0$$

を満たすことが必要であるので，次の四つの場合を吟味することになる（図 4.11 参照）．

(1) $\rho = 0$：この場合，MC 分布は平均方向を γ とし，平均合成ベクトル長

を r_α とする巻込み Cauchy 分布を表す.
(2)　$r_\alpha = 0$：この場合，MC 分布はハート型分布 $C(\gamma_1 + \gamma, \rho)$ を表す.
(3)　$\sin \gamma_1 = 0$：この場合，$\gamma_1 = 0$ もしくは $\gamma_1 = -\pi$ を得る．$f(\eta)$ は γ に関して対称である.
(4)　$\rho(1 - r_\alpha^2) + r_\alpha \cos \gamma_1 = 0$：この場合，$\rho = -\{r_\alpha/(1 - r_\alpha^2)\} \cos \gamma_1$ であって，$f(\eta)$ は対称でない．たとえば，図 4.11 (c) の $r_\alpha = 1/2$，$\gamma_1 = 2\pi/3$，$\rho = 1/3$ がその場合にあたる.

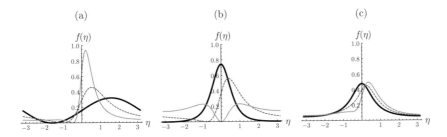

図 4.11　$\mathrm{MC}(\gamma_1, \gamma, \rho, r_\alpha)$ 分布の確率密度関数プロット：$\gamma = 0$ の場合：(a) $\rho = 1/2$, $\gamma_1 = \pi/2$, $r_\alpha = 0$（太実線：ハート型），$3/10$（破線），$3/5$（細実線）；(b) $\rho = 1/2$, $r_\alpha = 2/5$, $\gamma_1 = 0$（太実線：対称），$\pi/2$（破線），π（細実線：2 峰性）；(c) $r_\alpha = 1/2$, $\gamma_1 = 2\pi/3$, $\rho = 0$（太実線：巻込み Cauchy），$1/6$（破線），$1/3$（細実線）

　結局，MC 分布が対称であるのは，$\rho = 0$ もしくは $r_\alpha = 0$ もしくは $\gamma_1 = 0$ もしくは $\gamma_1 = -\pi$ のときでそのときに限る．なお，次節で，von Mises 分布に従う確率変数の Möbius 変換を扱うが，von Mises 分布 $\mathrm{VM}(\mu, \kappa)$ は κ の値が小さいときハート型分布 $C(\mu, \kappa/2)$ に近似される（4.3 節参照）ので，ハート型分布に従う確率変数の Möbius 変換後の分布の確率密度関数や分布関数に関しては $\mathrm{VM}(\mu, \kappa)$ の Möbius 変換の結果からすぐに導かれる．しかし，対称性・単峰性の条件については別途に扱う必要があることが注意される.

4.10　von Mises 変数の Möbius 変換

　本節では，単位円周からそれ自身への Möbius 変換のパラメータを ν $(0 \leq \nu < 2\pi)$, μ $(0 \leq \mu < 2\pi)$, r $(0 \leq r < 1)$ によって，

と表示しておく．ここで，$w_r = (1-r)/(1+r)$ を表す．前節におけるように，

$$\frac{d}{d\theta} M^{-1}(\theta) = \frac{1-r^2}{1+r^2 - 2r\cos(\theta - \gamma)}, \quad \gamma = \nu + \mu$$

となる．そして，確率変数 Φ が $\mathrm{VM}(0, \kappa)$ に従うとき，$\Theta = M(\Phi)$ と Möbius 変換したときの Θ の分布について調べる．

Θ の確率密度関数は，

$$f(\theta) = \frac{1}{2\pi I_0(\kappa)} \times \frac{1-r^2}{1+r^2 - 2r\cos(\theta - \gamma)}$$
$$\times \exp\left[\frac{\kappa\{\xi\cos(\theta-\eta) - 2r\cos\nu\}}{1+r^2 - 2r\cos(\theta-\gamma)}\right], \quad 0 \leq \theta < 2\pi$$

であり，ξ と η は $\xi = \sqrt{r^4 + 2r^2\cos(2\nu) + 1}$ と $\eta = \mu + \arg\{r^2\cos(2\nu) + 1 + i\, r^2\sin(2\nu)\}$ で表される．なお，確率密度関数の右辺の指数部分について，$\alpha = \arg\{r^2\cos(2\nu) + 1 + i\, r^2\sin(2\nu)\}$ とおくと $\xi\cos\alpha = r^2\cos(2\nu) + 1$ および $\xi\sin\alpha = r^2\sin(2\nu)$ だから，

$$\xi\cos(\theta-\eta) - 2r\cos\nu = \xi\cos(\theta - \mu - \alpha) - 2r\cos\nu$$
$$= \cos(\theta - \mu) - 2r\cos\nu + r^2\cos(\theta - \mu - 2\nu)$$

と書けることに注意しよう．

四つのパラメータ (μ, ν, r, κ) を持つこの分布は，一般には非対称な分布を表す．特別な場合として明らかなのは，$r = 0$ のときは von Mises 分布 $\mathrm{VM}(\mu, \kappa)$，$\kappa = 0$ のときは巻込み Cauchy 分布 $\mathrm{WC}(\gamma, r)$，$r = \kappa = 0$ のときは一様分布，$\kappa \to \infty$ もしくは $r \to 0$ のときは $\theta = \gamma$ において退化した分布となることである．また，κ が小さいとき，$\exp(\kappa x) \approx 1 + \kappa x$ より，

$$f(\theta) \approx \frac{1-r^2}{2\pi\{1+r^2 - 2r\cos(\theta-\nu)\}}$$
$$\times \left[1 + \kappa \frac{\cos(\theta-\mu) - 2r\cos\nu + r^2\cos(\theta-\mu-2\nu)}{1+r^2 - 2r\cos(\theta-\nu)}\right]$$

となる．右辺は，前節において示したようにハート型分布 $C(0, \kappa/2)$ に従う確率変数を Möbius 変換して得られる確率密度関数となっている．ここでは証明を与えないが，対称性は $r = 0$（von Mises 分布）もしくは $\nu = 0$ もしくは $\nu = \pi$ もしくは $\kappa = 0$（巻込み Cauchy 分布）のときでそのときに限る．

単峰性およびその他の諸性質については「文献ノート」を参照のこと．なお，上記の分布の族は Möbius 変換に関して閉じているという顕著な性質を持つ．このことは，Möbius 変換が群構造を備えていることによる．

4.11 軸分布

本節では，特殊な型の円周上の分布，より正確には半円周上の分布を扱うことにする．1 本の均質な棒もしくは，線分を平面上に落とすことを想像してみよう．線分の一方の端と他方の端の方向性の区別はとくにないので，その線分について基準線からの角度を $[0, \pi)$ の範囲で測り（図 4.12），その分布について研究するものとする．このようなデータ（**軸データ** axial data）の例は，地質学において長石の長軸の方向などに見ることができる．

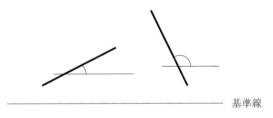

図 4.12 軸の角度の測り方

軸データを表現する軸確率変数 Θ の分布（**軸分布** axial distribution）の確率密度関数 $f(\theta)$ は，円周上の確率密度関数とほぼ同様であるが，区間 $[0, \pi)$ 上とするところが異なっており，

(1) 区間 $[0, \pi)$ 上のすべての θ に対して $f(\theta) \geq 0$（非負性），
(2) 区間 $[0, \pi)$ 上のすべての θ とすべての整数 k に対して $f(\theta) = f(\theta + k\pi)$（周期性），
(3) $f(\theta)$ の区間 $[0, \pi)$ での積分値は 1，すなわち $\int_0^\pi f(\theta)d\theta = 1$

という性質を満たす．Θ の分布関数は $F(\theta) = \int_0^\theta f(t)dt \ (0 \leq \theta < \pi)$ で定義される．区間は $[0, \pi)$ でなく，たとえば $[-\pi/2, \pi/2)$ としてもよいことは円周上の分布のときの注意と同じであるので，区間を変更するさいにどこをどのように修正すればよいのかは明らかであろう．

軸分布に関して行われてきた一つの捉え方は，円周 $[0, 2\pi)$ 上の確率変数を Φ とするとき，2 倍して Φ となる確率変数 Θ ($\Phi = 2\Theta$) の分布を軸分布として用いることである．たとえば，確率変数 Φ を $[0, 2\pi)$ 上の von Mises 分布 $\mathrm{VM}(\mu, \kappa)$ (4.3 節) に従うとすると $\Theta = \Phi/2$ の分布の確率密度関数は，

$$f(\theta) = \frac{1}{\pi I_0(\kappa)} e^{\kappa \cos(2\theta - \mu)}, \quad 0 \leq \theta < \pi$$

となる．この $f(\theta)$ のグラフを $\mu = 0$ と $\kappa = 1$ に対して全円周 $[0, 2\pi)$ 上に描くと図 4.13(a) のようになる．$[0, \pi)$ 上の分布と同じ分布が原点を対称として $[\pi, 2\pi)$ 上に再び現れているが，$\mathrm{VM}(\mu, \kappa)$ の確率密度関数は μ に関して対称であるため，この様相は図を見てもよく分からないかもしれない．それで，円周上の正弦関数摂動 von Mises 非対称分布（4.8.2 項）から得られる確率密度関数，

$$f(\theta) = \frac{1}{\pi I_0(\kappa)} \{1 + \lambda \sin(2\theta)\} e^{\kappa \cos(2\theta)}, \quad 0 \leq \theta < \pi$$

で $\kappa = 1$, $\lambda = 0.8$ の場合の図を図 4.13(b) に示す．図の分布において 2 峰性・非対称性が現れている．$0 \leq \theta < \pi$ は，x 軸の正の方向から反時計回りに x 軸の負の方向まで回るものとして描いた．また，軸データの具体例として長石の長軸データ (Fisher, 1993, p. 242, B5) を全円周上にプロットした場合の例を図 4.14 に示す．この方法でデータを解析するときには，得られたデータ θ_j ($j = 1, \ldots, n$) のそれぞれの値を 2 倍した $2\theta_j$ ($j = 1, \ldots, n$) に対して円周上 ($[0, 2\pi)$) の分布を利用することになる．

しかし，最近になって，軸分布の別の構成法が研究されるようになってきた．それは，Φ を確率密度関数 $f_\Phi(\phi)$ を持つ円周上の確率変数とするとき，軸分布を確率変数 $\Theta = \Phi \pmod{\pi}$ の従う分布と捉えるものである．すなわ

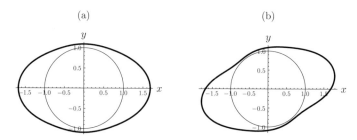

図 **4.13** 軸分布の例：(a) $\mathrm{VM}(0, 1)$；(b) 正弦関数摂動分布 ($\kappa = 1$, $\lambda = 0.8$) から生成

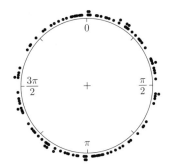

図 **4.14** 長石の長軸データ (Fisher, 1993, p. 242, B5) のプロット

ち，Θ の確率密度関数は，

$$f_\Theta(\theta) = f_\Phi(\theta) + f_\Phi(\theta + \pi), \quad 0 \leq \theta < \pi$$

によって与えられる．これは，円周分布を巻き込むことによって軸分布を生成する方法と言うことができる．以下の節で，この方法について解説する．

4.11.1　軸 von Mises 分布

円周分布の軸分布の例として，Φ が平均方向 0 で集中度 κ (≥ 0) の von Mises 分布 $\mathrm{VM}(0,\kappa)$ に従う場合を考えてみよう．その確率密度関数は，

$$f_\Phi(\phi) = \frac{1}{2\pi I_0(\kappa)} e^{\kappa \cos \phi}, \quad 0 \leq \phi < 2\pi$$

で与えられるのは周知のとおりである．そのとき，$\mathrm{VM}(0,\kappa)$ を $\Theta = \Phi \pmod{\pi}$ と巻き込んで得られる軸 von Mises (axial von Mises) 分布 $\mathrm{AVM}(0,\kappa)$ の確率密度関数は，

$$f(\theta) = \frac{1}{\pi I_0(\kappa)} \cosh(\kappa \cos \theta), \quad 0 \leq \theta < \pi$$

となる．位置のパラメータ μ ($0 \leq \mu < \pi$) を導入するときには，$\mathrm{AVM}(0,\kappa)$ の確率密度関数で θ の代わりに $\theta-\mu$ とすればよい．そのときの分布は $\mathrm{AVM}(\mu,\kappa)$ と表記することにする．$\mathrm{AVM}(\mu,\kappa)$ は μ に関して対称である．また，$\mathrm{AVM}(\mu,\kappa)$ の特別な場合として $\kappa = 0$ のときは，軸一様分布に帰着することは明らかであろう．図 4.15 に，$\Phi = 2\Theta$ が von Mises 分布 $\mathrm{VM}(\mu,\kappa_1)$ に従うときの Θ の確率密度関数と，$\mathrm{AVM}(\mu/2,\kappa_2)$ の確率密度関数の例を示す．パラメータとし

ては，$\mu = \pi$，$\kappa_1 = 0.2$（太破線）；0.6（破線）；1（太実線）および $\kappa_2 = 2$（細実線）を選択した．$\kappa_1 = 0.6$（Θ の分布）と $\kappa_2 = 2$（AVM$(\pi/2, 2)$ の分布）の場合の確率密度関数はほぼ重なっているものの，若干は異なっているのが見える．

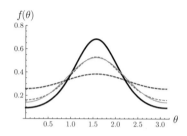

図 4.15　2 倍 VM（$\mu = \pi$，$\kappa_1 = 0.2$（太破線）；0.6（破線）；1（太実線））と AVM$(\pi/2, 2)$（細実線）の比較

AVM(μ, κ) に従う確率変数 Θ の p 次の余弦および正弦モーメントは，p が偶数のとき，

$$E\{\cos(p\Theta)\} = E\{\cos(p\Phi)\} = B_p(\kappa)\cos(p\mu),$$
$$E\{\sin(p\Theta)\} = E\{\sin(p\Phi)\} = B_p(\kappa)\sin(p\mu)$$

である．ここで，Φ は VM(μ, κ) に従う確率変数であり，$B_p(\kappa) = I_p(\kappa)/I_0(\kappa)$ を表す．また，p が奇数のときには，

$$E\{\cos(p\Theta)\} = \int_0^\pi \cos(p\phi) f_\Phi(\phi) d\phi - \int_\pi^{2\pi} \cos(p\phi) f_\Phi(\phi) d\phi,$$
$$E\{\sin(p\Theta)\} = \int_0^\pi \sin(p\phi) f_\Phi(\phi) d\phi - \int_\pi^{2\pi} \sin(p\phi) f_\Phi(\phi) d\phi$$

となる．これより簡潔な式を得ることは，一般には困難である．

4.11.2　軸 von Mises 分布の推定

4.11.2.1　モーメント法

軸 von Mises 分布の生成の仕方から，Φ を von Mises 分布 VM(μ, κ) に従う確率変数とするとき，対応する軸 von Mises 分布 AVM(μ, κ) に従う確率変

数 Θ は $2\Theta \stackrel{\mathrm{d}}{=} 2\Phi \pmod{2\pi}$ を満たす（ここで，記法 $\stackrel{\mathrm{d}}{=}$ は両辺の分布が等しいことを表す）．よって，理論 2 次余弦および正弦モーメントは，

$$E\{\cos(2\Theta)\} = E\{\cos(2\Phi)\} = B(\kappa)\cos(2\mu),$$

$$E\{\sin(2\Theta)\} = E\{\sin(2\Phi)\} = B(\kappa)\sin(2\mu)$$

となる．ここで，$B(\kappa)$ は $B_2(\kappa)$ を簡略化して書いたものである．ランダム標本 $\theta_1,\ldots,\theta_n$ $(n \geq 2)$ が $\mathrm{AVM}(\mu,\kappa)$ から得られたとすると，標本の p 次余弦および正弦モーメントは，

$$C_p = \frac{1}{n}\sum_{j=1}^{n}\cos(p\theta_j), \quad S_p = \frac{1}{n}\sum_{j=1}^{n}\sin(p\theta_j)$$

であるので，理論と標本の 2 次余弦および正弦モーメントを等値させて，

$$B(\kappa)\cos(2\mu) = C_2, \quad B(\kappa)\sin(2\mu) = S_2$$

から，$C_2^2 + S_2^2 > 0$ のとき μ と κ の 2 次モーメント法による推定量 $\tilde{\mu} = \arg(C_2 + iS_2)/2$ と $\tilde{\kappa} = B^{-1}(\sqrt{C_2^2 + S_2^2})$ (≥ 0) を得る．なお，関数 B は性質 (1) $x \geq 0$ に対して $0 \leq B(x) \leq 1$，(2) $\lim_{x\to +0} B(x) = 0$，$\lim_{x\to\infty} B(x) = 1$，(3) $dB(x)/dx > 0$ を持ち，したがって，B^{-1} が一意的に存在する．証明は次のとおり．

(1)　$B(x) \geq 0$ は明らかである．$x \geq 0$ のとき 4.3 節に現れた $A(x) = I_1(x)/I_0(x)$ $(\equiv B_1(x))$ は $A(x) \geq 0$ であるので，第 1 種変形 Bessel 関数に関する漸化式 $I_2(x) = I_0(x) - (2/x)I_1(x)$ を利用して，

$$B(x) = \frac{I_2(x)}{I_0(x)} = \frac{I_0(x) - (2/x)I_1(x)}{I_0(x)} = 1 - \frac{2}{x}A(x) \leq 1, \quad x > 0$$

となる．

(2)　$\lim_{x\to +0} B(x) = 0$ は明らかである．また，4.3 節から $\lim_{x\to\infty} A(x) = 1$ であるので，

$$\lim_{x\to\infty} B(x) = \lim_{x\to\infty}\left\{1 - \frac{2}{x}A(x)\right\} = 1$$

となる．

(3)　後に 6.4 節で扱う von Mises–Fisher 分布の Fisher 情報量は，$A_p(\kappa) = I_{p/2}(\kappa)/I_{p/2-1}(\kappa)$ とおくとき，$A_p'(\kappa)$ (> 0) となるので，

$$\frac{dB(x)}{dx} = \frac{d}{dx}\left\{\frac{I_1(x)}{I_0(x)} \cdot \frac{I_2(x)}{I_1(x)}\right\} = \frac{d}{dx}\{A_2(x)A_4(x)\}$$
$$= A_2'(x)A_4(x) + A_2(x)A_4'(x) > 0, \quad x > 0$$

を得る．

4.11.2.2 最尤法

標本 $\theta_1, \ldots, \theta_n$ ($n \geq 2$) が AVM(μ, κ) から得られたとき，尤度，

$$L(\mu, \kappa) = \prod_{j=1}^{n} \left\{\frac{1}{\pi I_0(\kappa)} \cosh(\kappa \cos \theta_j)\right\}$$

を μ と κ に関して最大化することにより，パラメータ μ と κ の最尤推定値 $\hat{\mu}$ と $\hat{\kappa}$ を得る．$\hat{\mu}$ と $\hat{\kappa}$ を陽に表す関数を求めることは困難であるので，標本から μ と κ の最尤推定値を得るためには直接的な方法による関数最大化や繰り返し法などによるアルゴリズムを使って数値計算を行うことになる．ここでは，最尤推定値と 2 次余弦および正弦モーメントによるモーメント法推定値との関連について述べておこう．

最尤推定値が満たすべき最尤推定方程式を得るために，対数尤度関数を $\ell(\mu, \kappa) = \log L(\mu, \kappa)$ とおき，$\ell(\mu, \kappa)$ を μ に関して微分して 0 とおくと，

$$\frac{\partial \ell(\mu, \kappa)}{\partial \mu} = \kappa \sum_{j=1}^{n} \tanh\{\kappa \cos(\theta_j - \mu)\} \sin(\theta_j - \mu) = 0$$

となる．いま，双曲線関数 $\tanh(x) = (e^x - x^{-x})/(e^x + e^{-x})$ の級数展開 $\tanh(x) = x - x^3/3 + \cdots$ ($|x| < \pi/2$) を使うと，上の方程式の解のうち μ については，

$$\sum_{j=1}^{n} \cos(\theta_j - \mu) \sin(\theta_j - \mu) = \frac{1}{2} \sum_{j=1}^{n} \sin\{2(\theta_j - \mu)\}$$
$$= \frac{1}{2}\{S_2 \cos(2\mu) - C_2 \sin(2\mu)\} = 0$$

という方程式の解で近似される．すなわち，μ については，モーメント法による推定値 $\tilde{\mu} = \arg(C_2 + iS_2)/2$ は最尤推定値を近似していることが数理的に分かった．κ に関するモーメント法による推定値 $\tilde{\kappa}$ の最尤推定値 $\hat{\kappa}$ への近さの数理的な性質は不明であるが，最尤推定値を繰返し法によって求めるときの初期値としてモーメント法による推定値を使用することはよい選択である．

4.11.3 非対称軸分布

円周上の非対称分布の構成法（4.7.2項）になぞらえて，非対称軸分布を次のように構成できる．まず，Φ_0 を $\phi = 0$ において対称な円周上（$[-\pi, \pi)$）の分布の確率変数とし，その確率密度関数を $f_C(\phi)$ とすると，巻込みによる軸分布の生成法により，$\theta \in [-\pi/2, \pi/2)$ のとき $f_0(\theta) = f_C(\theta) + f_C(\theta + \pi)$ は区間 $[-\pi/2, \pi/2)$ 上の軸確率密度関数であり，また $\theta = 0$ において対称である．このようにして生成された軸分布の確率変数を Θ_0 と表しておく．なお，このとき，$p = 0, \pm 1, \pm 2, \ldots$ に対して明らかに $E\{\sin(p\Theta_0)\} = 0$ が成り立つことを注意しておこう．

いま，$g(\theta)$ を $\theta = 0$ において対称な区間 $[-\pi/2, \pi/2)$ 上の軸確率密度関数とし，$G(\theta) = \int_{-\pi/2}^{\theta} g(t)dt$ をその分布関数としよう．区間 $[-\pi/2, \pi/2)$ 上の関数 $w(\theta)$ を奇関数かつ周期関数であるとし，不等式 $|w(\theta)| \leq \pi/2$ を満たすとする．そのとき，

$$f(\theta) = 2G(w(\theta))f_0(\theta)$$

は区間 $[-\pi/2, \pi/2)$ 上の軸確率密度関数となり，一般的には非対称性を表す．位置パラメータ μ $(-\pi/2 \leq \theta < \pi/2)$ を導入するには，θ の代わりに $\theta - \mu$ として $f(\theta - \mu)$ を確率密度関数として採用すればよい．

4.11.3.1 正弦関数摂動法による非対称軸分布

上記の一般的な非対称軸分布の構成法において，$[-\pi/2, \pi/2)$ 上の軸確率密度関数 $g(\theta)$ として特別に軸一様確率密度関数 $f(\theta) = 1/\pi$ を取ろう．そうすると，その分布関数は $G(\theta) = (\theta + \pi/2)/\pi$ であり，さらに $w(\theta)$ として，$-1 \leq \lambda \leq 1$ および $k = 1, 2, \ldots$ に対して正弦関数による摂動関数 $w(\theta) = (\pi\lambda/2)\sin(k\theta)$ を取ることにする．このようにすると，非対称軸確率密度関数，

$$f(\theta) = \{1 + \lambda \sin(k\theta)\}f_0(\theta), \quad -\frac{\pi}{2} \leq \theta < \frac{\pi}{2} \quad (4.22)$$

を得ることになる．明らかに，すべての λ $(-1 \leq \lambda \leq 1)$ に対して，性質 $f(0) = f_0(0)$ および $f(-\pi/k) = f_0(-\pi/k)$ を持つことが分かる．分布は一般的には非対称であるが，$\lambda = 0$ であれば，分布は $f_0(\theta)$ に帰着するので，$\theta = 0$ に関して対称である．

以下では，とくに $k = 2$ の場合を考えることにし，Θ^* を (4.22) の確率密度関

数を持つ分布の確率変数を表すとする．そうすると，先に注意したように，確率変数 Θ_0 の正弦モーメントについて $E\{\sin(p\Theta_0)\} = \int_{-\pi/2}^{\pi/2} \sin(p\theta_0) f_0(\theta) d\theta = 0$ が成り立つので，Θ^* の余弦モーメントは，

$$\begin{aligned}
& E\{\cos(p\Theta^*)\} \\
&= \int_{-\pi/2}^{\pi/2} \cos(p\theta) f(\theta) d\theta = \int_{-\pi/2}^{\pi/2} \cos(p\theta)\{1 + \lambda \sin(2\theta)\} f_0(\theta) d\theta \\
&= \int_{-\pi/2}^{\pi/2} \cos(p\theta) f_0(\theta) d\theta = E\{\cos(p\Theta_0)\} \quad (p = 0, \pm 1, \pm 2, \ldots)
\end{aligned}$$

すなわち，Θ_0 の余弦モーメントに等しい．また，Θ^* の正弦モーメントは，

$$\begin{aligned}
& E\{\sin(p\Theta^*)\} \\
&= \int_{-\pi/2}^{\pi/2} \sin(p\theta) f(\theta) d\theta = \int_{-\pi/2}^{\pi/2} \sin(p\theta)\{1 + \lambda \sin(2\theta)\} f_0(\theta) d\theta \\
&= \frac{\lambda}{2} \int_{-\pi/2}^{\pi/2} \{\cos(p-2)\theta - \cos(p+2)\theta\} f_0(\theta) d\theta \\
&= \frac{\lambda}{2} \left[E\{\cos(p-2)\Theta_0\} - E\{\cos(p+2)\Theta_0\} \right] \quad (p = 0, \pm 1, \pm 2, \ldots)
\end{aligned}$$

と，Θ_0 の余弦モーメントを使って表すことができる．

4.11.3.2 軸 von Mises 分布の正弦関数摂動

正弦関数摂動法による非対称軸分布の例として，軸 von Mises 分布の正弦関数摂動について考えてみることにする．円周上 $([-\pi, \pi))$ の von Mises 分布 $\Phi \sim \text{VM}(0, \kappa)$ の巻込み法による軸 von Mises 分布の確率変数 Θ_0 ($\Theta_0 = \Phi \pmod{\pi}$) の確率密度関数は，

$$f_0(\theta) = \frac{1}{\pi I_0(\kappa)} \cosh(\kappa \cos \theta), \quad -\frac{\pi}{2} \leq \theta < \frac{\pi}{2}; \ \kappa \geq 0$$

なので，軸 von Mises 分布の正弦関数摂動（確率変数 Θ^*）の確率密度関数は，

$$f(\theta) = \frac{1}{\pi I_0(\kappa)} \{1 + \lambda \sin(2\theta)\} \cosh(\kappa \cos \theta),$$
$$-\frac{\pi}{2} \leq \theta < \frac{\pi}{2}; \ \kappa \geq 0; \ -1 \leq \lambda \leq 1$$

で与えられる．図 4.16 は，軸 von Mises (AVM) 分布の正弦関数摂動確率密度関数 $f(\theta)$ の形状を $\kappa = 2$，$\lambda = 0$（太実線）；0.45（細破線）；0.9（細実線）

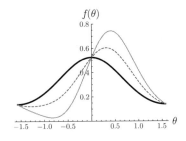

図 4.16 AVM の正弦関数摂動確率密度関数の形状：$\kappa = 2$, $\lambda = 0$（太実線）；0.45（細破線）；0.9（細実線）

に対して示している．

モーメントに関しては，p が偶数のとき，$E\{\cos(p\Theta_0)\} = E\{\cos(p\Phi)\} = A_p(\kappa)$ より，Θ^* の分布の余弦モーメント，

$$E\{\cos(p\Theta^*)\} = E\{\cos(p\Theta_0)\} = A_p(\kappa)$$

および，正弦モーメント，

$$E\{\sin(p\Theta^*)\} = \frac{\lambda}{2}\left[E\{\cos(p-2)\Theta_0\} - E\{\cos(p+2)\Theta_0\}\right]$$
$$= \frac{\lambda}{2}\{A_{p-2}(\kappa) - A_{p+2}(\kappa)\}$$

と簡潔な式を得る．

4.12 文献ノート

円周上の分布の諸概念，モデルとその諸性質，分布の当てはめ等について英語で書かれた成書には，発行の年代順に Mardia (1972), Mardia and Jupp (2000) (Mardia (1972) の改訂版), Jammalamadaka and SenGupta (2001), Chikuse (2003), Pewsey et al. (2013) がある．基本的な円周上の分布の一様，ハート型，von Mises, 巻込み Cauchy の諸分布については成書に記述が見られる．一方，本分野は統計学の他の分野と同様に発展が著しいので，最新の結果までを 1 冊の書物に収めるには困難な状況にある．

複素平面上の変数を用いて巻込み Cauchy 分布を定義して諸性質を調べる研究は McCullagh (1996) によって始められた．巻込み Cauchy 分布とその拡張については，最近もいくつか研究されている[9]．(4.8) の変換は Minh and

[9] 詳しくは，加藤 (2016) を参照されたい．

Farnum (2003) によって使われた．この変換は魅力的ではあるが，ある意味の不都合が存在する．実際，t 分布は自由度 m が無限大に行くとき標準正規分布に収束するが，変換 (4.8) によって t 変数を変換した分布（確率密度関数 (4.9)）は $n \to \infty$ のとき $\theta = 0$ において退化した分布に収束してしまい，標準正規変数を (4.8) によって変換した分布には収束しない．この不都合は，Abe et al. (2010) により，変換 (4.8) において $v > 0$ を m に無関係に取れば解消されることが指摘されている．さらに，同論文 Abe et al. (2010) では一般化ハート型分布をも拡張した分布を提案した．なお，一般化ハート型分布は，Jones and Pewsey (2005) により導入された．この分布は，Shimizu and Iida (2002) による円周 t 分布の一つの拡張形であり，円周上の分布としてよく知られているハート型，巻込み Cauchy, von Mises の各分布を特別な場合として含むことから，対称データの解析では一般化ハート型分布は有力な候補モデルと言える．Batschelet–Papakonstantinou の変形[10]については Papakonstantinou (1979) の学位論文と Batschelet (1981) の本で導入された後，長い期間に渡って研究がなされていなかった話題であるが，比較的最近になって Abe et al. (2013) 等で研究された．

分布の非対称化に関する研究は，線形の場合 Azzalini (1985) による非対称正規分布の導入が端緒となって始まった．最初は Azzalini とその近くの研究者達によって研究されていたが，やがて大きな分野となって今日に至り，現在も非対称化に関するさまざまな論文が書かれている．円周分布では，線形の場合を円周分布の場合に焼き直した Umbach and Jammalamadaka (2009) による結果を基に，Abe and Pewsey (2011) らが摂動の観点で研究を行った．Möbius 変換による von Mises 分布の非対称化は Kato and Jones (2010) によって行われた．また，ハート型分布の Möbius 変換は Wang and Shimizu (2012) で研究され，対称性と単峰性の条件は同論文に書かれている．Möbius 変換によるこれらの非対称化は，回帰や測定誤差モデルに深く関連している．

軸分布における円周上の分布の巻込みは Arnold and SenGupta (2006, 2011) で研究され，その後 Abe et al. (2012) によって発展させられた．

[10] 変形における cos-sin の組合せを cos-cos もしくは sin-sin に変えることによって，非対称性を表すようにできる．

文献

1. Abe, T. and Pewsey, A. (2011). Sine-skewed circular distributions, *Statistical Papers*, **52**, 683–707.
2. Abe, T., Pewsey, A. and Shimizu, K. (2013). Extending circular distributions through transformation of argument, *Annals of the Institute of Statistical Math-*

ematics, **65**, 833–858.
3. Abe, T., Shimizu, K., Kuuluvainen, T. and Aakala, T. (2012). Sine-skewed axial distributions with an application for fallen tree data, *Environmental and Ecological Statistics*, **19**, 295–307.
4. Abe, T., Shimizu, K. and Pewsey, A. (2010). Symmetric unimodal models for directional data motivated by inverse stereographic projection, *Journal of the Japan Statistical Society*, **40**, 45–61.
5. Arnold, B. C. and SenGupta, A. (2006). Probability distributions and statistical inference for axial data, *Environmental and Ecological Statistics*, **13**, 271–285.
6. Arnold, B. C. and SenGupta, A. (2011). Models for axial data. In: Wells, M. T., SenGupta, A. (eds.) *Advances in Directional and Linear Statistics*, Physica-Verlag, 1–9.
7. Azzalini, A. (1985). A class of distributions which includes the normal ones, *Scandinavian Journal of Statistics*, **12**, 171–178.
8. Batschelet, E. (1981). *Circular Statistics in Biology*, Academic Press.
9. Chikuse, Y. (2003). *Statistics on Special Manifolds*, Lecture Notes in Statistics **174**, Springer.
10. Fisher, N. I. (1993). *Statistical Analysis of Circular Data*, Cambridge University Press.
11. Jammalamadaka, S. R. and SenGupta, A. (2001). *Topics in Circular Statistics*, World Scientific.
12. Jones, M. C. and Pewsey, A. (2005). A family of symmetric distributions on the circle, *Journal of the American Statistical Association*, **100**, 1422–1428.
13. Kato, S. and Jones, M. C. (2010). A family of distributions on the circle with links to, and applications arising from, Möbius transformation, *Journal of the American Statistical Association*, **105**, 249–262.
14. Mardia, K. V. (1972). *Statistics of Directional Data*, Academic Press.
15. Mardia, K. V. and Jupp, P. E. (2000). *Directional Statisitcs*, Wiley.
16. McCullagh, P. (1996). Möbius transformation and Cauchy parameter estimation, *The Annals of Statistics*, **24**, 787–808.
17. Minh, D-L. and Farnum, N. R. (2003). Using bilinear transformations to induce probability distributions, *Communications in Statistics–Theory and Methods*, **32**, 1–9.
18. Papakonstantinou, V. (1979). *Beiträge zur zirkulären Statistik*, Ph.D. dissertation, University of Zurich, Switzerland.
19. Pearson, K. (1905). The problem of the random walk, *Nature*, **72**, 294.
20. Pewsey, A., Neuhäuser, M. and Ruxton, G. D. (2013). *Circular Statistics in R*, Oxford University Press, Oxford.

21. Shimizu, K. and Iida, K. (2002). Pearson type VII distributions on spheres, *Communications in Statistics–Theory and Methods*, **31**, 513–526.
22. Umbach, D. and Jammalamadaka, S. R. (2009). Building asymmetry into circular distributions, *Statistics & Probability Letters*, **79**, 659–663.
23. Wang, M.-Z. and Shimizu, K. (2012). On applying Möbius transformation to cardioid random variables, *Statistical Methodology*, **9**, 604–614.
24. 加藤 昇吾 (2016). 円周上のコーシー分布と関連した統計モデル, 日本統計学会誌, **46**, 85–111.

5 方向データの推測：
知識発見のための手法

　角度データが得られたとき，知識発見につながるように，さまざまな統計量の計算，図の描画，推測（推定や検定）法の利用を適宜行うとよい．本章では，2.1 節および 2.2 節の方法を駆使して，手に入った角度データ θ_j $(j = 1, \ldots, n)$ から有用な知見を得ることを考えよう．参考書としては，Zar (1974, Fifth Edition 2010), Batschelet (1981), Fisher (1993), Pewsey *et al.* (2013) をあげることができる．

5.1　一様性の検定

1. Rayleigh 検定

　von Mises 分布 $\mathrm{VM}(\mu, \kappa)$ において $\kappa = 0$ とすると一様分布に帰着することを 4.3.1 項で既に述べた．そこで，von Mises 分布において，検定問題，

$$\text{帰無仮説 } \mathrm{H}_0 : \kappa = 0 \text{ vs. } \mathrm{H}_1 : \kappa \neq 0$$

を考えてみよう．ここでは，Rayleigh（レイリー）検定 (Rayleigh test for uniformity) について述べる．

　Rayleigh 検定は，スコアー検定 (score test) もしくは尤度比検定 (likelihood ratio test) として導くことができる．まず，スコアー検定から始めよう．$\mathrm{VM}(\mu, \kappa)$ の確率密度関数は，$\omega_1 = \kappa \cos \mu$, $\omega_2 = \kappa \sin \mu$ と再母数化を行うことにより，

$$f(\theta) = \frac{1}{2\pi I_0(\kappa)} \exp(\omega_1 x_1 + \omega_2 x_2), \quad x_1 = \cos \theta;\ x_2 = \sin \theta$$

と指数型として表現することができるので，$\boldsymbol{\omega} = (\omega_1, \omega_2)'$ は，この指数型モデルの自然パラメータであり，スコアー検定の枠組みの中で上の一様性の検

定を捉えることができる．ランダム標本 $\theta_1, \ldots, \theta_n$ に基づく対数尤度は，

$$L(\boldsymbol{\omega}) = n\boldsymbol{\omega}\overline{\boldsymbol{x}} - n\log I_0(\kappa) - n\log(2\pi), \quad \overline{\boldsymbol{x}} = \frac{1}{n}\sum_{j=1}^n (\cos\theta_j, \sin\theta_j)' = (\overline{C}, \overline{S})'$$

であり，$\kappa = \sqrt{\omega_1^2 + \omega_2^2}$ なので，$\partial\kappa/\partial\omega_1 = \omega_1/\sqrt{\omega_1^2 + \omega_2^2} = \cos\mu$ および $\partial\kappa/\partial\omega_2 = \omega_2/\sqrt{\omega_1^2 + \omega_2^2} = \sin\mu$ を得る．よって，スコアー統計量は，

$$\boldsymbol{U} \equiv \frac{\partial L}{\partial \boldsymbol{\omega}'} = n\overline{\boldsymbol{x}} - nA(\kappa)(\cos\mu, \sin\mu)', \quad A(\kappa) = \frac{I_1(\kappa)}{I_0(\kappa)}$$

となる．$\kappa = 0$ のとき，$\boldsymbol{U} = n\overline{\boldsymbol{x}}$ で，$\overline{\boldsymbol{x}}$ の分散共分散行列 $V(\overline{\boldsymbol{x}})$ は，$\mathrm{Var}(\cos\Theta) = \mathrm{Var}(\sin\Theta) = 1/2$，$\mathrm{Cov}(\cos\Theta, \sin\Theta) = 0$ なので，

$$V(\overline{\boldsymbol{x}}) = \frac{1}{2n} I_2, \quad I_2 = \begin{pmatrix} 1 & 0 \\ 0 & 1 \end{pmatrix}$$

となり，$V(\boldsymbol{U}) = nI_2/2$ である．したがって，

$$\boldsymbol{U}'\{V(\boldsymbol{U})\}^{-1}\boldsymbol{U} = 2n\overline{\boldsymbol{x}}'\overline{\boldsymbol{x}} = 2n\overline{R}^2, \quad \overline{R} = \sqrt{\overline{C}^2 + \overline{S}^2}$$

を得る．$\boldsymbol{U}'\{V(\boldsymbol{U})\}^{-1}\boldsymbol{U}$ が漸近的 $(n \to \infty)$ に自由度 2 の χ^2 分布に従うことを用いて一様性の検定を実行することができる．

Rayleigh 検定が von Mises 分布の下で尤度比検定と同等であることは，次のようにして分かる．一様性の帰無仮説 $\mathrm{H}_0: \kappa = 0$ の下での $\boldsymbol{\omega}$ の最大尤度（$\kappa = 0$ なので尤度そのもの）は $\prod_{j=1}^n 1/(2\pi) = 1/(2\pi)^n$ であり，対立仮説 $\mathrm{H}_1: \kappa \neq 0$ の下での $\boldsymbol{\omega}$ の最大尤度は 4.3.2 項にあるように $\exp(n\hat\kappa\overline{R})/\{2\pi I_0(\hat\kappa)\}^n$ だから，尤度比統計量は，

$$\Lambda(\hat\kappa) = -2\log\frac{1/(2\pi)^n}{\exp(n\hat\kappa\overline{R})/\{2\pi I_0(\hat\kappa)\}^n} = 2n\{\hat\kappa\overline{R} - \log I_0(\hat\kappa)\}$$
$$= 2n\{\hat\kappa A(\hat\kappa) - \log I_0(\hat\kappa)\}$$

で与えられる．なお，$A(\hat\kappa) = \overline{R}$ である．$\Lambda(\hat\kappa)$ の $\hat\kappa$ に関する微分は，

$$\frac{d\Lambda(\hat\kappa)}{d\hat\kappa} = 2n\{A(\hat\kappa) + \hat\kappa A'(\hat\kappa) - A(\hat\kappa)\} = 2n\hat\kappa A'(\hat\kappa)$$

となるので，

$$\frac{d\Lambda(\hat\kappa)}{d\overline{R}} = \frac{d\Lambda(\hat\kappa)/d\kappa}{d\overline{R}/d\kappa} = 2n\hat\kappa > 0$$

より，$\Lambda(\hat\kappa)$ は $\overline{R}$ に関して単調増加な関数である．よって，von Mises 分布の

下での一様性の尤度比検定は Rayleigh 検定と同等なことが分かった．

2. Ajne 検定

一様性の Ajne（エジェーン）検定 (Ajne test for uniformity) では，半円 $(\theta - \pi/2, \theta + \pi/2)$ における標本数 $N(\theta)$ について $m = \min_\theta N(\theta)$ が小さいときに一様性を棄却する．具体的には，

$$\Pr\left(\frac{n-2m}{\sqrt{n}} \leq t\right) \approx \frac{4t}{\sqrt{2\pi}} \sum_{k=0}^{\infty} \exp\left\{-\frac{(2k+1)^2 t^2}{2}\right\} \approx \frac{4t}{\sqrt{2\pi}} \exp\left\{-\frac{t^2}{2}\right\}$$

の評価式を用いる．$t = 3.023$ のとき，$\Pr((n-2m)/\sqrt{n} \leq t) \approx 0.05$ である．

例 図 5.1 は，Batschelet による鳩の帰巣方位データ ($cf.$[1] Mardia and Jupp, 2000, Example 6.7) の円周プロットを示している．図から，感覚的には，一様性が棄却されるであろうと予想できる．このデータセットに Rayleigh 検定を適用してみると，$2n\overline{R}^2$ の値は 11.77 であるので，P 値は 0.0028 となる．よって，Rayleigh の一様性検定の結果は高度に有意である．また，Ajne 検定を適用してみると，$n = 15$，$m = 1$ より $(15 - 2 \times 1)/\sqrt{15} \approx 3.357 > 3.023$ であるので，有意水準 5% で一様性は棄却される．

[1] $cf.$ はラテン語 confer に由来する略語記号で，「〜を参照せよ」の意味である．

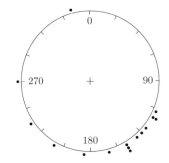

図 5.1 Batschelet による鳩の帰巣方位データ ($cf.$ Mardia and Jupp, 2000, Example 6.7)

例 統計学者生没年月日データからの図 2.4 のデータ（標本の大きさ $n = 50$）に対して一様性の Rayleigh 検定を実行してみると，$2n\overline{R}^2 \approx 0.738$ となり，P 値 0.692 を得る．よって，一様性が棄却されることの確かな証拠があるわけではない．

5.2 反射的対称性の検定

円周上の確率変数 Θ の平均方向 μ の周りの 2 次正弦モーメントは $\overline{\beta}_2 = E[\sin\{2(\Theta - \mu)\}]$ で定義され，これを分布の歪みを量る歪度とする考え方があることを述べた（3.2.3 項参照）．この歪度を使って「反射的対称性」の仮説 $H_0 : \overline{\beta}_2 = 0$ を角度データ $\theta_1, \ldots, \theta_n$ からノンパラメトリック検定する方法として，以下がある．

標本平均方向を $\overline{\theta}$ とし，$\overline{\theta}$ 周りの標本 2 次正弦モーメントを，

$$\overline{b}_2 = \frac{1}{n} \sum_{j=1}^{n} \sin\{2(\theta_j - \overline{\theta})\}$$

とおく．また，$\overline{b}_2$ の分散を代入法により推定して，

$$\hat{\mathrm{var}}(\overline{b}_2) = \frac{1}{n} \left[\frac{1 - \overline{a}_4}{2} - 2\overline{a}_2 + \frac{2\overline{a}_2}{\overline{R}} \left\{ \overline{a}_3 + \frac{\overline{a}_2(1 - \overline{a}_2)}{\overline{R}} \right\} \right]$$

を得る．ここで，

$$\overline{a}_p = \frac{1}{n} \sum_{j=1}^{n} \cos\{p(\theta_j - \overline{\theta})\} \quad (p = 2, 3, 4),$$

$$\overline{R} = \frac{1}{n} \sqrt{\left(\sum_{j=1}^{n} \cos\theta_j\right)^2 + \left(\sum_{j=1}^{n} \sin\theta_j\right)^2}$$

を表す．検定統計量を，

$$Z = \frac{\overline{b}_2}{\sqrt{\hat{\mathrm{var}}(\overline{b}_2)}}$$

とすると，Z は帰無仮説の下で近似的に標準正規分布に従うので，データから計算される Z の値 z に対し片側 P 値 $\Pr(U > |z|)$ を計算する．U は標準正規分布に従う確率変数を表す．反射的対称性の仮説の採択/棄却を P 値によって判断すればよい．反射的対称性の仮説 H_0 の有意水準 α の近似検定では，u_α を標準正規分布の上側 $100\alpha\%$ 点として $|z| > u_\alpha$ のとき H_0 を棄却する．

例 表 1.2，図 2.2 に与えられている東京消防庁防災部防災安全課による「救急搬送人員データ」を再度取り上げてみよう．基本統計量の一部は 2.2.3 項

にあるが，上記の反射的対称性の検定のためには，標本平均方向 $\bar{\theta} \approx 4.02$ 周りの標本 2 次正弦モーメント $\bar{b}_2 \approx -0.021$ と 2 次，3 次，4 次余弦モーメント $\bar{a}_2 \approx -0.091$, $\bar{a}_3 \approx 0.003$, $\bar{a}_4 \approx 0.025$，および $\bar{b}_2$ の分散の推定値 $\hat{\text{var}}(\bar{b}_2) \approx 7.50 \times 10^{-6}$ が必要である．これらより，Z の値は $z \approx -7.77$ となるので，片側 P 値 $\Pr(U > |z|)$ は 0.00 となる．反射的対称性の仮説は高度に有意である．ただし，このデータセットの場合，標本の大きさは 122,646 と非常に大きい．

例 統計学者生没年月日データ（図 2.4）に対して反射的対称性の検定を実行すると，$z \approx 0.39$ を得るので，片側 P 値は 0.35 となり，仮説を棄却する確かな証拠はないことになる．

5.3 変化点の検出

時系列角度データ θ_j $(j = 1, \ldots, n)$ のときの変化点の検出に有効なグラフによる方法についてまとめてみよう．

累積和 (CUSUM) プロット (CUmulative SUM plot)　各 $j = 1, \ldots, n$ に対して，$k = 1$ から j までの cos と sin 成分の和，

$$C_j = \sum_{k=1}^{j} \cos \theta_k, \quad S_j = \sum_{k=1}^{j} \sin \theta_k$$

を計算し，合成ベクトル $(C_1, S_1)', \ldots, (C_n, S_n)'$ を平面上にプロットしてつなぎ合わせる．

累積平均方向プロット (cumulative mean directional plot)　各 $j = 1, \ldots, n$ に対して，合成ベクトル $(C_j, S_j)'$ の長さの 2 乗 $R_j^2 = C_j^2 + S_j^2$ を計算し，データ $\theta_1, \ldots, \theta_j$ から計算される式，

$$\cos \bar{\theta}_j = \frac{C_j}{R_j}, \quad \sin \bar{\theta}_j = \frac{S_j}{R_j}$$

を満たす平均方向 $\bar{\theta}_j$ を平面上にプロットしてつなぎ合わせる．

ランク累積和プロット (rank CUSUM plot)　$\theta_0 = 0$ とし，$\theta_0, \theta_1, \ldots, \theta_n$ を対応する円周ランク，

$$\gamma_k = 2\pi \frac{r_k}{n}, \quad k = 1, \ldots, n$$

に変換する．ここで，r_k は θ_k のランクを表す．$j = 1, \ldots, n$ に対し，

$$U_0 = 0, \ U_j = \sqrt{\frac{2}{n}} \sum_{k=1}^{j} \cos \gamma_k, \quad V_0 = 0, \ V_j = \sqrt{\frac{2}{n}} \sum_{k=1}^{j} \sin \gamma_k$$

とし，

$$B(0) = 0, \ B\left(\frac{j}{n}\right) = \sqrt{U_j^2 + V_j^2}$$

とおき，$\left(\frac{j}{n}, B\left(\frac{j}{n}\right)\right)$ $(j = 0, 1, \ldots, n)$ を平面上にプロットしてつなぎ合わせる．

累積円周分散プロット (cumulative circular variance plot)　各 $j = 1, \ldots, n$ に対して，円周分散 $1 - R_j$ を計算し，平面上にプロットしてつなぎ合わせる．

5.4　分布の当てはめ

分布の当てはめのために，仮定されたモデルの下でパラメータを推定し，推定値をモデルのパラメータに代入して確率密度関数の推定を行う方法を取ることにする．

大きさ n の標本もしくはデータ $\theta_1, \ldots, \theta_n$ が確率密度関数 $f(\theta)$ を持つ分布からのランダム標本 $\Theta_1, \ldots, \Theta_n$ の実現値と考えられるときには，パラメータの最尤推定は，線形の分布の場合と同じように，尤度 $\prod_{j=1}^{n} f(x_j)$ をパラメータに関して最大（もしくは最小上界）化することにより得られる．von Mises 分布 $\text{VM}(\mu, \kappa)$ (4.3節) の場合には，μ と κ の最尤推定値は $\hat{\mu} = \overline{\theta}$（標本の平均方向）と $\hat{\kappa} = A^{-1}(\overline{R})$ ($\overline{R}$ は標本の平均合成ベクトル長，$A(\kappa) = I_1(\kappa)/I_0(\kappa)$) と陽に求められた．しかし，一般には最尤推定値が陽には求められないので，何らかの（制約付き）最大化アルゴリズムを用いて，数値的に最尤推定値を求めることになる．たとえば，分布としては簡単と思われるかもしれないハート型分布 $C(0, \rho)$ でさえ，尤度関数，

$$L(\rho) = \prod_{j=1}^{n} \left\{ \frac{1}{2\pi}(1 + 2\rho \cos \theta_j) \right\}$$

から ρ の最尤推定値 $\hat{\rho}$ を陽に書き下すことは困難であるので，$L(\rho)$ を $0 < \rho < 1/2$ の制約のもとに ρ に関して最大化をする．関数の制約付き最大化のためのプログラムはパッケージとして用意されているので，それを利用することでよい．しかし，時にはグローバルな最大値でなくローカルな最大値が求められてしまう場合もあるので，注意が必要である．特に，パラメータ数がたくさんあるときには要注意である．このようなときには，あるパラメータ（ω としよう）をとりあえず固定しておき，残りのパラメータに関して最大（対数）尤度を求める．次に ω の値を変えて最大（対数）尤度を求める，…というようにして最大（対数）尤度をプロットしてグローバルな最大（対数）尤度を与える推定値を探す方法（プロファイル尤度法 profile likelihood method）を用いるとよいことがある（5.6 節の文献ノートを参照）．

分布の当てはめを $\mathrm{VM}(\mu, \kappa)$ の場合で説明すると，パラメータ μ と κ の最尤推定値 $\hat{\mu} = \bar{\theta}$ と $\hat{\kappa} = A^{-1}(\overline{R})$ を $\mathrm{VM}(\mu, \kappa)$ の確率密度関数 $f(\theta) = \{2\pi I_0(\kappa)\}^{-1} \exp\{\kappa \cos(\theta - \mu)\}$ の μ と κ に代入して各点 θ における $f(\theta)$ の最尤推定値を得る．これを円周プロットもしくは線形プロットに重ね描きをするとよい．例として，この方法を，救急搬送データ（表 1.2，図 2.2）に適用してみると，図 5.2 のようになる．

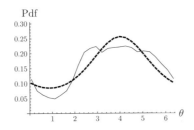

図 **5.2** 東京消防庁救急搬送人員データ H25（0 時台から 23 時台）データへの von Mises 分布の当てはめ

図 5.2 の当てはめは，あまり良くないように見える．救急搬送データ（表 1.2，図 2.2）に対しては，反射的対称性の検定結果から非対称な分布を当てはめるほうが理に適っているので，次に，ハート型分布の正弦関数摂動法による非対称分布を当てはめてみることにしよう．ハート型分布 $C(\mu, \rho)$ およびそ

の正弦関数摂動法による非対称分布の仮定の下で当てはめを行ったのが図5.3である．ハート型分布のパラメータの最尤推定値は $\hat{\mu} \approx 4.051$ と $\hat{\rho} \approx 0.295$ であり，最大対数尤度の値は $-215, 397$ であった．一方，正弦関数摂動法による非対称化ハート型分布において推定された値は $\hat{\mu} \approx 4.093$, $\hat{\rho} \approx 0.295$, $\hat{\lambda} \approx -0.034$ で，そのときの対数尤度の値は $-215, 382$ であった．モデルのパラメータは同定されず，$\hat{\mu} \approx 2.522$, $\hat{\rho} \approx 0.017$, $\hat{\lambda} \approx 0.590$ でも同じ分布を与える．赤池の情報量規準 (Akaike's Information Criterion) AIC= $-2\log$（最大尤度）$+2\times$（自由パラメータ数）が小さいほうのモデルを採用するとすれば，正弦関数摂動法により非対称化されたハート型分布が選択される．しかし，図5.3を見て分かるように，正弦関数摂動法による非対称ハート型において推定された $\hat{\lambda}$ の絶対値が小さいことから，対称なハート型と非対称なハート型の二つの確率密度関数のグラフはほとんど重なっている．

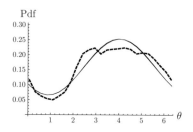

図 5.3 東京消防庁救急搬送人員データ H25（0時台から23時台）データへのハート型と正弦関数摂動法による非対称ハート型分布の当てはめ

次に，データの線形プロットから頂上付近において扁平性が見られるので，4.7.1項におけるハート型分布を基礎にした Batschelet–Papakonstantinou による変形分布，

$$f(\theta) = \frac{1}{2\pi\{1 - 2\rho J_1(\nu)\}} [1 + 2\rho \cos\{(\theta - \mu) + \nu \sin(\theta - \mu)\}]$$

を当てはめてみることにする．J_1 は1次の第1種 Bessel 関数を表す．当てはめ結果を図5.4に示す．このときのパラメータ μ $(0 \leq \mu < 2\pi)$ と ρ $(0 \leq \rho \leq 1/2)$ の最尤推定値は $\hat{\mu} \approx 4.088$, $\hat{\rho} \approx 0.332$ であった．なお，ν $(-\infty < \nu < \infty)$ については $|\nu| \leq 1$ のとき単峰であるが，$|\nu| < 2$ で推定値を探索し，$\hat{\nu} \approx -0.606$ を得た．最大対数尤度の値は $-214, 331$ であり，ハート型 Batschelet–Papakonstantinou 変形分布は AIC がより小さいという意味

で変形前のハート型を著しく改善していることが分かる．なお，4.12 節の文献ノートにあるように，cos-cos もしくは sin-sin の組合せを用いることも可能である．その場合の確率密度関数は，sin-sin の組合せでは，

$$f(\theta) = \frac{1}{2\pi}\left[1 + 2\rho \sin\{(\theta - \mu) + \nu \sin(\theta - \mu)\}\right]$$

となる．cos-cos の組合せでも，$\cos x = \sin(x - \pi/2)$ であることから，正規化定数は sin-sin の場合と同じになる．

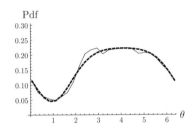

図 5.4　東京消防庁救急搬送人員データ H25（0 時台から 23 時台）データへのハート型の Batschelet–Papakonstantinou による変形分布の当てはめ

5.5　シミュレーション

本節では円周分布の疑似乱数を生成するための方法について述べるが，基礎となる区間 $(0, 1)$ 上の乱数生成はできるものと仮定して話を進めることにする．統計数理研究所のホームページ上において「ダウンロード」から「乱数ポータル」をクリックするか，もしくは直接に，
「乱数ライブラリー」http://random.ism.ac.jp/index.html
へ行くと，その中に乱数の説明や生成について記述があるので，参考にしてほしい．

5.5.1　逆関数法

円周上の分布に限らず，一般に，乱数生成のための逆関数法 (inverse transformation method) の説明は次のようである．簡単のために確率変数 X は連続型とし，その分布関数を $F(x) > 0$ $(a < x < b)$, $F(a) = 0$, $F(b) = 1$ とする．$F(x)$ は区間 (a, b) で単調増加関数となるので，この区間で $F(x)$ の逆関数

F^{-1} が存在する．そのとき，変換された変数 $U = F(X)$ は区間 $(0,1)$ 上の一様分布に従う．証明は簡単で，$0 < u < 1$ に対し，$\Pr(U \leq u) = \Pr(F(X) \leq u) = \Pr(X \leq F^{-1}(u)) = F(F^{-1}(u)) = u$ となる．その事実を使って円周上の連続分布の乱数を生成することができる．

アルゴリズム 区間 $[0, 2\pi]$ もしくは $[-\pi, \pi]$ 上で分布関数 $F(\theta)$ を持つ分布の乱数を生成したいものとする．そのとき，次の手順で乱数を生成する．

1. 区間 $(0, 1)$ 上の乱数 u を生成する．
2. $\theta = F^{-1}(u)$ と変換する．

そのとき，θ は分布関数 $F(\theta)$ を持つ分布の乱数となる（図 5.5 参照）．

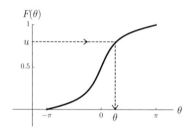

図 **5.5** 逆関数法による乱数生成

巻込み Cauchy 分布の乱数は逆関数法によって生成できることを示す．

例 $\mathrm{WC}(0, \rho)$, $0 < \rho < 1$

$\mathrm{WC}(0, \rho)$ の確率密度関数は，

$$f(\theta) = \frac{1 - \rho^2}{2\pi(1 + \rho^2 - 2\rho\cos\theta)}, \quad -\pi \leq \theta < \pi$$

で，分布関数は，

$$F(\theta) = \frac{1}{2} + \frac{1}{\pi}\tan^{-1}\left\{\frac{1+\rho}{1-\rho}\tan\left(\frac{\theta}{2}\right)\right\}, \quad -\pi < \theta < \pi$$

だから，分布関数の逆関数，

$$F^{-1}(\theta) = 2\tan^{-1}\left[\frac{1-\rho}{1+\rho}\tan\left\{\pi\left(u - \frac{1}{2}\right)\right\}\right], \quad 0 < u < 1$$

を得る．よって，逆関数法を適用することができる．なお，区間 $[0, 2\pi)$ 上の

WC$(0, \rho)$ 乱数生成は，$[-\pi, \pi)$ 上の WC$(0, \rho)$ 乱数 θ を $\theta + \pi$ とすればよい．

注意 WC$(0, \rho)$ の分布関数は次のように，

$$F(\theta) = \begin{cases} \dfrac{1}{2} - \dfrac{1}{2\pi} \cos^{-1}\left\{\dfrac{(1+\rho^2)\cos\theta - 2\rho}{1+\rho^2 - 2\rho\cos\theta}\right\}, & -\pi \leq \theta < 0 \\ \dfrac{1}{2} + \dfrac{1}{2\pi} \cos^{-1}\left\{\dfrac{(1+\rho^2)\cos\theta - 2\rho}{1+\rho^2 - 2\rho\cos\theta}\right\}, & 0 \leq \theta < \pi \end{cases}$$

と表現することもできるが，区間 $[-\pi, 0)$ と $[0, \pi)$ で式が異なる．

注意 ハート型分布 C$(0, \rho)$ の分布関数，

$$F(\theta) = \frac{1}{2\pi}(\theta + 2\rho\sin\theta), \quad 0 \leq \theta < 2\pi$$

の逆関数を陽に表すことは困難であるので，逆関数法によってハート型分布の乱数を生成するのは，不可能というわけではないが，適切でない．

5.5.2 採択棄却法

採択棄却法 (Acceptance-Rejection method) もしくは A-R アルゴリズムの一般論は次のように述べることができる．生成したい乱数が従う分布の確率密度関数を $f(\xi)$，その分布関数を $F(\xi)$ とする．また，乱数生成可能な別の分布の確率密度関数を $g(\xi)$，その分布関数を $G(\xi)$ とし，次の仮定を設ける．

仮定 すべての ξ に対して，次の不等式を満たす定数 $c > 1$ が存在する．

$$\frac{f(\xi)}{g(\xi)} \leq c$$

このとき，A-R アルゴリズムは次のように述べられる．

1. 分布関数 G に従う乱数 θ を生成する．
2. G とは独立に区間 $(0, 1)$ 上の一様分布に従う確率変数 U の乱数 u を生成する．
3. 不等式，

$$u \leq \frac{f(\theta)}{cg(\theta)}$$

を満たすならば θ を採択し，そうでないなら棄却する．

このアルゴリズムにおける採択確率は $1/c$ であり，c は 1 回採択されるまでにかかるサンプリングの平均回数を表す．

注意

1. 分布の台が区間 $[0, 2\pi)$ のとき，$g(\xi)$ として $[0, 2\pi)$ 上の一様分布の確率密度関数を採用することができる．これは円周上の分布に対して採択棄却法を用いることの大きなメリットと考えられる．このとき c は，

$$\max_\xi f(\xi) = \frac{c}{2\pi}$$

となるように取る．図 5.6 を参照のこと．

2. c は小さいほど有利となる．なお，$g(\xi) = f(\xi)$ と選択すれば最も有利となるが，もともと $f(\xi)$ に従う乱数の生成を問題としているので，これはありえない選択である．

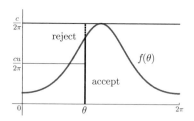

図 5.6 一様分布の定数倍で覆うときの採択棄却法による乱数生成

A-R アルゴリズムによって乱数生成が可能なことの証明は以下のように与えられる．

1. 条件付き確率

$$\Pr\left(U \leq \frac{f(\Theta)}{cg(\Theta)} \,\Big|\, \Theta = \theta\right) = \frac{f(\theta)}{cg(\theta)}$$

だから，無条件確率，

$$\Pr\left(U \leq \frac{f(\Theta)}{cg(\Theta)}\right) = E\left[\Pr\left(U \leq \frac{f(\Theta)}{cg(\Theta)} \,\Big|\, \Theta\right)\right] = \int_0^{2\pi} \frac{f(\theta)}{cg(\theta)} g(\theta) d\theta = \frac{1}{c}$$

を得る.

2. 条件付き確率

$$\Pr\left(U \leq \frac{f(\Theta)}{cg(\Theta)} \middle| \Theta \leq \theta\right) = \frac{\Pr(U \leq f(\Theta)/\{cg(\Theta)\}, \Theta \leq \theta)}{G(\theta)}$$

$$= \frac{1}{G(\theta)} \int_0^\theta \frac{f(\eta)}{cg(\eta)} g(\eta) d\eta$$

$$= \frac{F(\theta)}{cG(\theta)}$$

だから,

$$\Pr\left(\Theta \leq \theta \middle| U \leq \frac{f(\Theta)}{cg(\Theta)}\right) = \frac{\Pr(\Theta \leq \theta, U \leq f(\Theta)/\{cg(\Theta)\})}{\Pr(U \leq f(\Theta)/\{cg(\Theta)\})} = F(\theta)$$

を得る.

3. A-R アルゴリズムによって 1 回採択されるまでにかかるサンプリング回数はパラメータ $p = 1/c$ の幾何分布,

$$\Pr(N = n) = (1-p)^{n-1} p, \quad n \geq 1$$

に従うので, その確率母関数,

$$q(t) \equiv E(t^N) = \sum_{n=1}^\infty t^n \Pr(N = n) = \frac{pt}{1-(1-p)t}, \quad (1-p)|t| < 1$$

から, 平均 $q'(1) = E(N) = 1/p = c$ を得る.

例1 区間 $[0, 2\pi)$ 上の $\mathrm{VM}(0, \kappa)$ の乱数を一様分布の定数倍で覆う A-R 法で生成してみよう. A-R アルゴリズムの注意にあるように,

$$\max_\xi \frac{1}{2\pi I_0(\kappa)} \exp(\kappa \cos \xi) = \frac{e^\kappa}{2\pi I_0(\kappa)} = \frac{c}{2\pi}$$

となる c, すなわち $c = e^\kappa / I_0(\kappa)$ と取ることにする. 区間 $[0, 2\pi)$ 上の一様分布の乱数 θ と, それとは独立に区間 $(0, 1)$ 上の一様乱数 u を生成し, 不等式 $ue^{\kappa(1-\cos\theta)} \leq 1$ を満たすならば θ を採択し, そうでないならば θ を棄却する. $\mathrm{VM}(\mu, \kappa)$ の乱数を生成したいときには, $\mathrm{VM}(0, \kappa)$ の乱数 θ を $\theta + \mu$ と変換 $(\mathrm{mod}\ 2\pi)$ すればよい. すなわち, $\theta + \mu \geq 2\pi$ ならば, $\theta + \mu - 2\pi$ を改めて $[0, 2\pi)$ 上の乱数として採用する.

ところで，図5.7におけるように，κの値が大きくなるにしたがってcの値が大きくなっていくことを観察できる．これは，κの値が大きくなると$\mathrm{VM}(0,\kappa)$は1点0において退化した分布に収束するので直観的にも明らかであるが，数理的にも証明することができる．実際，いま$c = h(\kappa) = e^\kappa/I_0(\kappa)\ (\kappa > 0)$とおくと，

$$h'(\kappa) = \frac{e^\kappa\{I_0(\kappa) - I_1(\kappa)\}}{\{I_0(\kappa)\}^2}, \quad I_r(\kappa) = \frac{1}{2\pi}\int_0^{2\pi}\cos(r\theta)e^{\kappa\cos\theta}d\theta$$

であって，von Mises 分布に関して4.3節で述べたように，第1種変形Bessel関数の性質として$I_0(\kappa) > I_1(\kappa)\ (\kappa \geq 0)$が成り立つから$h'(\kappa) > 0\ (\kappa \geq 0)$となり$h(\kappa)$は単調増加関数である．また，$\kappa \to \infty$とするとき，$c$がある値に収束するわけではなく，漸近展開公式，

$$I_0(\kappa) \approx \frac{e^\kappa}{\sqrt{2\pi\kappa}}$$

から，$c \to \infty$となる．すなわち，κが大きい値のとき，このA-R法で$\mathrm{VM}(0,\kappa)$の乱数を生成するのは効率的でないことを意味する．

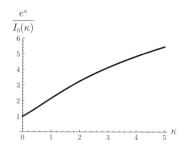

図5.7 一様分布の定数倍で覆うときのA-R法における採択までの平均回数（$\mathrm{VM}(0,\kappa)$の場合）

例2 次に，ハート型分布$C(0,\rho)$の乱数を一様分布の定数倍で覆うA-R法で生成してみよう．例1と同様にして，

$$\max_\xi \frac{1}{2\pi}(1 + 2\rho\cos\xi) = \frac{1}{2\pi}(1 + 2\rho) = \frac{c}{2\pi}$$

だから，$c = 1 + 2\rho \leq 2$を得る．すなわち，このA-R法では1回採択されるまでにかかるサンプリングの平均回数は高々2回である．図5.8は$C(\pi, 0.3)$の例を示している．この例では，サンプル数10,000を生成するのに棄却回数は5,983

であった．なお，このパラメータの値 $\rho = 0.3$ に対してサンプル数 10,000 を生成するための平均サンプリング回数は $10,000 c = 10,000 \times (1+2\times 0.3) = 16,000$, したがって，平均棄却回数は 6,000 である．

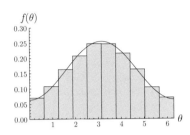

図 5.8 A-R 法による $C(\pi, 0.3)$ の乱数生成の例．サンプル数 10,000, 棄却回数 5,983

例 3 von Mises 分布 $\mathrm{VM}(0, \kappa)$ 乱数の A-R 法による生成（再出）

例 1 において，一様分布の定数倍で $\mathrm{VM}(0, \kappa)$ を覆う A-R 法は，容易ではあるが κ の値が大きいときに効率的でないことを述べた．
$\Theta \sim \mathrm{VM}(0, \kappa)$ のとき，$\Xi = \sqrt{\kappa}\,\Theta$ と変数変換すると，Ξ の確率密度関数は，
$$\frac{1}{2\pi I_0(\kappa)} e^{\kappa \cos\theta} d\theta \propto \exp\left[-\kappa\{1-\cos(\kappa^{-1/2}\xi)\}\right] d\xi$$
から得られ，κ が大きいとき，
$$1-\cos(\kappa^{-1/2}\xi) = \frac{1}{2}\kappa^{-1}\xi^2 + O(\kappa^{-2})$$
より，Ξ は近似的に標準正規分布に従う．これより，κ の値が大きいとき，正規乱数を $\sqrt{\kappa}$ で除すことによって $\mathrm{VM}(0, \kappa)$ 乱数の生成が可能である．

しかし，ここでは，κ の値が大きいときでも使用可能な A-R 法について考えよう．A-R アルゴリズムで分布関数 G（確率密度関数 g）の分布を巻込み Cauchy (WC) と取ることにする（巻込み Cauchy 乱数は逆関数法により容易に生成可能であることを逆関数法の例として既に述べてある）．$\mathrm{VM}(0, \kappa)$ の確率密度関数を覆う WC の確率密度関数の定数倍で最良なものは，
$$\gamma(\theta) = \frac{(2\rho/\kappa)\exp\{\kappa(1+\rho^2)/(2\rho)-1\}}{2\pi I_0(\kappa)\,(1+\rho^2-2\rho\cos\theta)}, \quad \rho = \frac{\tau-\sqrt{2\tau}}{2\kappa};\ \tau = 1+\sqrt{1+4\kappa^2}$$
で与えられる．図 5.9 は $\mathrm{VM}(0, 5)$ を最良な定数倍 WC によって覆った場合を例示している．

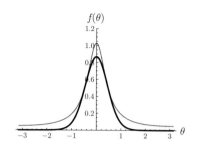

図 **5.9** VM$(0,5)$ の最良な定数倍 WC による覆い．太線：VM$(0,5)$，細線：最良な定数倍 WC

すなわち，$f(\xi) \sim \text{VM}(0,\kappa)$, $g(\xi) \sim \text{WC}(0,\rho)$, $\rho = (\tau - \sqrt{2\tau})/(2\kappa)$, $\tau = 1 + \sqrt{1+4\kappa^2}$ とすれば，

$$\frac{f(\xi)}{g(\xi)} \leq c, \quad c = \frac{(2\rho/\kappa)\exp\{\kappa(1+\rho^2)/(2\rho)-1\}}{(1-\rho^2)I_0(\kappa)}$$

となるので，A-R 法における採択確率は上の c を用いて $1/c$ で与えられる．$\kappa \to \infty$ のとき $1/c \to (2\pi/e)^{-1/2} \approx 0.6577$ となり（図 5.10），VM$(0,\kappa)$ を一様分布で上から覆ったときのように採択確率が 0 に行くことはない．

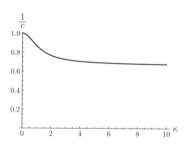

図 **5.10** 採択確率（VM$(0,\kappa)$ を最良な定数倍 WC によって覆う場合）

VM$(\pi,5)$ の乱数を A-R 法によって一様分布の定数倍で覆うときと WC の定数倍で覆うときの比較をしてみよう．図 5.11 はサンプル数 10,000 を生成したときの例で，一様分布の定数倍で覆ったとき（左パネル）の棄却回数は 44,507，また巻込み Cauchy 分布の定数倍で覆ったとき（右パネル）の棄却回数は 4,476 であった．なお，サンプル数 10,000 を生成するための平均サンプリング回数は，それぞれ 54,483.8, 14,414.1 である．

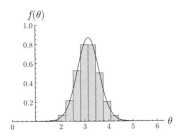
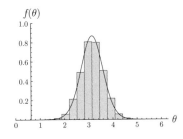

図 5.11 棄却法による VM$(\pi, 5)$ の乱数発生. 左パネル:一様分布の定数倍で覆った場合, 右パネル:巻込み Cauchy 分布の定数倍で覆った場合

例 4 von Mises 分布を Möbius 変換した分布の乱数生成

$\tilde{\Theta}$ から Θ への Möbius 変換が,

$$\Theta = \mu + \nu + 2\tan^{-1}\left[w_r \tan\left\{\frac{1}{2}(\tilde{\Theta} - \nu)\right\}\right],$$

$$w_r = \frac{1-r}{1+r}, \quad 0 \leq \mu, \nu < 2\pi; \quad 0 \leq r < 1$$

で与えられているとき, $\tilde{\Theta} \sim \text{VM}(\mu, \kappa)$ のときの Θ の分布の乱数生成は次の手順で行う.

1. μ と κ を指定する.
2. ν と r を指定する.
3. VM(μ, κ) の乱数を生成し, それを Möbius 変換する.

混合分布の乱数生成

確率密度関数 $g_j\ (j = 1, \ldots, n)$ を持つ分布の乱数生成は可能であるとしておく. このとき, 確率密度関数 $f(\theta) = \sum_{j=1}^n h_j g_j(\theta)$, $\sum_{j=1}^n h_j = 1\ (h_j > 0)$ を持つ混合分布の乱数を生成したいものとする. それには, 確率 h_j で番号 j を選択し, 選択された j に対して g_j の乱数を生成すればよい.

例 二つの von Mises 分布 $f_1 \sim \text{VM}(\mu_1, \kappa_1)$ と $f_2 \sim \text{VM}(\mu_2, \kappa_2)$ の混合分布 $f(\theta) = \frac{1}{3}f_1(\theta) + \frac{2}{3}f_2(\theta)$ からの乱数生成は, 次のようにする. すなわち, 区間 $(0,1)$ 上の一様分布に従う確率変数を U とし, その実現値 u が $0 < u < 1/3$ ならば VM(μ_1, κ_1) から乱数を生成し, $1/3 < u < 1$ ならば VM(μ_2, κ_2) から

乱数を生成する．

5.6 文献ノート

　角度データ解析一般についての英語による学習には Fisher (1993), Mardia and Jupp (2000), Pewsey et al. (2013) の本がおすすめであるが，特に生物学や生態学に興味を持つ読者には Batschelet (1981), Zar (2010) が標準的なテキストとしてすすめられる．

　分布の歪度を基礎にしての反射的対称性のノンパラメトリック検定は Pewsey (2002) によって与えられた．なお，最近になって，ある意味の最適性を持つ反射的対称性検定が Ley and Verdebout (2014) により提案されている．変化点の検出に関する CUSUM プロット，累積平均方向プロット，ランク累積和プロット，累積円周分散プロットのさまざまな例は Fisher (1993, pp. 175–183) にある．また，王ほか (2013) は震央変化・マグニチュードデータを扱い，Hokimoto and Shimizu (2008) は風向・風速・海面水位時系列データにそれらを適用した．角度データからの平均方向に関する変化点の検定については Jammalamadaka and SenGupta (2001, pp. 241–266) を参照するとよい．検定の実行には R の CircStats パッケージの中の change.pt ファイルを利用することができる．プロファイル尤度法の例については Abe and Pewsey (2011a) を参照のこと．分布の当てはめの際には，第 4 章で紹介した分布だけでなく，最近において提案された分布として例えば Fernández-Durán (2004) の有限項 Fourier 級数，Abe and Pewsey (2011b) の余弦関数摂動，Jones and Pewsey (2011) の逆 Batschelet, Kato and Jones (2013, 2015) の巻込み Cauchy の一般化などがあるので，これらを候補とすることが考えられる．

　乱数の生成に関して，VM を巻込み Cauchy 分布で覆う A-R 法は Best and Fisher (1979) によって提案された．3.3.5 項において立体射影法について紹介したが，Minh and Farnum (2003) は円周上で乱数を発生しておき，立体射影を使って直線上の乱数を効率よく発生させられる例を述べている．von Mises 分布に従う確率変数の Möbius 変換に関しては Kato and Jones (2010) に詳しい説明がある．

文献

1. Abe, T. and Pewsey, A. (2011a). Sine-skewed circular distributions, *Statistical Pa-*

pers, **52**, 683–707.

2. Abe, T. and Pewsey, A. (2011b). Symmetric circular models through duplication and cosine perturbation, *Computational Statistics and Data Analysis*, **55**, 3271–3282.
3. Batschelet, E. (1981). *Circular Statistics in Biology*, Academic Press.
4. Best, D. J. and Fisher, N. I. (1979). Efficient simulation of the von Mises distribution, *Journal of the Royal Statistical Society. Series C (Applied Statistics)*, **28**, 152–157.
5. Fernández-Durán, J. J. (2004). Circular distributions based on nonnegative trigonometric sums, *Biometrics*, **60**, 499–503.
6. Fisher, N. I. (1993). *Statistical Analysis of Circular Data*, Cambridge University Press.
7. Hokimoto, T. and Shimizu, K. (2008). An angular-linear time series model for waveheight prediction, *Annals of the Institute of Statistical Mathematics*, **60**, 781–800.
8. Jammalamadaka, S. R. and SenGupta, A. (2001). *Topics in Circular Statistics*, World Scientific.
9. Jones, M. C. and Pewsey, A. (2012). Inverse Batschelet distribution for circular data, *Biometrics*, **68**, 183–193.
10. Kato, S. and Jones, M. C. (2010). A family of distributions on the circle with links to, and applications arising from, Möbius transformation, *Journal of the American Statistical Association*, **105**, 249–262.
11. Kato, S. and Jones, M. C. (2013). An extended family of circular distributions related to wrapped Cauchy distributions via Brownian motion, *Bernoulli*, **19**, 154–171.
12. Kato, S. and Jones, M. C. (2015). A tractable and interpretable four-parameter family of unimodal distributions on the circle, *Biometrika*, **102**, 181–190.
13. Ley, C. and Verdebout, T. (2014). Simple optimal tests for circular reflective symmetry about a specified median direction, *Statistica Sinica*, **24**, 1319–1339.
14. Mardia, K. V. and Jupp, P. E. (2000). *Directional Statisitcs*, Wiley.
15. Minh, D-L. and Farnum, N. R. (2003). Using bilinear transformations to induce probability distributions, *Communications in Statistics–Theory and Methods*, **32**, 1–9.
16. Pewsey, A. (2002). Testing circular symmetry, *Canadian Journal of Statistics*, **30**, 591–600.
17. Pewsey, A., Neuhäuser, M. and Ruxton, G. D. (2013). *Circular Statistics in R*, Oxford University Press, Oxford.
18. Zar, J. H. (2010). *Biostatistical Analysis*, Fifth Edition, Prentice Hall.
19. 王 敏真, 清水 邦夫, 上江洲 香実 (2013). 方向統計学の利用による地震緯度・経度・マグニチュードデータの解析, 応用統計学, **42**, 29–44.

6 球面上の確率分布モデル

　地球の表面を近似的に球面と見て，地球表面上で生起する事象に興味があるものとしよう．例えば，震央は地震が発生した震源の真上に当たる地表の点であり，緯度と経度によって表現することができる．国土交通省気象庁のWebページ http://www.data.jma.go.jp/svd/eqdb/data/shindo/index.php から日本における地震の震央の緯度と経度を得ることができるので，試みに 2016年1月1日から同年1月31日までのマグニチュード4.0以上の地震 ($n=39$) の震央を球面上にプロットしてみたところ図6.1[1])のようになった．球面上のデータプロットによりデータの分布状況を目で見ることができるので便利である．一方，データを統計量としてまとめたり，データに理論分布を当てはめたりするにはどのようにすればよいであろうか？ また，4次元以上の空間内の球面上においてデータをプロットすることには困難が伴うので，そのときにはデータを統計量の形に縮約し，周辺分布を図に表すような工夫を行うことになる．

　以下において，球面上のデータを解析するための分布モデルと手法を解説する．

[1]) 日本における地震の震央データのプロット（図6.1）から，おぼろげながら日本列島の形が見える．

6.1　予備概念

6.1.1　3次元極座標変換

　3次元空間において，原点を中心とし半径1の球（単位球）もしくは単位球面 (unit sphere) S^2 とは，$S^2 = \{\boldsymbol{x} = (x_1, x_2, x_3)' \mid \|\boldsymbol{x}\| = \sqrt{x_1^2 + x_2^2 + x_3^2} = 1\}$ のことをいう．すなわち，空間内の1点（いまの場合は原点）からの距離が一定（単位球の場合は1）の点の集合を指す．単位球面上の確率密度関数[2]) $f(\boldsymbol{x})$ は，すべての $\boldsymbol{x} \in S^2$ に対して $f(\boldsymbol{x}) \geq 0$ であり，$\int_{S^2} f(\boldsymbol{x}) d\omega_3 = 1$ を

[2]) 確率ベクトルの確率密度関数は「結合（同時）」確率密度関数であるが，単に「確率密度関数」と書いても，その意味するところは文脈から明らかであろう．

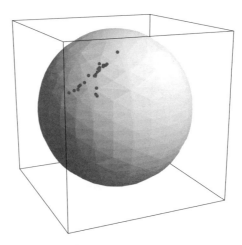

図 6.1 2016 年 1 月 1 日から同年 1 月 31 日までのマグニチュード 4.0 以上の日本における地震の震央データの球面上プロット

満たす関数のことである．ここで，$d\omega_3$ は S^2 上の面積要素を表す．$r \geq 0$, $0 \leq \theta \leq \pi$, $0 \leq \phi < 2\pi$ に対して，3 次元の極座標変換，

$$\begin{cases} x_1 &= r\sin\theta\cos\phi \\ x_2 &= r\sin\theta\sin\phi \\ x_3 &= r\cos\theta \end{cases} \tag{6.1}$$

を施し，$r=1$ とおいて，$\boldsymbol{x} = (x_1, x_2, x_3)'$ に関する確率密度関数 $f(\boldsymbol{x})$ を角度 θ と ϕ に関する確率密度関数に変換することができる．なお，上の極座標変換 (6.1) では，ϕ は経度 (longitude) に対応するが，θ は緯度 (latitude) に対応するのではなく，北極方向からの角度 (余角 colatitude) を表している (図 6.2 参照)．この角度の取り方は数学ではよく使われるが，必ずしもこの極座標変換を採用しなければならないという理由はない．θ^* を緯度に対応する角度とし，ϕ を経度に対応する角度とするときには，上の極座標変換において $\theta = \pi/2 - \theta^*$ として，$-\pi/2 \leq \theta^* \leq \pi/2$; $0 \leq \phi < 2\pi$ に対して $x_1 = \cos\theta^*\cos\phi$, $x_2 = \cos\theta^*\sin\phi$, $x_3 = \sin\theta^*$ とすればよい．

極座標変換 (6.1) のヤコビアン $\partial(x_1, x_2, x_3)/\partial(r, \theta, \phi)$ は，

$$\frac{\partial(x_1, x_2, x_3)}{\partial(r, \theta, \phi)} = \begin{vmatrix} \frac{\partial x_1}{\partial r} & \frac{\partial x_1}{\partial \theta} & \frac{\partial x_1}{\partial \phi} \\ \frac{\partial x_2}{\partial r} & \frac{\partial x_2}{\partial \theta} & \frac{\partial x_2}{\partial \phi} \\ \frac{\partial x_3}{\partial r} & \frac{\partial x_3}{\partial \theta} & \frac{\partial x_3}{\partial \phi} \end{vmatrix}$$

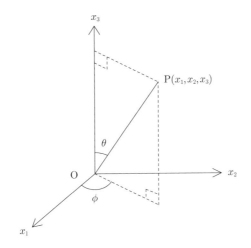

図 6.2 3次元極座標変換

$$
= \begin{vmatrix} \sin\theta\cos\phi & r\cos\theta\cos\phi & -r\sin\theta\sin\phi \\ \sin\theta\sin\phi & r\cos\theta\sin\phi & r\sin\theta\cos\phi \\ \cos\theta & -r\sin\theta & 0 \end{vmatrix}
$$
$$
= r^2 \sin\theta
$$

であることから，確率密度関数 $f(\boldsymbol{x})$ を角度 θ と ϕ による確率密度関数の表現に変換すると，

$$g(\theta,\phi) = f(\sin\theta\cos\phi, \sin\theta\sin\phi, \cos\theta)\sin\theta$$

となる．場合により，$\theta_1 \in [0,\pi)$ および $\theta_2 \in [0,2\pi)$ として，異なる座標系，

$$\begin{cases} x_1 &= r\sin\theta_1 \\ x_2 &= r\cos\theta_1\sin\theta_2 \\ x_3 &= r\cos\theta_1\cos\theta_2 \end{cases}$$

を使うことができる．変換のヤコビアンは，$\partial(x_1,x_2,x_3)/\partial(r,\theta_1,\theta_2) = r^2\cos\theta_1$ となる．

6.1.2 一般次元極座標変換

一般に $p\,(\geq 2)$ 次元ユークリッド空間内の原点を中心とする $(p-1)$ 次元

単位球面は $S^{p-1} = \{\bm{x} = (x_1, \ldots, x_p)' \in \mathbb{R}^p \mid \|\bm{x}\| = \sqrt{\sum_{j=1}^p x_j^2} = 1\}$ である．確率密度関数 $f(\bm{x})$ は，すべての $\bm{x} \in S^{p-1}$ に対して $f(\bm{x}) \geq 0$ であり，$\int_{S^{p-1}} f(\bm{x}) d\omega_p = 1$ のときをいう．ここで，$d\omega_p$ は S^{p-1} の面積要素を表す．以下で，球面上のモデルを考える際のいくつかの予備概念について述べることにする．

極座標変換を $\bm{x} = R\bm{y}$ と書こう．ここで，R はベクトル $\bm{x}$ の長さ $R = \|\bm{x}\|$ を表し，$\bm{y}$ は方向余弦 $\bm{y} = (y_1, \ldots, y_p)' = \bm{e}(\bm{T})$，$\bm{T} = (\theta_1, \ldots, \theta_{p-1})'$ はベクトル $\bm{x}$ の方向である．極座標変換の表現は軸の取り方により異なるが，その一つとして，

$$\begin{cases} x_j &= r \left(\prod_{k=1}^{j-1} \sin \theta_k \right) \cos \theta_j, \quad 1 \leq j \leq p-1 \\ x_p &= r \left(\prod_{k=1}^{p-2} \sin \theta_k \right) \sin \theta_{p-1} \end{cases} \tag{6.2}$$

の表現が可能である．ここで，$r \geq 0$ であり，$k = 1, \ldots, p-2$ に対して $\theta_k \in [0, \pi)$，$\theta_{p-1} \in [0, 2\pi)$ である．$\prod_{k=1}^{0} \sin \theta_k$ は，その値を 1 と解釈する．そのとき，変換 (6.2) のヤコビアンは，

$$\frac{\partial(x_1, \ldots, x_{p-1}, x_p)}{\partial(r, \theta_1, \ldots, \theta_{p-1})} = r^{p-1} \prod_{k=1}^{p-2} \sin^{p-k-1} \theta_k$$

と計算される．したがって，確率密度関数 $f(\bm{x})$ を角度 $\bm{T} = (\theta_1, \ldots, \theta_{p-1})'$ による確率密度関数に変換すると，

$$g(\theta_1, \ldots, \theta_{p-1}) = f(x_1, \ldots, x_{p-1}, x_p) \prod_{k=1}^{p-2} \sin^{p-k-1} \theta_k$$

となる．ここにおいて，x_1 から x_p は式 (6.2) において $r = 1$ としたものを表す．とくに $p = 3$ のとき，変換 (6.2) は $x_1 = r \cos \theta_1$, $x_2 = r \sin \theta_1 \cos \theta_2$, $x_3 = r \sin \theta_1 \sin \theta_2$，ヤコビアンは $r^2 \sin \theta_1$ となり，角度表現の確率密度関数は $g(\theta_1, \theta_2) = f(\cos \theta_1, \sin \theta_1 \cos \theta_2, \sin \theta_1 \sin \theta_2) \sin \theta_1$ に帰着する．

6.1.3 Tangent-normal 分解

p 次元ユークリッド空間 $\mathbb{R}^p$ における正規直交系 $\{\bm{e}_1, \ldots, \bm{e}_p\}$ を考えよう．$\bm{e}_j$ $(1 \leq j \leq p)$ は，j 番目の要素が 1 で，それ以外は 0 であるようなベ

クトル $e_j = (0, \ldots, 0, 1, 0, \ldots, 0)'$ を表す．ベクトル $\boldsymbol{a} = (a_1, \ldots, a_p)'$ と $\boldsymbol{b} = (b_1, \ldots, b_p)'$ の内積を $(\boldsymbol{a}, \boldsymbol{b}) = \sum_{j=1}^{p} a_j b_j$ で，ノルムを $\|\boldsymbol{a}\| = \sqrt{(\boldsymbol{a}, \boldsymbol{a})}$ で定義するとき，直交性 $(\boldsymbol{e}_j, \boldsymbol{e}_k) = 0 \ (j \neq k)$ および正規性 $\|\boldsymbol{e}_j\| = 1 \ (j = 1, \ldots, p)$ が成り立つ．そのとき，任意の $\boldsymbol{a} = (a_1, \ldots, a_p)' \in \mathbb{R}^p$ に対して，$\boldsymbol{a} = a_1 \boldsymbol{e}_1 + \cdots + a_p \boldsymbol{e}_p$ と書くことができる．いま，$\boldsymbol{x}$ を $(p-1)$ 次元単位球 S^{p-1} の上の点とし，$\boldsymbol{\xi}_{p-1}$ を $\{\boldsymbol{e}_1, \ldots, \boldsymbol{e}_{p-1}\}$ によって張られる空間（$\{\boldsymbol{e}_1, \ldots, \boldsymbol{e}_{p-1}\}$ の 1 次（線形）結合全体から作られる空間）の単位ベクトル（$\|\boldsymbol{\xi}_{p-1}\| = 1$），すなわち $\boldsymbol{\xi}_{p-1} \in S^{p-2} = \{(c_1, \ldots, c_{p-1}, 0)' \in \mathbb{R}^p \mid \sqrt{\sum_{j=1}^{p-1} c_j^2} = 1\}$ とすると，tangent-normal 分解 (tangent-normal decomposition) $\boldsymbol{x} = t\boldsymbol{e}_p + \sqrt{1-t^2}\boldsymbol{\xi}_{p-1} \ (-1 \leq t \leq 1)$ の表現が可能となる．$\boldsymbol{e}_p$ と $\boldsymbol{\xi}_{p-1}$ が直交していることは，$\boldsymbol{e}_p$ と $\boldsymbol{e}_j \ (1 \leq j \leq p-1)$ が直交していることから明らかであろう．

いま，S^{p-1} の面積要素 $d\omega_p$ について，

$$d\omega_p = (1-t^2)^{(p-3)/2} dt d\omega_{p-1}$$

が成り立ち，したがって，単位球 S^{p-1} の面積 ω_p に対し，漸化式，

$$\begin{aligned} \omega_p &= \omega_{p-1} \int_{-1}^{1} (1-t^2)^{(p-3)/2} dt = 2^{p-2} B\left(\frac{p-1}{2}, \frac{p-1}{2}\right) \omega_{p-1} \\ &= B\left(\frac{1}{2}, \frac{p-1}{2}\right) \omega_{p-1} \end{aligned} \tag{6.3}$$

を得ることになる．ここで，B はベータ関数[3](beta function) を表す．(6.3) の最後の式は，ガンマ関数の倍数公式 (duplication formula)，

$$\Gamma(2z) = \frac{1}{\sqrt{2\pi}} 2^{2z-1/2} \Gamma(z) \Gamma\left(z + \frac{1}{2}\right)$$

から言える．式 (6.3) を使うと，ω_p は，

$$\begin{aligned} \omega_p &= B\left(\frac{p-1}{2}, \frac{1}{2}\right) \omega_{p-1} = \frac{\Gamma((p-1)/2)\Gamma(1/2)}{\Gamma(p/2)} \omega_{p-1} \\ &= \frac{\Gamma((p-1)/2)\Gamma(1/2)}{\Gamma(p/2)} \times \frac{\Gamma((p-2)/2)\Gamma(1/2)}{\Gamma((p-1)/2)} \times \cdots \\ &\quad \times \frac{\Gamma(3/2)\Gamma(1/2)}{\Gamma(2)} \times \frac{\Gamma(1)\Gamma(1/2)}{\Gamma(3/2)} \omega_2 \\ &= \frac{2\pi^{p/2}}{\Gamma(p/2)} \end{aligned}$$

---

[3] ベータ関数 B は $\alpha, \beta > 0$ に対して $B(\alpha, \beta) = \int_0^1 x^{\alpha-1}(1-x)^{\beta-1} dx$ で定義される．また，ベータ関数はガンマ関数を用いて $B(\alpha, \beta) = \Gamma(\alpha)\Gamma(\beta)/\Gamma(\alpha+\beta)$ と表される．

と計算できる．計算の途中で，$\Gamma(1/2) = \sqrt{\pi}$ と $\omega_2 = 2\pi$ を使った．

公式 $\omega_p = 2\pi^{p/2}/\Gamma(p/2)$ [4] は，後に 6.3.1 項で見るように他の方法によっても導くことができるが，式 (6.3) からは t の分布として確率密度関数，

$$\frac{\omega_{p-1}}{\omega_p}(1-t^2)^{(p-3)/2} = \frac{1}{B(1/2, (p-1)/2)}(1-t^2)^{(p-3)/2}, \quad -1 < t < 1$$

を持つ $t = 0$ に関して対称なベータ分布を得ることができる．t の確率密度関数は，$p = 2$ のとき U 型，$p = 3$ のとき定数，$p > 3$ のときはモード 0 に関して単峰となる．

6.1.4 回転対称性

S^2 や一般に S^{p-1} 上の分布において，円周上の分布における対称性の一般化に相当する「対称性」を導入する．

円周上の確率密度関数の対称性の概念を球面上の分布へ拡張する．$\boldsymbol{\mu}$ を S^{p-1} 上の確率密度関数 $f(\boldsymbol{x})$ におけるある特定の方向とするとき，確率密度関数 $f(\boldsymbol{x})$ を持つ分布が $\boldsymbol{\mu}$ に関し**回転対称** (rotational symmetry) とは，g をある関数として，

$$f(\boldsymbol{x}) = g(\boldsymbol{\mu}'\boldsymbol{x})$$

と書けるときをいう．回転対称性の概念は，円周上の分布に対しては対称性の概念に帰着する．例えば，$\theta = \mu$ について対称な von Mises 分布の確率密度関数は，

$$\frac{1}{2\pi I_0(\kappa)} \exp\{\kappa \cos(\theta - \mu)\}$$
$$= \frac{1}{2\pi I_0(\kappa)} \exp\{\kappa(\cos\theta\cos\mu + \sin\theta\sin\mu)\}$$
$$= \frac{1}{2\pi I_0(\kappa)} \exp(\kappa\boldsymbol{\mu}'\boldsymbol{x})$$

と表現することができる．ここで，$\boldsymbol{\mu} = (\cos\mu, \sin\mu)'$，$\boldsymbol{x} = (\cos\theta, \sin\theta)'$ を表す．

$\boldsymbol{\xi}$ を $\boldsymbol{\mu}$ に直交 ($\boldsymbol{\mu}'\boldsymbol{\xi} = 0$) するように軸を取り直すと，tangent-normal 分解の式 $\boldsymbol{x} = t\boldsymbol{\mu} + \sqrt{1-t^2}\boldsymbol{\xi}$ から，回転対称性は $\boldsymbol{\mu}$ における単位正接ベクトル $\boldsymbol{\xi}$ の分布が S^{p-2} 上で，t に独立で，一様分布であることを意味している．球面上の一様分布に関する詳細については 6.3 節を参照のこと．

---

[4] ω_p の最大値を与える p は $p = 7$ のときで，最大値は $\omega_7 = 16\pi^3/15$ である．実際，ガンマ関数の性質：$s > 0$ に対して $\Gamma(s+1) = s\Gamma(s)$ より，$\omega_{p+2}/\omega_p = 2\pi/p$ となるので，p が奇数のとき $\omega_1 < \omega_3 < \omega_5 < \omega_7 > \omega_9 > \cdots$ と p が偶数のとき $\omega_2 < \omega_4 < \omega_6 < \omega_8 > \omega_{10} > \cdots$ を得る．よって，$\omega_7 = 2\pi^{7/2}/\Gamma(7/2) = 16\pi^3/15$ と $\omega_8 = 2\pi^4/\Gamma(4) = \pi^4/3$ を比較して ω_7 が最大値を取ることが分かる．なお，$\lim_{p\to\infty} \omega_p = 0$ である．

6.1.5 球面上の分布の生成法

3.3 節において，円周上の分布を生成するための方法として巻込み法，射影法，条件付け法およびその他の方法について紹介した．本節では，円周上の分布の生成に類似して，球面上の分布の生成法について解説する．

6.1.5.1 射影法

ユークリッド空間 $\mathbb{R}^p$ ($p \geq 2$) における確率ベクトル $\boldsymbol{X}$ は，性質 $\Pr(\boldsymbol{X} = \boldsymbol{0}) = 0$ を持つと仮定する．このとき，射影法による $\boldsymbol{X}$ の分布とは単位ベクトル $\boldsymbol{X}/\|\boldsymbol{X}\|$ の分布のことをいう．この生成の仕方は円周上の射影分布と同じ考え方に基づいている．もしくは，同じことだが，極座標変換を用いて $\boldsymbol{X}$ の確率密度関数を $(R, \boldsymbol{T}')'$ の確率密度関数 $f(r, \boldsymbol{t})$ に変換し，r に関して積分することによって方向 $\boldsymbol{T}$ の確率密度関数を求めることができる．例えば，$\boldsymbol{X}$ が平均ベクトル $\boldsymbol{\mu}$，分散共分散行列 Σ の p 次元正規分布に従うとき，対応する射影分布は射影正規分布と呼ばれ，$\mathrm{PN}_p(\boldsymbol{\mu}, \Sigma)$ と書かれる．

6.1.5.2 条件付け法

条件付け法による円周上の分布の生成と同じように，条件付け法による一般次元球面上の分布を生成できる．ユークリッド空間 $\mathbb{R}^p$ ($p \geq 2$) における確率ベクトル $\boldsymbol{Z}$ は $\Pr(\boldsymbol{Z} = \boldsymbol{0}) = 0$ と仮定して，極座標変換によって $\boldsymbol{Z}$ の確率密度関数を $(R, \boldsymbol{T}')'$ の確率密度関数に変換する．$R = r$ が与えられたときの $\boldsymbol{T}$ もしくは $e(\boldsymbol{T})$ の分布は単位球面上の分布となるので，この分布を条件付け法による分布と呼ぶ．多変量正規分布の尺度混合分布の条件付け法による分布は実りある分布のクラスを提供する．Student（スチューデント）の t 分布，ロジスティック分布，Laplace（ラプラス）もしくは両側指数分布，安定分布は正規分布の尺度混合分布の例である．

6.1.5.3 p 次元版立体射影

3.3.5 項における円から直線への立体射影に類似して p 次元空間の立体射影を考えることができるが，ここではヤコビアンを簡単な形にするために，p 次元空間内の半径 v の $(p-1)$ 次元球 S_{p-1}^v の外側にある点 $\boldsymbol{x} \in \mathbb{R}^{p-1}$ を S_{p-1}^v

の南半球に射影し，球の内側にある点を S_{p-1}^v の北半球に射影する変換を取ろう．

具体的には，次のようである．$p \geq 3$; $v > 0$ とし，$S_{p-1}^v = \{\boldsymbol{\xi} \in \mathbb{R}^p | \parallel \boldsymbol{\xi} \parallel = v\}$ とする．$-\pi \leq \phi < \pi$ と $0 \leq \theta_j < \pi$ $(j = 1, \ldots, p-2)$ に対して，極座標変換，

$$\begin{pmatrix} \xi_1 \\ \xi_2 \\ \vdots \\ \xi_{p-1} \\ \xi_p \end{pmatrix} = \begin{pmatrix} v \cos\phi \sin\theta_1 \cdots \sin\theta_{p-2} \\ v \sin\phi \sin\theta_1 \cdots \sin\theta_{p-2} \\ \vdots \\ v \cos\theta_{p-3} \sin\theta_{p-2} \\ v \cos\theta_{p-2} \end{pmatrix} \tag{6.4}$$

を考える．そのとき，任意の $\boldsymbol{x} = (x_1, \ldots, x_{p-1})' \in \mathbb{R}^{p-1}$ に対して，一意的に点 $\boldsymbol{\xi} = (\xi_1, \ldots, \xi_p)' \in S_{p-1}^v$ が存在して，

$$\begin{aligned}(x_1, \ldots, x_{p-1})' &= \left(\frac{v\xi_1}{v + \xi_p}, \ldots, \frac{v\xi_{p-1}}{v + \xi_p} \right)' \\ &= \left(\frac{v \cos\phi \sin\theta_1 \ldots \sin\theta_{p-2}}{1 + \cos\theta_{p-2}}, \ldots, \frac{v \cos\theta_{p-3} \sin\theta_{p-2}}{1 + \cos\theta_{p-2}} \right)'\end{aligned}$$

となる．ここで，$\xi_p \neq -v$ である．変換のヤコビアンは，

$$\begin{aligned}\left| \frac{\partial(x_1, x_2, \ldots, x_{p-1})}{\partial(\phi, \theta_1, \ldots, \theta_{p-2})} \right| &= \frac{v \sin^{p-2} \theta_{p-2}}{(1 + \cos\theta_{p-2})^{p-1}} \left| \frac{\partial(x_1, x_2, \ldots, x_{p-1})}{\partial(v, \phi, \theta_1, \ldots, \theta_{p-3})} \right| \\ &= \left(\frac{v}{1 + \cos\theta_{p-2}} \right)^{p-1} \sin\theta_1 \cdots \sin^{p-2}\theta_{p-2}\end{aligned}$$

と計算できる．

よって，$f(\boldsymbol{x})$ を $\boldsymbol{X} = (X_1, \ldots, X_{p-1})' \in \mathbb{R}^{p-1}$ の確率密度関数とするとき，変換 (6.4) によって $(\Phi, \Theta_1, \ldots, \Theta_{p-2})'$ の確率密度関数 $g(\phi, \theta_1, \ldots, \theta_{p-2})$ は $-\pi \leq \phi < \pi$ と $0 \leq \theta_j < \pi$ $(j = 1, \ldots, p-2)$ に対して，

$$\begin{aligned}g(\phi, \theta_1, \ldots, \theta_{p-2}) &= f(\boldsymbol{x}) \left| \frac{\partial(x_1, x_2, \ldots, x_{p-1})}{\partial(\phi, \theta_1, \ldots, \theta_{p-2})} \right| \\ &= f\left(\frac{v \cos\phi \sin\theta_1 \cdots \sin\theta_{p-2}}{1 + \cos\theta_{p-2}}, \ldots, \frac{v \cos\theta_{p-3} \sin\theta_{p-2}}{1 + \cos\theta_{p-2}} \right) |J|\end{aligned} \tag{6.5}$$

で与えられることになる．ここで，

$$|J| = \left(\frac{v}{1+\cos\theta_{p-2}}\right)^{p-1} \sin\theta_1 \cdots \sin^{p-2}\theta_{p-2}$$

を表す．

6.2 Lambert 正積方位図法

Lambert（ランベルト）**正積方位図法** (Lambert azimuthal equal-area projection) は，球面上で面積を測ることと投影された円板上で面積を測ることが同等となるような投影法である．しかし，Möbius 変換のように角度を保存する写像（等角写像）とはなっていない．なお，これら両方の性質を持つ投影法は存在しない．Lambert 正積方位図法を説明するために，まず図 6.3(a) を見ていただきたい．

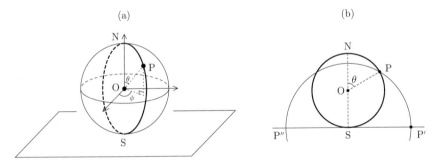

図 **6.3** Lambert 正積方位図法：(a) 単位球上の点 P を含む大円；(b) 点 P の投影 P′

二つの直線，すなわち中心を O とする単位球上の点 P と中心 O を結ぶ線および北極 N と O を結ぶ線，の間のなす角 ∠PON（緯度を表す角の余角）を θ $(0 \le \theta \le \pi)$ と表そう．また図中の ϕ $(0 \le \phi < 2\pi)$ は点 P の経度を表す．もしくは，角 θ は天頂角（高度の余角）(zenith)，ϕ は方位角 (azimuth) である．このとき，球面に接する点 S を含む支持平面上に点 P を次のように投影する．なお，P は S の対蹠点 (antipode) N ではないとしておく．点 P を含む大円 (great circle)（球面と中心 O を通る平面の交差する共通部分の円）をあらためて図 6.3(b) のように描こう．S を中心として半径 $\overline{SP}$ の円と接平面との交点 P′ と P″ のうち，P との距離が近い方を投影後の点とする．図 6.3(b)

では，P′ がその点である．S の対蹠点に対しては，このような点は一意に定まらない．また，点 S はそれ自身に投影されることになる．この投影法によって，S の対蹠点 N を除く単位球面上の点は，S を含む接平面内において，S を中心 S(0,0) とし半径 2 の開円板に投影される．

式で表すために 3 次元空間において O(0,0,0)，S(0,0,−1)，P(x,y,z) とする．S(0,0,−1) は接平面内において中心 (0,0) に移される．また，赤道上 ($z=0$) の点は中心 (0,0) とし半径 $\sqrt{2}$ の円に，北半球 (northern hemisphere) の点 ($z>0$) は中心 (0,0) とし半径 $\sqrt{2}$ と 2 の間の円環帯 (annulus) に，そして南半球 (southern hemisphere) の点 ($z<0$) は中心 (0,0) とし半径 $\sqrt{2}$ の円板に移される．点 P(x,y,z) を極座標 (θ,ϕ) で表すと，Lambert 投影によって，∠OSP$=\theta/2$ で $\overline{\text{OS}}=1$ だから $\overline{\text{SP}}=2\cos(\theta/2)$ となるので，極座標表示

$$(R,\Phi)=(2\cos(\theta/2),\phi),\quad 0\le R<2;\ 0\le\phi<2\pi$$

を得る．逆変換は $(\theta,\phi)=(2\cos^{-1}(R/2),\Phi)$ となる．

3 次元空間の直交座標系で表現された単位球面 $x^2+y^2+z^2=1$ 上の点 P(x,y,z) が点 S を含む接平面上の点 Q(X,Y) に移されたとする．接平面の XY 座標系としては，$z=0$ における xy 平面を $z=-1$ における平面に垂直に移動したときの座標系を採用する．このとき，$\overline{\text{SQ}}^2=\overline{\text{SP}}^2=x^2+y^2+(1+z)^2=2(1+z)=X^2+Y^2$ であり，極座標表示，

$$\begin{cases} x=\sin\theta\cos\phi \\ y=\sin\theta\sin\phi \\ z=\cos\theta \end{cases}$$

から，$x=\sin\theta\cos\phi=\sqrt{1-z^2}\cos\phi$ より，

$$X=\overline{\text{SQ}}\cos\phi=\sqrt{2(1+z)}\frac{x}{\sqrt{1-z^2}}=\sqrt{\frac{2}{1-z}}x \tag{6.6}$$

であり，また，同様にして $y=\sin\theta\sin\phi=\sqrt{1-z^2}\sin\phi$ より，

$$Y=\overline{\text{SQ}}\sin\phi=\sqrt{2(1+z)}\frac{y}{\sqrt{1-z^2}}=\sqrt{\frac{2}{1-z}}y \tag{6.7}$$

となる．以上をまとめると，点 P(x,y,z) は，(6.6) と (6.7) の関係式で Q(X,Y) に移る．その変換の逆変換は，

$$X^2+Y^2=\frac{2}{1-z}(x^2+y^2)=\frac{2}{1-z}(1-z^2)=2(1+z)$$

であることから,

$$\begin{cases} x = \sqrt{\dfrac{1-z}{2}}\, X = \sqrt{1 - \dfrac{1}{4}(X^2+Y^2)}\, X \\ y = \sqrt{\dfrac{1-z}{2}}\, Y = \sqrt{1 - \dfrac{1}{4}(X^2+Y^2)}\, Y \\ z = -1 + \dfrac{1}{2}(X^2+Y^2) \end{cases}$$

となる.

 Lambert 正積方位図法によって単位球面上の図形を半径 2 の開円板上に移すと, xyz 空間において点 $(0,0,-1)$ から離れた点からなる図形は歪みが大きくなる. この問題点を避けるために, 南半球 $z<0$ の点は中心 $(0,0)$, 半径 $\sqrt{2}$ の円板上に移し, 北半球 $z>0$ の点は Lambert 正積方位図法によって N における接平面において中心 $(0,0)$, 半径 $\sqrt{2}$ の円板上に移すというようにして二枚の図を描くことがよく行われる.

 図 6.1 の北半球のみに存在する震央データに対して, (a) 南極 S を含む接平面上に Lambert 投影した場合と, (b) 北極 N を含む接平面上に Lambert 投影した場合を図 6.4 に示す. (a) の場合には, 北半球に存在するデータを半径 2 の開円板上にプロットするので, 半径 $\sqrt{2}$ から半径 2 の円環帯にプロットされることになる. このため, 形はかなり歪む. 一方, (b) の場合には, 半径 $\sqrt{2}$ の開円板上にデータがプロットされるので, 歪みは小さい.

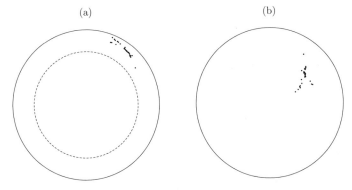

図 6.4 図 6.1 のデータの Lambert 投影: (a) 半径 $\sqrt{2}$ から半径 2 までの円環帯への北半球データのプロット. (b) 半径 $\sqrt{2}$ の開円板上への北半球データのプロット

6.3 一様分布

既に 4.1 節において，円周上の分布の中で一様分布は基本的な分布であることを見た．同様に，単位球面 S^{p-1} 上の分布の中で**一様分布** (uniform distribution on the sphere) は最も基本的な分布と言える．その確率ベクトルを $\boldsymbol{u}^{(p)} = (u_1, \ldots, u_p)'$ と表すことにしよう．単位球面上の一様分布は方向統計学においてだけでなく，球形分布・楕円形分布の理論においても基本的な役割を演ずる．

球形分布の考え方について少しだけ述べておこう．p 次元実確率ベクトル $\boldsymbol{X} = (X_1, \ldots, X_p)'$ が**球形分布** (spherical distribution) もしくは**球形対称分布** (spherically symmetric distribution) に従うとは，すべての $p \times p$ 直交行列 Q に対して $Q\boldsymbol{X}$ と $\boldsymbol{X}$ が同じ分布を与える ($Q\boldsymbol{X} \stackrel{\mathrm{d}}{=} \boldsymbol{X}$) ことである．この定義は用語の意味をよく表している．たとえば，2 変量標準正規分布 $N_2(\boldsymbol{0}, I_2)$ の確率密度関数，

$$f(x_1, x_2) = \frac{1}{2\pi} \exp\left\{-\frac{1}{2}(x_1^2 + x_2^2)\right\}, \quad -\infty < x_1, x_2 < \infty$$

の等高線プロットを描いてみると等高線が円として見える．球形分布に対して同値ないくつかの表現が可能であるが，$\boldsymbol{X}$ の特性関数が引数ベクトルのノルム（の二乗）の関数であること，r が非負の値を取る確率変数のとき $\boldsymbol{X} \stackrel{\mathrm{d}}{=} r\boldsymbol{u}^{(p)}$ であることが知られている．特別な場合としての $\boldsymbol{X} \sim N_2(\boldsymbol{0}, I_2)$ に対しては，その特性関数は，

$$\psi(\boldsymbol{t}) = E\left(e^{i\boldsymbol{t}'\boldsymbol{X}}\right) = \exp\left\{-\frac{1}{2}(t_1^2 + t_2^2)\right\} = \exp\left(-\frac{1}{2}\boldsymbol{t}'\boldsymbol{t}\right), \quad \boldsymbol{t} = (t_1, t_2)'$$

とノルム（の二乗）の関数であり，等高線は円でその高さ（裾の落ち方）は $r = \|\boldsymbol{X}\|$（$\|\boldsymbol{X}\|^2$ は自由度 2 のカイ二乗分布に従う）によって規定される．

6.3.1 確率密度関数

一様確率ベクトル $\boldsymbol{u}^{(p)}$ の確率密度関数 $f(\boldsymbol{u}^{(p)})$ は一定値 $f(\boldsymbol{u}^{(p)}) = c$ を取り，球面上の面積要素 $d\omega_p$ で積分すれば $\int_{S^{p-1}} f(\boldsymbol{u}^{(p)}) d\omega_p = 1$ となるから，定数 c は明らかに球の面積 ω_p の逆数 $1/\omega_p$ である．ω_p は $\omega_p = 2\pi^{p/2}/\Gamma(p/2)$ で与えられることを，6.1.3 項では tangent-normal 分解を利用して計算した

が，本節では他の方法によって ω_p の値を求めてみよう．tangent-normal 分解によって t の分布（ベータ分布）を導くことができたように，求め方自体がさまざまな種類の副産物を産む可能性がある．

$\boldsymbol{x} \in \mathbb{R}^p$ に対して，確率密度関数 $g(\boldsymbol{x})$ はノルムの 2 乗 $\boldsymbol{x}'\boldsymbol{x}$ の関数 $g(\boldsymbol{x}'\boldsymbol{x})$ であるとする．そして，$g(\boldsymbol{x})$ に従う確率ベクトル $\boldsymbol{X}$ を極座標変換 (6.2) を使って $R, \Theta_1, \ldots, \Theta_{p-1}$ に変換をする．そうすると，確率変数列 $R, \Theta_1, \ldots, \Theta_{p-1}$ は互いに独立で，それぞれ確率密度関数，

$$\begin{cases} h_r(r) = \dfrac{2\pi^{p/2}}{\Gamma(p/2)}\, r^{p-1} g(r^2), & r \geq 0 \\ h_{\theta_k}(\theta_k) = \dfrac{1}{B(1/2, (p-k)/2)} \sin^{p-k-1}\theta_k, & 0 \leq \theta_k < \pi, \\ & k = 1, \ldots, p-2 \\ h_{\theta_{p-1}}(\theta_{p-1}) = \dfrac{1}{2\pi}, & 0 \leq \theta_{p-1} < 2\pi \end{cases}$$

を持つことが分かる．ここに，B はベータ関数を表す．極座標変換 (6.2) により，ノルムの 2 乗 $\boldsymbol{x}'\boldsymbol{x}$ の確率密度関数 $g(\boldsymbol{x}'\boldsymbol{x})$ は変数 $r, \theta_1, \ldots, \theta_{p-1}$ のそれぞれの関数の積に変換されるので，$R, \Theta_1, \ldots, \Theta_{p-1}$ が互いに独立であることは明らかであろう．それぞれの確率変数の確率密度関数は，Θ_{p-1} に対しては $[0, 2\pi)$ 上において定数だから一様分布，$\Theta_1, \ldots, \Theta_{p-2}$ の確率密度関数は，

$$\begin{aligned} \int_0^\pi \sin^{p-k-1}\theta_k d\theta_k &= \int_0^{\pi/2} \sin^{p-k-1}\theta d\theta + \int_0^{\pi/2} \cos^{p-k-1}\theta d\theta \\ &= \int_0^1 t^{(p-k-1)/2} \frac{1}{2\sqrt{t(1-t)}} dt \\ &\quad + \int_0^1 t^{(p-k-1)/2} \frac{1}{2\sqrt{t(1-t)}} dt \\ &= B\left(\frac{p-k}{2}, \frac{1}{2}\right) = B\left(\frac{1}{2}, \frac{p-k}{2}\right) \end{aligned}$$

から求められる．また，R に対しては，

$$g(\|\boldsymbol{x}\|^2) \prod_{j=1}^p dx_j = C r^{p-1} g(r^2) \prod_{k=1}^{p-2} \frac{1}{B(1/2, (p-k)/2)} \sin^{p-k-1}\theta_k$$
$$\times \frac{1}{2\pi} dr \prod_{k=1}^{p-2} d\theta_k\, d\theta_{p-1}$$

において定数 C は，

$$C \prod_{k=1}^{p-2} \frac{1}{B(1/2, (p-k)/2)} \times \frac{1}{2\pi} = 1$$

より,

$$C = \frac{\Gamma(1/2)\Gamma((p-1)/2)}{\Gamma(p/2)} \times \frac{\Gamma(1/2)\Gamma((p-2)/2)}{\Gamma((p-1)/2)} \times \cdots \times \frac{\Gamma(1/2)\Gamma(1)}{\Gamma(3/2)} \times 2\pi$$

$$= \frac{2\pi^{p/2}}{\Gamma(p/2)}$$

となる.

いま,半径 a の球によって囲まれる部分 $\boldsymbol{x}'\boldsymbol{x} \leq a^2$ (半径 a のディスク) における一様分布の確率密度関数 $g(\boldsymbol{x}) = c$ (定数) を考えると, g は明らかにノルムの 2 乗 $\boldsymbol{x}'\boldsymbol{x}$ の関数であるので,

$$\int_{\boldsymbol{x}'\boldsymbol{x} \leq a^2} c \prod_{j=1}^{p} dx_j = c \int_0^a \frac{2\pi^{p/2}}{\Gamma(p/2)} r^{p-1} dr = \frac{2\pi^{p/2} a^p}{p\Gamma(p/2)} c = \frac{\pi^{p/2} a^p}{\Gamma(p/2+1)} c = 1$$

となる.すなわち,半径 a のディスクの体積 $\mathrm{Vol}(a) = \int_{\boldsymbol{x}'\boldsymbol{x} \leq a^2} \prod_{j=1}^{p} dx_j = \pi^{p/2} a^p / \Gamma(p/2+1)$ を得る[5]ことになる. $\mathrm{Vol}(a)$ を a で微分して $a=1$ において評価すると,単位球面の面積 ω_p を求めることができる.その答は,

$$\omega_p = \frac{d}{da}\left(\frac{2\pi^{p/2} a^p}{p\Gamma(p/2)}\right)\bigg|_{a=1} = \frac{2\pi^{p/2}}{\Gamma(p/2)}$$

である.既に計算されている値が上の方法でも求められたことになる.極座標変換は,非常に有用であり,後においてもさまざまな場面で現れる.なお,公式,

$$\int f\left(\sum_{j=1}^{p} x_j^2\right) \prod_{j=1}^{p} dx_j = \frac{\pi^{p/2}}{\Gamma(p/2)} \int_0^{\infty} y^{p/2-1} f(y) dy$$

が成り立ち,これは「ノルムの 2 乗の関数の重積分は単一積分に帰着する」ことを意味するので,重要な公式と考えられる.

6.3.2 モーメント

負でない整数 $m_1, \ldots, m_p$ に対し, $m = \sum_{j=1}^{p} m_j$ とおく.そのとき,球面上の一様分布に従う確率ベクトル $\boldsymbol{u}^{(p)}$ のモーメントは,

---

[5] 単位ディスクの体積 $\mathrm{Vol}(1) = \pi^{p/2}/\Gamma(p/2+1)$ は, $p=5$ のとき最大値 $8\pi^2/15$ を取る.

$$E\left(\prod_{j=1}^{p} u_j^{m_j}\right) = \begin{cases} \dfrac{1}{4^{\ell}(p/2)_{\ell}} \prod_{j=1}^{p} \dfrac{(2\ell_j)!}{(\ell_j)!}, & m_j = 2\ell_j \ (\text{偶数}), \\ & j = 1, \ldots, p,\ m = 2\ell \\ 0, & m_j \text{ のうち少なくとも一つが奇数} \end{cases}$$

と表現される．$(x)_{\ell}$ は Pochhammer の記号：$\ell \geq 1$ に対して $(x)_{\ell} = x(x+1)\cdots(x+\ell-1) = \Gamma(x+\ell)/\Gamma(x)$，$\ell = 0$ に対して $(x)_{\ell} = 1$ を表す．$\boldsymbol{u}^{(p)}$ のモーメントが上式で与えられることの証明は以下のとおり．球面上の一様分布は球形分布の一つであることに注意しよう．

確率ベクトル $\boldsymbol{X}$ は，平均ベクトル $\boldsymbol{0}$, 分散共分散行列が単位行列 I_p の p 変量正規分布 $N_p(\boldsymbol{0}, I_p)$ に従うとすると $N_p(\boldsymbol{0}, I_p)$ は球形分布の一つであり，$\|\boldsymbol{X}\|$ と $\boldsymbol{X}/\|\boldsymbol{X}\|$ は独立で $\boldsymbol{X}/\|\boldsymbol{X}\|$ の分布は $\boldsymbol{u}^{(p)}$ の分布に一致する．$\boldsymbol{X} \stackrel{\mathrm{d}}{=} \|\boldsymbol{X}\|\boldsymbol{u}^{(p)}$ において両辺の期待値を取ると，

$$E(\boldsymbol{X}) = E(\|\boldsymbol{X}\|)E(\boldsymbol{u}^{(p)})$$

であって，$E(\boldsymbol{X}) = \boldsymbol{0}$ で $E(\|\boldsymbol{X}\|) \neq 0$ だから $E(\boldsymbol{u}^{(p)}) = \boldsymbol{0}$ となる．また，両辺の分散共分散行列を取ると，左辺は $V(\boldsymbol{X}) = I_p$ となり，右辺は $\|\boldsymbol{X}\|^2$ が自由度 p のカイ二乗分布に従うことから $V(\|\boldsymbol{X}\|\boldsymbol{u}^{(p)}) = pV(\boldsymbol{u}^{(p)})$ となるので，$V(\boldsymbol{u}^{(p)}) = I_p/p$ を得る．

さらに，$\boldsymbol{X}$ の要素を $(X_1, \ldots, X_p)'$ と書き，$\boldsymbol{u}^{(p)}$ の要素を $(u_1, \ldots, u_p)'$ と書くとき，$u_j\ (j = 1, \ldots, p)$ の積モーメントは次のように求められる．まず，

$$\begin{aligned}
E\left(\prod_{j=1}^{p} X_j^{m_j}\right) &= E\left\{\prod_{j=1}^{p}\left(\frac{X_j}{\|\boldsymbol{X}\|} \cdot \|\boldsymbol{X}\|\right)^{m_j}\right\} \\
&= E\left\{\prod_{j=1}^{p}\left(\frac{X_j}{\|\boldsymbol{X}\|}\right)^{m_j}\right\} E\left(\|\boldsymbol{X}\|^{\sum_{j=1}^{p} m_j}\right) \\
&= E\left(\prod_{j=1}^{p} u_j^{m_j}\right) E(\|\boldsymbol{X}\|^m)
\end{aligned}$$

となることが分かる．ところで，$X_j\ (j = 1, \ldots, p)$ は互いに独立に標準正規分布に従うから，偶数 s に対して，

$$E(X_j^s) = \frac{\Gamma(s+1)}{2^{s/2}\Gamma(s/2+1)} = \frac{s!}{2^{s/2}(s/2)!}$$

であり，また，奇数 s に対しては $E(X_j^s) = 0$ となる．さらに，$\|\boldsymbol{X}\|^2$ は自由

度 p のカイ二乗分布に従うから,

$$E(\|\boldsymbol{X}\|^m) = \frac{2^{m/2}\Gamma((m+p)/2)}{\Gamma(p/2)}$$

となるので, m_j がすべての $j (= 1, \ldots, p)$ に対して偶数 $m_j = 2\ell_j$ ($m = \sum_{j=1}^p m_j = 2\ell$, $\ell = \sum_{j=1}^p \ell_j$) のとき,

$$\begin{aligned}
E\left(\prod_{j=1}^p u_j^{m_j}\right) &= \frac{E\left(\prod_{j=1}^p X_j^{m_j}\right)}{E(\|\boldsymbol{X}\|^m)} \\
&= \frac{\Gamma(p/2)}{2^{m/2}\Gamma((m+p)/2)} \prod_{j=1}^p \frac{\Gamma(m_j+1)}{2^{m_j/2}\Gamma(m_j/2+1)} \\
&= \frac{\Gamma(p/2)}{2^m \Gamma(p/2+m/2)} \prod_{j=1}^p \frac{\Gamma(m_j+1)}{\Gamma(m_j/2+1)}
\end{aligned}$$

を得る. なお, この表現の場合, ガンマ関数が意味を持つ引数であればよいので, m_j は必ずしも負でない整数である必要はない.

6.3.3 周辺分布と条件付き分布

単位球面上の一様分布に従う確率ベクトル $\boldsymbol{u}^{(p)}$ の周辺分布は一様分布ではない. この事実を述べるためには, 実は後に6.8節において説明するDirichlet (ディリクレ) 分布を先に導入しておくと便利ではあるが, 一様分布のほうがDirichlet分布より分かりやすいので説明が前後している. ここでは, $\boldsymbol{u}^{(p)}$ の周辺分布について結果のみ示しておく.

$\boldsymbol{u}^{(p)} = (u_1, \ldots, u_p)'$ の部分 $(u_1, \ldots, u_k)'$ ($1 \leq k \leq p-1$) の確率密度関数は,

$$\frac{\Gamma(p/2)}{\pi^{k/2}\Gamma((p-k)/2)} \left(1 - \sum_{j=1}^k u_j^2\right)^{(p-k)/2-1}, \quad \sum_{j=1}^k u_j^2 < 1 \qquad (6.8)$$

で与えられる. とくに $k = 1$ のとき,

$$\begin{aligned}
f(u_1) &= \frac{\Gamma(p/2)}{\pi^{1/2}\Gamma((p-1)/2)}(1-u_1^2)^{(p-3)/2} \\
&= \frac{1}{B(1/2, (p-1)/2)}(1-u_1^2)^{(p-3)/2}, \quad -1 < u_1 < 1
\end{aligned}$$

となる. 特別なこの場合は, 6.1.3項において tangent-normal 分解式から導

かれた t の分布の式に一致する．

条件付き分布を求めるには，球形分布の一般論に関する知識を持っていると簡単であるが，ここでは結果のみ述べることとする．$\boldsymbol{u}^{(p)}$ を $\boldsymbol{u}^{(p)} = (\boldsymbol{u}'_{(1)}, \boldsymbol{u}'_{(2)})'$ と分解する．ここで，$\boldsymbol{u}_{(1)}$ は $q \times 1$ 確率ベクトルで，$\boldsymbol{u}_{(2)}$ は $(p-q) \times 1$ 確率ベクトルとしておく．このとき，$\boldsymbol{u}_{(2)} = \boldsymbol{a}$ が与えられたときの $\boldsymbol{u}_{(1)}$ の条件付き分布は，原点を中心とし半径 $(1 - \|\boldsymbol{a}\|^2)^{1/2}$ の一様分布となる．

6.3.4 特性関数

単位球面上の一様分布に従う確率ベクトル $\boldsymbol{u}^{(p)}$ の特性関数は，引数ベクトルを $\boldsymbol{v} \in \mathbb{R}^p$ とするとき，

$$E\left(e^{i\boldsymbol{v}'\boldsymbol{u}^{(p)}}\right) = {}_0F_1\left(\frac{p}{2}; -\frac{1}{4}\|\boldsymbol{v}\|^2\right) \tag{6.9}$$

と表現することができる．ここにおいて，${}_0F_1$ は，**一般化された超幾何関数** (generalized hypergeometric function) のクラス ${}_pF_q$ に属し，

$$ {}_0F_1(\alpha; z) = \sum_{j=0}^{\infty} \frac{1}{(\alpha)_j} \frac{z^j}{j!}$$

によって定義される関数である．式中，$(\alpha)_j$ は，既出の Pochhammer 記号を表す．${}_0F_1$ 関数の収束半径は無限大であり，収束が速いので数値計算上でも都合のよい関数と言える．

注意 一般化された超幾何関数 ${}_pF_q$ は，

$$ {}_pF_q(a_1, \ldots, a_p; b_1, \ldots, b_q; z) = \sum_{j=0}^{\infty} \frac{(a_1)_j \cdots (a_p)_j}{(b_1)_j \cdots (b_q)_j} \frac{z^j}{j!}$$

によって定義される．${}_pF_q$ は，d'Alembert（ダランベール）の収束判定法もしくは Cauchy の比判定法により，$p < q+1$ ならばすべての z に対して絶対収束，$p = q+1$ ならば $|z| < 1$ に対して絶対収束，$p > q+1$ ならば有限級数でない限りはすべての $z \neq 0$ に対して発散することが分かる．

(6.9) 式は，次のようにして求めることができる．今の場合，$\boldsymbol{u}^{(p)}$ の特性関数は，定義により，

$$E\left(e^{i\bm{v}'\bm{u}^{(p)}}\right) = \frac{1}{\omega_p}\int_{S^{p-1}} e^{i\bm{v}'\bm{u}^{(p)}} d\omega_p, \quad \bm{v} \in \mathbb{R}^p$$

を計算すればよいわけであるが，ここで $\theta \in \mathbb{R}$ に対し $\bm{v} = \theta\bm{a}$ ($\|\bm{a}\| = 1$) とおき，$\bm{a}$ を $\bm{e}_p$ と取ることにする．そうして，6.1.3 項の tangent-normal 分解についての解説におけるように，$\bm{u}^{(p)} = t\bm{e}_p + \sqrt{1-t^2}\bm{\xi}_{p-1}$ から $\bm{e}_p'\bm{u}^{(p)} = t$ の特性関数を計算する．$d\omega_p$ に関する漸化式 $d\omega_p = (1-t^2)^{(p-3)/2}dt d\omega_{p-1}$ を用いると，

$$\begin{aligned}
E(e^{i\theta t}) &= \frac{1}{\omega_p}\int_{S^{p-1}} e^{i\theta t} d\omega_p = \frac{\omega_{p-1}}{\omega_p}\int_{-1}^{1} e^{i\theta t}(1-t^2)^{(p-3)/2}dt \\
&= \frac{2\pi^{(p-1)/2}}{\Gamma((p-1)/2)}\frac{\Gamma(p/2)}{2\pi^{p/2}}\int_{-1}^{1} e^{i\theta t}(1-t^2)^{(p-3)/2}dt \\
&= {}_0F_1\left(\frac{p}{2}; -\frac{1}{4}\theta^2\right)
\end{aligned}$$

となる．なお，上の最終式は，第 1 種 Bessel 関数に関する二つの公式（例えば，Abramowitz and Stegun (1972) の 9.1.20 (p. 360) と 9.1.69 (p. 362) 式を参照のこと），

$$\begin{aligned}
J_\nu(z) &= \frac{2(z/2)^\nu}{\sqrt{\pi}\Gamma(\nu+1/2)}\int_0^1 (1-t^2)^{\nu-1/2}\cos(zt)dt \quad \left(\text{Re}\,\nu > -\frac{1}{2}\right) \\
&= \frac{(z/2)^\nu}{\Gamma(\nu+1)}{}_0F_1\left(\nu+1; -\frac{1}{4}z^2\right)
\end{aligned}$$

を用いて示すことができる．

なお，単位球面上の一様分布が球形分布の一つであるという知識を持っているとすれば，より直接的に (6.9) 式を導くことができる．実際，$\bm{v}'\bm{u}^{(p)}$ は $\|\bm{v}\|u_1$ と同じ分布を持つ ($\bm{v}'\bm{u}^{(p)} \overset{\mathrm{d}}{=} \|\bm{v}\|u_1$) ので，$\bm{u}^{(p)}$ の特性関数は，

$$\begin{aligned}
E\left(e^{i\bm{v}'\bm{u}^{(p)}}\right) &= E\left(e^{i\|\bm{v}\|u_1}\right) \\
&= \int_{-1}^{1} e^{i\|\bm{v}\|u_1}\frac{1}{B(1/2,(p-1)/2)}(1-u_1^2)^{(p-3)/2}du_1 \\
&= \frac{1}{B(1/2,(p-1)/2)}\int_0^\pi e^{i\|\bm{v}\|\cos\theta}\sin^{p-2}\theta d\theta \\
&= \frac{1}{B(1/2,(p-1)/2)}\sum_{k=0}^\infty \frac{(-1)^k\|\bm{v}\|^{2k}}{(2k)!}B\left(\frac{p-1}{2},\frac{2k+1}{2}\right) \\
&= \sum_{k=0}^\infty \frac{\Gamma(p/2)}{\Gamma(p/2+k)}\frac{(-1)^k\|\bm{v}\|^{2k}}{4^k k!}
\end{aligned}$$

と計算できる．よって，(6.9) 式を得る．なお，上の最後の式は，ベータ関数とガンマ関数の間に成り立つ公式 $B(a,b) = \Gamma(a)\Gamma(b)/\Gamma(a+b)$ とガンマ関数の倍数公式 $\Gamma(2z) = (2\pi)^{-1/2} 2^{2z-1/2} \Gamma(z)\Gamma(z+1/2)$ を用いれば求められる．

6.3.5 一般ノルム一様分布

単位球面 S^{p-1} は集合 $S^{p-1} = \{\boldsymbol{x} = (x_1,\ldots,x_p)' \in \mathbb{R}^p \mid \|\boldsymbol{x}\| = \sqrt{\sum_{j=1}^p x_j^2} = 1\}$ によって定義されたが，ユークリッドノルムでなく一般の α ノルム ($\alpha \geq 1$) によって α-単位球面 $S_\alpha^{p-1} = \{\boldsymbol{x} = (x_1,\ldots,x_p)' \in \mathbb{R}^p \mid \|\boldsymbol{x}\|_\alpha = (\sum_{j=1}^p |x_j|^\alpha)^{1/\alpha} = 1\}$ を定義[6]することができる．$p=2$ の場合に $\alpha = 1, 2, 4$ に対して S_α^1 すなわち α-単位円を図示してみると図 6.5 のようである．

[6] $\|\boldsymbol{x}\|_\alpha$ が $\alpha \geq 1$ に対してノルムの性質を満たすことは Minkowski（ミンコフスキー）の不等式から言える．

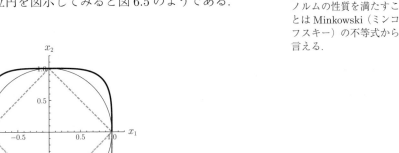

図 6.5 α-単位円：$\alpha = 1$（破線），$\alpha = 2$（細実線），$\alpha = 4$（太実線）

α-単位球面 S_α^{p-1} 上の一様分布に従う確率ベクトルを $\boldsymbol{U}_\alpha^{(p)} = (U_1,\ldots,U_p)'$ と書くことにする．一般の α に対して $\boldsymbol{U}_\alpha^{(p)}$ の確率密度関数を簡潔な式で表すには困難が伴う．特別な α として $\alpha = 2$ のときは既に扱った．$\alpha = 1$ と $\alpha = \infty$ のとき，S_1^{p-1} と S_∞^{p-1} の面積は，それぞれ，$2^p \sqrt{p}/(p-1)!$, $2^p p$ となるので，$\boldsymbol{U}_1^{(p)}$ と $\boldsymbol{U}_\infty^{(p)}$ の確率密度関数はこれらの値の逆数として与えられる．$1 \leq k \leq p-1$ のとき，$(U_1,\ldots,U_k)'$ の周辺確率密度関数は，

$$f(u_1,\ldots,u_k)$$
$$= \left(\frac{\alpha}{2}\right)^k \frac{\Gamma(p/\alpha)}{\Gamma^k(1/\alpha)\Gamma((p-k)/\alpha)} \left(1 - \sum_{j=1}^k |u_j|^\alpha\right)^{(p-k)/\alpha - 1}, \quad \sum_{j=1}^k |u_j|^\alpha < 1$$

となる．とくに，$\alpha=2$ のときは，式 (6.8) に帰着する．また，$\boldsymbol{U}_\alpha^{(p)}$ の平均ベクトルと分散共分散行列は，

$$E(\boldsymbol{U}_\alpha^{(p)}) = \boldsymbol{0}, \quad V(\boldsymbol{U}_\alpha^{(p)}) = \frac{\Gamma(p/\alpha)\Gamma(3/\alpha)}{\Gamma(1/\alpha)\Gamma((p+2)/\alpha)} I_p$$

であり，$\alpha=2$ であれば，$V(\boldsymbol{U}_2^{(p)}) = \Gamma(p/2)\Gamma(3/2)I_p/\{\Gamma(1/2)\Gamma((p+2)/2)\} = I_p/p$ に帰着する．

6.4 von Mises–Fisher 分布

6.4.1 定義

von Mises–Fisher 分布 (von Mises–Fisher distribution) もしくは Langevin（ランジュヴァン）分布[7](Langevin distribution) とは，円周上の von Mises 分布を球面 S^{p-1} 上に拡張して得られる分布である．von Mises 分布における平均方向に対応するパラメータベクトル $\boldsymbol{\mu}$ と集中度を表すパラメータ κ を含むので，von Mises–Fisher 分布を表すのに記法 $M_p(\boldsymbol{\mu}, \kappa)$ を用いることにする．$M_p(\boldsymbol{\mu}, \kappa)$ の確率密度関数は，一様分布 $1/\omega_p = \Gamma(p/2)/(2\pi^{p/2})$ に関して，

$$f(\boldsymbol{x}) = \left(\frac{\kappa}{2}\right)^{p/2-1} \frac{1}{\Gamma(p/2) I_{p/2-1}(\kappa)} \exp(\kappa \boldsymbol{\mu}' \boldsymbol{x}), \quad \boldsymbol{x} \in S^{p-1} \quad (6.10)$$

によって与えられる．ここで，$\kappa \geq 0$，$\boldsymbol{\mu} \in S^{p-1}$ である．また，$I_r(\cdot)$ は r 次の第 1 種変形 Bessel 関数を表し，式 (4.4) において定義されている．とくに，$p=2$ のとき，$M_p(\boldsymbol{\mu}, \kappa)$ は単位円周 S^1 上の von Mises 分布 $\mathrm{VM}(\mu, \kappa)$ に帰着し，その確率密度関数は $\boldsymbol{x} = (\cos\theta, \sin\theta)'$, $\boldsymbol{\mu} = (\cos\mu, \sin\mu)'$ に対して，

$$f(\boldsymbol{x}) = \frac{1}{I_0(\kappa)} e^{\kappa \boldsymbol{\mu}' \boldsymbol{x}} = \frac{1}{I_0(\kappa)} e^{\kappa(\cos\theta\cos\mu + \sin\theta\sin\mu)} = \frac{1}{I_0(\kappa)} e^{\kappa\cos(\theta-\mu)}$$

となる．この表現は「一様分布に関して」のものなので，4.3.1 項における円周上の von Mises 確率密度関数 (4.3) では上の $f(\boldsymbol{x})$ に円周上の一様分布の確率密度関数 $1/(2\pi)$ が掛けられたときの角度表現を表す．

式 (6.10) が確かに確率密度関数を与えることは，次のようにして分かる．明らかに，すべての $\boldsymbol{x} \in S^{p-1}$ に対して $f(\boldsymbol{x}) \geq 0$ であり，また $\int_{S^{p-1}} f(\boldsymbol{x}) d\omega_p = 1$ であることは，6.1.3 項における $d\omega_p$ に関する漸化式 $d\omega_p = (1-t^2)^{(p-3)/2} dt\, d\omega_{p-1}$ を用いて，

---

[7] Langevin の論文は 1905 年に，von Mises の論文は 1918 年に，また Fisher の論文は 1953 年に現れた．

$$\int_{S^{p-1}} \exp(\kappa \boldsymbol{\mu}' \boldsymbol{x}) d\omega_p = \omega_{p-1} \int_{-1}^{1} e^{\kappa t}(1-t^2)^{(p-3)/2} dt = \frac{(2\pi)^{p/2}}{\kappa^{p/2-1}} I_{p/2-1}(\kappa)$$

から分かる．最後の式は，第 1 種変形 Bessel 関数 $I_r(\cdot)$ に関する公式,

$$I_r(z) = \frac{(z/2)^r}{\sqrt{\pi}\,\Gamma(r+1/2)} \int_{-1}^{1} (1-t^2)^{r-1/2} e^{\pm zt} dt, \quad \mathrm{Re}(r) > -1/2$$

を使えば得られる．$M_p(\boldsymbol{\mu}, \kappa)$ が $\boldsymbol{\mu}$ に関して回転対称 (6.1.4 項) であることは確率密度関数の形から明らかであろう．また，$\kappa \to 0$ のとき，第 1 種変形 Bessel 関数の式 (4.4) により $I_{p/2-1}/(\kappa/2)^{p/2-1} \to 1/\Gamma(p/2)$ となるから，このとき $M_p(\boldsymbol{\mu}, \kappa)$ は一様分布に帰着することになる．

次に，極座標変換,

$$\begin{pmatrix} x_1 \\ x_2 \\ \vdots \\ x_{p-1} \\ x_p \end{pmatrix} = \begin{pmatrix} \cos t_1 \cos t_2 \cdots \cos t_{p-2} \cos t_{p-1} \\ \cos t_1 \cos t_2 \cdots \cos t_{p-2} \sin t_{p-1} \\ \vdots \\ \cos t_1 \sin t_2 \\ \sin t_1 \end{pmatrix} = \boldsymbol{e}(\boldsymbol{t})$$

を用いて $M_p(\boldsymbol{\mu}, \kappa)$ の角度表現について考えよう．$\boldsymbol{e}(\boldsymbol{t})$ はベクトル $\boldsymbol{t} = (t_1, \ldots, t_{p-1})'$ の方向余弦を表し，その定義域は $\{(t_1, \ldots, t_{p-1})' | t_1, \ldots, t_{p-2} \in [-\pi/2, \pi/2), \ t_{p-1} \in [-\pi, \pi)\}$ である．そのとき，$M_p(\boldsymbol{\mu}, \kappa)$ の確率密度関数の角度ベクトル $\boldsymbol{t}$ による表現は,

$$f(\boldsymbol{t}) = \frac{\kappa^{p/2-1} \exp(\kappa \langle \boldsymbol{e}(\boldsymbol{t}), \boldsymbol{e}(\boldsymbol{\mu}) \rangle)}{(2\pi)^{p/2} I_{p/2-1}(\kappa)} \prod_{j=1}^{p-2} \cos^{p-j-1} t_j$$

となる．ここで，$\langle \boldsymbol{e}(\boldsymbol{t}), \boldsymbol{e}(\boldsymbol{\mu}) \rangle$ は二つのベクトル $\boldsymbol{e}(\boldsymbol{t})$ と $\boldsymbol{e}(\boldsymbol{\mu})$ の間の内積を表す．とくに $p=2$ のとき，積 $\prod_{j=1}^{p-2} \cos^{p-j-1} t_j$ の値は 1 と解釈する．そうすると，$\boldsymbol{e}(t_1) = (\cos t_1, \sin t_1)'$, $\boldsymbol{e}(\mu_1) = (\cos \mu_1, \sin \mu_1)'$ であって,

$$f(t_1) = \frac{1}{2\pi I_0(\kappa)} e^{\kappa \cos(t_1 - \mu_1)}$$

となる．

6.4.2 諸性質

前 6.4.1 項において説明したように，$p=2$ のとき $M_p(\boldsymbol{\mu}, \kappa)$ は von Mises

分布 VM(μ, κ) に帰着する．$p = 3$ のときは，球面上の Fisher 分布となり，その確率密度関数は $\boldsymbol{x} = (x_1, x_2, x_3)'$, $\boldsymbol{\mu} = (\mu_1, \mu_2, \mu_3)'$ とおいて，球面上の一様分布 $1/(4\pi)$ に関して，

$$f(x_1, x_2, x_3) = \frac{\kappa}{\sinh \kappa} e^{\kappa(\mu_1 x_1 + \mu_2 x_2 + \mu_3 x_3)}$$

と簡単な形になる．正規化定数は，第 1 種変形 Bessel 関数に関する公式，

$$\sqrt{\frac{\pi}{2z}} I_{1/2}(z) = \frac{\sinh z}{z}$$

から得られる．$p = 3$ のとき，$0 \leq \theta < \pi; 0 \leq \phi < 2\pi; 0 \leq \alpha < \pi; 0 \leq \beta < 2\pi$ に対して極座標変換，

$$\boldsymbol{x} = (\cos\theta, \sin\theta\cos\phi, \sin\theta\sin\phi)', \quad \boldsymbol{\mu} = (\cos\alpha, \sin\alpha\cos\beta, \sin\alpha\sin\beta)'$$

を施すと，$(\Theta, \Phi)'$ の確率密度関数は，

$$f(\theta, \phi) = \frac{\kappa}{4\pi \sinh \kappa} \exp[\kappa\{\cos\alpha\cos\theta + \sin\alpha\sin\theta\cos(\phi - \beta)\}] \sin\theta$$

となる．この表現から，$\Theta = \theta$ が与えられたときの Φ の条件付き分布は von Mises 分布 VM$(\beta, \kappa \sin\theta \sin\alpha)$ であることが分かる．

4.3 節において，円周上の von Mises 分布は条件付き法によって 2 変量正規分布から生成が可能であることを述べた．これに類似して，von Mises–Fisher 分布が条件付き法によって多変量正規分布から生成可能であることを説明しよう．いま，確率ベクトル $\boldsymbol{Z}$ は p 変量正規分布 $N_p(\boldsymbol{\mu}, \kappa^{-1}I)$ に従うものとする．ここにおいて，$\kappa > 0$ であり，$\boldsymbol{\mu}$ については $\|\boldsymbol{\mu}\| = 1$ と規準化しておく．そのとき，$\|\boldsymbol{Z}\| = 1$ が与えられたときの $\boldsymbol{Z}$ の条件付き分布は $M_p(\boldsymbol{\mu}, \kappa)$ となる．その証明はより一般に，少し後の「正規分布の尺度混合」の項で述べる．

円周上の分布では平均方向と平均合成ベクトル長の概念が導入されたが，球面上の分布でも類似の定義を与えることができる．球面 S^{p-1} 上の確率ベクトル $\boldsymbol{X} = (X_1, \ldots, X_p)'$ の平均合成ベクトル長は，

$$L = \left[\sum_{j=1}^p \{E(X_j)\}^2\right]^{1/2} = \{E(\boldsymbol{X})'E(\boldsymbol{X})\}^{1/2}$$

で定義される．また，$L > 0$ のとき，$\boldsymbol{X}$ の平均方向は $E(\boldsymbol{X})/L$ によって定義される．von Mises–Fisher 分布 $M_p(\boldsymbol{\mu}, \kappa)$ の場合，$\boldsymbol{\mu}$ に関して回転対称だから平均方向は $\boldsymbol{\mu}$ となる．また，式 $E(\boldsymbol{X}) = L\boldsymbol{\mu}$ から $E(\boldsymbol{\mu}'\boldsymbol{X}) = L\boldsymbol{\mu}'\boldsymbol{\mu} = L$

となるので，平均合成ベクトル長は，

$$L = E(\boldsymbol{\mu}'\boldsymbol{X}) = \frac{I_{p/2}(\kappa)}{I_{p/2-1}(\kappa)} \ (= A_p(\kappa) \ とおく)$$

と求められる．この式はたびたび現れた $d\omega_p$ の漸化式を用いて，

$$\int_{S^{p-1}} \boldsymbol{\mu}'\boldsymbol{x} \exp(\kappa\boldsymbol{\mu}'\boldsymbol{x}) d\omega_p = \omega_{p-1} \frac{\kappa}{p-1} \int_{-1}^{1} (1-t^2)^{(p-1)/2} e^{\kappa t} dt$$
$$= \frac{(2\pi)^{p/2}}{\kappa^{p/2-1}} I_{p/2}(\kappa)$$

が成り立つことから分かる．

パラメータ κ は集中度を表す．実際，$\kappa \to 0$ であれば $M_p(\boldsymbol{\mu}, \kappa)$ は一様分布に帰着し，κ の大きな値に対しては，分布は $\boldsymbol{\mu}$ の周りに集中する．$p=3$ で $\alpha = \pi/2$, $\beta = \pi$ のときの確率密度関数の曲面を図 6.6 に図示する．なお，$p=3$ のとき，平均合成ベクトル長は，

$$A_3(\kappa) = \coth \kappa - \frac{1}{\kappa}$$

と簡単な形で表される．この式を示すには，

$$\sqrt{\frac{\pi}{2z}} I_{1/2}(z) = \frac{\sinh z}{z}, \quad \sqrt{\frac{\pi}{2z}} I_{3/2}(z) = -\frac{\sinh z}{z^2} + \frac{\cosh z}{z}$$

を用いればよい．

6.4.3 最尤推定

4.3 節において示したように，円周上の von Mises 分布においては確率標本に基づいてパラメータの最尤推定量を陽に導くことができた．類似の事実が von Mises–Fisher 分布においても成り立つ．

von Mises–Fisher 分布からの確率ベクトル標本を $\boldsymbol{x}_1, \ldots, \boldsymbol{x}_n$ とし，$\overline{\boldsymbol{x}} = n^{-1} \sum_{j=1}^n \boldsymbol{x}_j$ とすると，$\overline{\boldsymbol{x}}$ の期待値は $E(\overline{\boldsymbol{x}}) = \rho\boldsymbol{\mu}$ となる．ここで，$\rho = A_p(\kappa) = I_{p/2}(\kappa)/I_{p/2-1}(\kappa)$ である．ρ と $\boldsymbol{\mu}$ の最尤推定量は，

$$\overline{\boldsymbol{x}} = \hat{\rho}\hat{\boldsymbol{\mu}}, \quad \hat{\rho} = \overline{R} = \|\overline{\boldsymbol{x}}\|, \quad \hat{\boldsymbol{\mu}} = \frac{\overline{\boldsymbol{x}}}{\|\overline{\boldsymbol{x}}\|}$$

で与えられる．κ の最尤推定量 $\hat{\kappa}$ は，$\rho = A_p(\kappa)$ なので $A_p(\hat{\kappa}) = \overline{R}$ から求められる．よって，$\hat{\kappa} = A_p^{-1}(\overline{R})$ となる．なお，A_p^{-1} が存在することは，4.3 節

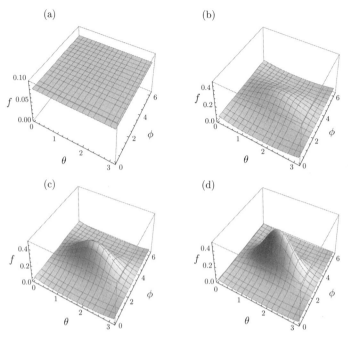

図 6.6 Fisher 分布（von Mises–Fisher 分布において $p=3$ のとき）の確率密度関数のプロット：$p=3$, $\alpha=\pi/2$, $\beta=\pi$, (a) $\kappa=0$（一様分布）；(b) $\kappa=1$；(c) $\kappa=2$；(d) $\kappa=3$

において関数 $A(\kappa)$ が逆関数を持つことを示すのに von Mises 分布 $\mathrm{VM}(0,\kappa)$ の Fisher 情報量を求めることによって成功したように，ここでは von Mises–Fisher 分布 $M_p(\boldsymbol{\mu},\kappa)$ の Fisher 情報量を求めることにする．

$M_p(\boldsymbol{\mu},\kappa)$ の対数確率密度関数，

$$\log f(\boldsymbol{x}) = \left(\frac{p}{2}-1\right)\log\left(\frac{\kappa}{2}\right) - \log\Gamma(p/2) - \log I_{p/2-1}(\kappa) + \kappa\boldsymbol{\mu}'\boldsymbol{x}$$

の κ に関する 1 階微分は，

$$\frac{\partial \log f}{\partial \kappa} = \frac{1}{\kappa}\left(\frac{p}{2}-1\right) - \frac{\partial I_{p/2-1}(\kappa)/\partial \kappa}{I_{p/2-1}(\kappa)} + \boldsymbol{\mu}'\boldsymbol{x}$$

となる．ここにおいて，第 1 種変形 Bessel 関数に関して知られている公式

$$\kappa\frac{\partial}{\partial \kappa}I_p(\kappa) = pI_p(\kappa) + \kappa I_{p+1}(\kappa)$$

を用いると，

$$\frac{\partial I_{p/2-1}(\kappa)/\partial \kappa}{I_{p/2-1}(\kappa)} = \frac{\kappa\,(\partial I_{p/2-1}(\kappa)/\partial \kappa)}{\kappa\,I_{p/2-1}(\kappa)} = \frac{1}{\kappa}\left(\frac{p}{2}-1\right) + A_p(\kappa)$$

を得る．よって，κ に関する Fisher 情報量，

$$-E\left(\frac{\partial^2}{\partial \kappa^2}\log f\right) = \frac{\partial}{\partial \kappa}A_p(\kappa) > 0$$

を得るので，$A_p(\kappa)$ の逆関数 $A_p^{-1}(\kappa)$ が存在する．

6.4.4 正規分布の尺度混合

1 変量正規分布における尺度混合については 4.6.1 項で述べた．本項では，p 変量正規分布における尺度混合を利用して球面上の分布を構成する方法について考えよう．

平均ベクトル $\boldsymbol{\mu}$，分散共分散行列 $\sigma^2 I_p$ $(\sigma > 0)$ の p 変量正規分布に従う確率ベクトル $\boldsymbol{Z}$ の確率密度関数を $\phi(\boldsymbol{z};\boldsymbol{\mu},\sigma^2 I_p)$ とする．なお，$\boldsymbol{z}\in\mathbb{R}^p$ である．また，$G(\sigma)$ を区間 $(0,\infty)$ 上の分布関数とする．そのとき，$\boldsymbol{Z}$ に対し，$G(\sigma)$ を重み関数とする尺度混合分布の確率密度関数は，

$$f(\boldsymbol{z}) = \int_0^\infty \phi(\boldsymbol{z};\boldsymbol{\mu},\sigma^2 I)dG(\sigma)$$

で定義され，それは分布の一つのクラスを形成する．$\boldsymbol{Z}$ に極座標変換を施し，$\boldsymbol{Z} = R\,\boldsymbol{e}(\boldsymbol{T})$ と表記することにする．ここで，$R = \|\boldsymbol{Z}\|$，$\boldsymbol{T} = (T_1,\ldots,T_{p-1})'$ であり，$\boldsymbol{e}(\boldsymbol{T})$ は方向余弦を表す．同様に，$\boldsymbol{\mu}$ を $\boldsymbol{\mu} = \rho\,\boldsymbol{e}(\boldsymbol{\tau})$ $(\rho > 0)$ と変換しておく．このとき，$(R,\boldsymbol{T}')'$ の確率密度関数は，

$$\begin{aligned}f(r,\boldsymbol{t}) = &\int_0^\infty \frac{1}{(2\pi)^{p/2}\sigma^p}\exp\left\{-\frac{r^2+\rho^2-2\rho r\langle \boldsymbol{e}(\boldsymbol{t}),\boldsymbol{e}(\boldsymbol{\tau})\rangle}{2\sigma^2}\right\}\\ &\times r^{p-1}\prod_{j=1}^{p-2}\cos^{p-j-1}t_j\,dG(\sigma)\end{aligned} \qquad (6.11)$$

と表すことができる．式 (6.11) の $f(r,\boldsymbol{t})$ を $\boldsymbol{t}$ に関して積分すれば，確率ベクトル $\boldsymbol{Z}$ の長さ R (>0) の周辺確率密度関数，

$$\begin{aligned}f(r) = \int_0^\infty &\left[\frac{r^{p-1}}{(2\pi)^{p/2}\sigma^p}\exp\left\{-\frac{r^2+\rho^2}{2\sigma^2}\right\}\right.\\ &\left.\times \int_\omega \exp\left\{\frac{\rho r\langle \boldsymbol{e}(\boldsymbol{t}),\boldsymbol{e}(\boldsymbol{\tau})\rangle}{\sigma^2}\right\}\prod_{j=1}^{p-2}\cos^{p-j-1}t_j\,d\boldsymbol{t}\right]dG(\sigma)\end{aligned}$$

$$= \left(\frac{1}{\rho r}\right)^{p/2-1} r^{p-1} \int_0^\infty \frac{1}{\sigma^2} \exp\left\{-\frac{r^2+\rho^2}{2\sigma^2}\right\} I_{p/2-1}\left(\frac{\rho r}{\sigma^2}\right) dG(\sigma)$$

を得ることになる．よって，長さ $R = r\ (>0)$ が与えられたときの方向 $\boldsymbol{T}$ の条件付き確率密度関数，

$$f(\boldsymbol{t}|r) = \frac{f(r,\boldsymbol{t})}{f(r)}$$

は球面上の確率密度関数のクラスを与える．

とくに，

$$G(\sigma) = \begin{cases} 0, & \sigma < 1 \\ 1, & \sigma \geq 1 \end{cases}$$

とおくと，

$$f(r) = \left(\frac{1}{\rho r}\right)^{p/2-1} r^{p-1} e^{-(\rho^2+r^2)/2} I_{p/2-1}(\rho r)$$

となり，したがって，

$$\frac{f(r,\boldsymbol{t})}{f(r)} = \frac{(\rho r)^{p/2-1} e^{\rho r \langle \boldsymbol{e}(\boldsymbol{t}), \boldsymbol{e}(\boldsymbol{\tau}) \rangle}}{(2\pi)^{p/2} I_{p/2-1}(\rho r)} \prod_{j=1}^{p-2} \cos^{p-j-1} t_j$$

を得る．これは，von Mises–Fisher 分布 $M_p(\boldsymbol{\mu}, \rho r)$ の確率密度関数に他ならない．

次に，式 (6.11) において，σ の重み分布関数 $G(\sigma)$ を，

$$\frac{d}{d\sigma} G(\sigma) = \frac{2^{1-\nu} A^{2\nu}}{\Gamma(\nu)} \sigma^{-1-2\nu} \exp\left(-\frac{A^2}{2\sigma^2}\right), \quad \sigma > 0;\ A \neq 0;\ \nu > 0$$

と取ってみることにする．すなわち，$1/\sigma^2$ の分布は形のパラメータが ν で尺度パラメータが $2/A^2$ のガンマ分布を表す．そうすると，式 (6.11) は多変量 Pearson VII 型分布の確率密度関数となる．長さ R と方向 $\boldsymbol{T}$ の確率密度関数は，

$$f_P(r,\boldsymbol{t}) = \frac{\Gamma(\nu+p/2)}{\Gamma(\nu)} (\pi A^2)^{-p/2} \left\{1 + \frac{r^2+\rho^2-2\rho r\langle \boldsymbol{e}(\boldsymbol{t}), \boldsymbol{e}(\boldsymbol{\tau})\rangle}{A^2}\right\}^{-\nu-p/2}$$
$$\times r^{p-1} \prod_{j=1}^{p-2} \cos^{p-j-1} t_j$$

となり，R の周辺確率密度関数は，

$$f_P(r) = \frac{2r^{p-1}A^{2\nu}}{B(\nu, p/2)} \left(\frac{1}{r^2 + \rho^2 + A^2}\right)^{\nu+p/2}$$
$$\times {}_2F_1\left(\frac{\nu}{2} + \frac{p}{4}, \frac{\nu}{2} + \frac{p}{4} + \frac{1}{2}; \frac{p}{2}; \left(\frac{2\rho r}{r^2 + \rho^2 + A^2}\right)^2\right), \quad r > 0$$

となる．ここで，B はベータ関数，${}_2F_1$ は Gauss の超幾何関数を表す．よって，$R = r \,(>0)$ が与えられたときの $\boldsymbol{T}$ の条件付き確率密度関数（球面上の Pearson VII 型分布の確率密度関数）は，集中度を表す次の量，

$$\kappa(A^2, \rho|r) = \frac{\rho r}{1 + (r^2 + \rho^2)/A^2}$$

を用いて，

$$f_P(\boldsymbol{t}|r) = \frac{\Gamma(p/2)}{2\pi^{p/2}} \left\{ {}_2F_1\left(\frac{\nu}{2} + \frac{p}{4}, \frac{\nu}{2} + \frac{p}{4} + \frac{1}{2}; \frac{p}{2}; \left(\frac{2}{A^2}\kappa(A^2, \rho|r)\right)^2\right)\right\}^{-1}$$
$$\times \left\{\prod_{j=1}^{p-2} \cos^{p-j-1} t_j\right\} \left\{1 - \frac{2}{A^2}\kappa(A^2, \rho|r)\langle \boldsymbol{e}(\boldsymbol{t}), \boldsymbol{e}(\boldsymbol{\tau})\rangle\right\}^{-\nu-p/2}$$

と表される．その確率密度関数は，一様分布に関しては，

$$f_P(\boldsymbol{x}) = \left\{ {}_2F_1\left(\frac{\nu}{2} + \frac{p}{4}, \frac{\nu}{2} + \frac{p}{4} + \frac{1}{2}; \frac{p}{2}; \left(\frac{2}{A^2}\kappa(A^2, \rho|r)\right)^2\right)\right\}^{-1}$$
$$\times \left\{1 - \frac{2}{A^2}\kappa(A^2, \rho|r)\boldsymbol{\mu}'\boldsymbol{x}\right\}^{-\nu-p/2}$$

となる．得られた分布は，$\rho \to 0$ のとき，明らかに一様分布に収束する．また，$\boldsymbol{\mu}$ に関して回転対称であることも明らかであろう．とくに，$\nu = n/2$，$A^2 = n$ のときには，確率密度関数が $f_P(\boldsymbol{t}|r)$ の分布はパラメータ n（自由度），ρ，$\boldsymbol{\mu}$（もしくは $\boldsymbol{\tau}$）の球面上の t 分布と呼ばれる分布となる．$n \to \infty$ とすると，$\kappa(n, \rho|r) = \rho r/\{1 + (r^2 + \rho^2)/n\}$ は ρr に収束するので，この場合，球面上の t 分布は von Mises–Fisher 分布 $M_p(\boldsymbol{\mu}, \rho r)$ に帰着する．この関係は，直線上の t 分布と正規分布，より一般にはユークリッド空間における多変量 t 分布と正規分布の関係に類似したものになっている．

6.4.5 球面上の一般化ハート型分布

4.6 節における円周上の一般化ハート型分布の球面上への一般化は，一様分

布に関して,

$$f(\boldsymbol{x}) = \frac{|\sinh(\kappa\psi)|^{p/2-1}}{2^{p/2-1}\Gamma(p/2)} \frac{\{\cosh(\kappa\psi) + \sinh(\kappa\psi)\boldsymbol{x}'\boldsymbol{\mu}\}^{1/\psi}}{P_{1/\psi+p/2-1}^{1-p/2}(\cosh(\kappa\psi))}, \quad \boldsymbol{x} \in S^{p-1} \quad (6.12)$$

のように得られる.ここで,$\kappa \geq 0$, $-\infty < \psi < \infty$ ($\psi \neq 0$), $\boldsymbol{\mu} \in S^{p-1}$ であり,P_ν^μ は Legendre の陪関数,

$$P_\nu^\mu(x) = \frac{1}{\Gamma(1-\mu)}\left(\frac{x+1}{x-1}\right)^{\mu/2} {}_2F_1\left(-\nu, \nu+1; 1-\mu; \frac{1-x}{2}\right), \\ -1 \leq x \leq 1$$

を表す.

円周上の一般化ハート型分布は,特別な場合として,ハート型,von Mises,巻込み Cauchy,t の各分布を含む.同様に,球面上の一般化ハート型分布は前 6.4.4 項の球面上の t 分布のパラメータ空間を拡張し,パラメータをつけかえた分布であることが次のようにして分かる.実際,公式,

(a) $P_{-\nu-1}^\mu(z) = P_\nu^\mu(z),$

(b) $P_\nu^\mu(z) = \dfrac{1}{\Gamma(1-\mu)}\left(\dfrac{z-1}{z+1}\right)^{-\mu/2}\left(\dfrac{z+1}{2}\right)^\nu$
$\times {}_2F_1\left(-\nu, -\nu-\mu; 1-\mu; \dfrac{z-1}{z+1}\right), \quad \left|\dfrac{z-1}{z+1}\right| < 1,$

(c) ${}_2F_1(a, b; c; z) = (1-z)^{c-a-b} {}_2F_1(c-a, c-b; c; z),$

(d) ${}_2F_1(2\alpha, 2\alpha+1-\gamma; \gamma; z) = (1+z)^{-2\alpha} {}_2F_1\left(\alpha, \alpha+\dfrac{1}{2}; \gamma; \dfrac{4z}{(1+z)^2}\right)$

を順番に用いると,

$$P_{1/\psi+p/2-1}^{1-p/2}(\cosh(\kappa\psi)) = P_{-1/\psi-p/2}^{1-p/2}(\cosh(\kappa\psi))$$
$$= \frac{2^{1-p/2}}{\Gamma(p/2)} \frac{\{\cosh(\kappa\psi)\}^{1/\psi}}{\{\sinh^2(\kappa\psi)\}^{(2-p)/4}} {}_2F_1\left(-\frac{1}{2\psi}, -\frac{1}{2\psi}+\frac{1}{2}; \frac{p}{2}; \tanh^2(\kappa\psi)\right)$$

を得る.したがって,(6.12) は,

$$f(\boldsymbol{x}) = \frac{\{1 + \tanh(\kappa\psi)\boldsymbol{x}'\boldsymbol{\mu}\}^{1/\psi}}{{}_2F_1\left(-1/(2\psi), -1/(2\psi)+1/2; p/2; \tanh^2(\kappa\psi)\right)}, \quad \boldsymbol{x} \in S^{p-1} \quad (6.13)$$

と表現されることになる.$\psi < 0$ ならば,$|\tanh(\kappa\psi)| < 1$ だから,式 (6.13) の ${}_2F_1$ 関数が収束することは明らかである.$\psi > 0$ ならば,上の公式 (c) から

$$
\begin{aligned}
&{}_2F_1\left(-\frac{1}{2\psi}, -\frac{1}{2\psi}+\frac{1}{2}; \frac{p}{2}; \tanh^2(\kappa\psi)\right) \\
&= \frac{1}{\{\cosh(\kappa\psi)\}^{p-1+2/\psi}} {}_2F_1\left(\frac{p}{2}+\frac{1}{2\psi}, \frac{p}{2}+\frac{1}{2\psi}-\frac{1}{2}; \frac{p}{2}; \tanh^2(\kappa\psi)\right)
\end{aligned}
$$

となることが分かるので，$p \geq 2$ より，その値は正となる．式 (6.12) は，$1/\psi = -\nu - p/2 \, (< 0)$ とおき，また $\kappa(A^2, \rho|r) = \rho r/\{1 + (r^2 + \rho^2)/A^2\}$ で $0 < (2/A^2)\kappa(A^2, \rho|r) < 1$ だから $\tanh(\kappa\psi) = (-2/A^2)\kappa(A^2, \rho|r)$ とおくと，球面上の Pearson VII 型分布の確率密度関数となる．なお，歴史的には，球面上の t 分布のほうが一般化ハート型分布よりも先に定義された．

とくに，$p = 3$ の場合を考えてみよう．公式，

$$
{}_2F_1\left(a, \frac{1}{2}+a; \frac{3}{2}; z^2\right) = \frac{1}{2}z^{-1}(1-2a)^{-1}\left\{(1+z)^{1-2a} - (1-z)^{1-2a}\right\}
$$

を使うと，$\psi \neq 0$ に対して，(6.12) は簡単な形，

$$
f(\boldsymbol{x}) = \frac{(1+\psi)\sinh(\kappa\psi)}{\psi \sinh\{\kappa(1+\psi)\}}\left\{\cosh(\kappa\psi) + \sinh(\kappa\psi)\boldsymbol{x}'\boldsymbol{\mu}\right\}^{1/\psi}
$$

に帰着する．また，この式において $\psi \to 0$ とすれば，$\sinh(\kappa\psi)/\psi \to \kappa$ だから，球面上の Fisher 分布を得る．

6.5 Fisher–Bingham 分布

A を $p \times p$ 実対称行列とする．**Fisher–Bingham**（ビンガム）**分布** (Fisher–Bingham distribution) の確率密度関数は，一様分布に関して，

$$
f(\boldsymbol{x}; \boldsymbol{\mu}, \kappa, A) = \frac{1}{a(\kappa, A)}\exp(\kappa\boldsymbol{\mu}'\boldsymbol{x} + \boldsymbol{x}'A\boldsymbol{x}), \quad \boldsymbol{x} \in S^{p-1}
$$

で与えられる．$a(\kappa, A)$ は正規化定数を表すが，簡単な関数で正規化定数の陽な表現を求めることは一般には困難である．この分布は，von Mises–Fisher 分布の生成に類似して，正規分布に従う p 変量ベクトル $\boldsymbol{x}$ の長さ $\|\boldsymbol{x}\|$ を 1 に条件付けることにより生成できる．実際，上の確率密度関数は，行列 $A + cI_p$ を負定値として，p 変量正規分布 $N_p(-\kappa(A+cI_p)^{-1}\boldsymbol{\mu}/2, -(A+cI_p)^{-1}/2)$ から条件付け法によって得ることができる．このことは，正規分布の確率密度関数の指数部を計算してみると，

$$\frac{1}{2}\{\bm{x} + \kappa(A+cI_p)^{-1}\bm{\mu}/2\}'\{A+cI_p)^{-1}/2\}\{\bm{x}+\kappa(A+cI_p)^{-1}\bm{\mu}/2\}$$
$$= \kappa\bm{\mu}'\bm{x} + \bm{x}'A\bm{x} + c\bm{x}'\bm{x} + \frac{\kappa^2}{4}\bm{\mu}'(A+cI_p)^{-1}\bm{\mu}$$

であることより分かる．上の確率密度関数において，もしも $A = \bm{O}$（ゼロ行列）であれば，対応する Fisher–Bingham 分布は，明らかに von Mises–Fisher 分布に帰着する．また，$\kappa = 0$ のときは Bingham 分布 (Bingham distribution) となる．Kent（ケント）分布 (Kent distribution) は，Fisher–Bingham 分布において制約条件 $A\bm{\mu} = \bm{0}$ を課すことにより得られる分布を指す．

6.6 退去分布

ユークリッド空間 $\mathbb{R}^p$ において粒子が原点から出発して **Brown**（ブラウン）**運動** (Brownian motion) を行うとき，その粒子が最初に単位球面 S^{p-1} に到達するときの S^{p-1} 上の点を表すベクトル $\bm{X} = (X_1, \ldots, X_p)'$ は一様分布に従う．粒子が原点から出発するのでなく，$-1 < \eta < 1$ として点 $\bm{\eta} = (\eta, 0, \ldots, 0)'$ から出発するときには，その粒子が最初に S^{p-1} に到達するときの点 $\bm{X}^* = (X_1^*, \ldots, X_p^*)'$ は，確率密度関数，

$$g(\bm{x}^*) = \frac{1}{\omega_p}\frac{1-\|\bm{\eta}\|^2}{\|\bm{x}^* - \bm{\eta}\|^p} = \frac{1}{\omega_p}\frac{1-\eta^2}{(1-2\eta x_1^* + \eta^2)^{p/2}}, \quad \bm{x}^* \in S^{p-1}$$

の分布に従うことが知られている．一般に，$\bm{\eta} \in \{\bm{\zeta} \in \mathbb{R}^p \mid \|\bm{\zeta}\| < 1\}$ に対して，確率密度関数，

$$f(\bm{x}) = \frac{1}{\omega_p}\frac{1-\|\bm{\eta}\|^2}{\|\bm{x} - \bm{\eta}\|^p}, \quad \bm{x} \in S^{p-1}$$

を持つ分布を**退去分布** (exit distribution) という．$\|\cdot\|$ はユークリッドノルムを表す．この分布は単峰で $\bm{x} = \bm{\eta}/\|\bm{\eta}\|$ に関して回転対称である．$\bm{\eta} = \bm{0}$ であれば，明らかに一様分布に帰着する．また，$\|\bm{\eta}\| \to 1$ のとき，$\bm{x} = \bm{\eta}$ において退化した分布に収束する．退去分布において，とくに $p = 2$ とすると，円周上の分布を表し，$\bm{x} = (\cos\theta, \sin\theta)'$ および $\rho = \|\bm{\eta}\|$ $(0 \le \rho < 1)$ の記法の下に $\bm{\eta} = \rho(\cos\mu, \sin\mu)'$ とおくと，退去分布の確率密度関数は，$\omega_2 = 2\pi$ より，

$$f(\theta) = \frac{1-\rho^2}{2\pi\{1+\rho^2 - 2\rho\cos(\theta-\mu)\}}$$

となる．これは，巻込み Cauchy 分布の確率密度関数を表す．したがって，退去分布は，円周上においては巻込み Cauchy 分布に帰着するような球面上の分布の一つと捉えることができる．なお，円周上の場合に巻込み Cauchy 分布に帰着するような球面上の分布は，退去分布に限るわけではなく，いくつか考えられている．

6.7　帯状分布

確率密度関数が，

$$f(\pm \boldsymbol{x}) = c(\kappa)^{-1} e^{\kappa (\boldsymbol{\mu}' \boldsymbol{x})^2}, \quad \boldsymbol{x} \in S^{p-1} \tag{6.14}$$

で与えられる Watson（ワトソン）分布 (Watson distribution) について考えてみる．Watson 分布は指数部に $\boldsymbol{\mu}' \boldsymbol{x}$ の項があることから $\boldsymbol{\mu}$ に関して回転対称性を表すことが分かる．また，$(\boldsymbol{\mu}' \boldsymbol{x})^2$ となっているので，$+\boldsymbol{x}$ でも $-\boldsymbol{x}$ でも関数の取る値は同じであることは明らかであろう．$\kappa < 0$ であれば，$\kappa (\boldsymbol{\mu}' \boldsymbol{x})^2$ の符号を考慮すると，$\boldsymbol{x}$ が $\boldsymbol{\mu}$ に直交する方向，すなわち $\boldsymbol{\mu}' \boldsymbol{x} = 0$ となるような単位球面上のすべての点 $\boldsymbol{x}$ に対して最大の一定値 $1/c(\kappa)$ を取る．分布は，その大円の周りに帯状に分布 (girdle distribution) することになる．また，$\kappa > 0$ であれば $\boldsymbol{x}$ が $\boldsymbol{\mu}$ と同じ方向もしくは反対方向のとき，すなわち $\boldsymbol{x} = \pm \boldsymbol{\mu}$ のとき，関数は最大値を取る．よって，このとき 2 峰性の分布となり，また κ の値が大きくなるにつれて，$\pm \boldsymbol{\mu}$ に集中する度合いが強くなる．円周上の分布との関連については，多峰性 von Mises 分布のうち 2 峰性の場合の確率密度関数，

$$f(\theta) = \frac{1}{2\pi I_0(\kappa)} e^{\kappa \cos\{2(\theta - \mu)\}}, \quad 0 \leq \theta < 2\pi;\ 0 \leq \mu < \pi;\ \kappa \geq 0$$

を考えてみると，その指数部の $\cos\{2(\theta - \mu)\}$ は，$\boldsymbol{x} = (\cos\theta, \sin\theta)'$, $\boldsymbol{\mu} = (\cos\mu, \sin\mu)'$ とおくと，

$$\cos\{2(\theta - \mu)\} = 2(\boldsymbol{\mu}' \boldsymbol{x})^2 - 1$$

と書けることが分かる．これらの類似性を注意しておこう．すなわち，確率密度関数が式 (6.14) で与えられる分布は 2 峰性 von Mises 分布の球面上への拡張と考えることができる．

次に，式 (6.14) における正規化定数 $c(\kappa)$ を求める．パラメータは $\boldsymbol{\mu}$ と κ だから，正規化定数は $c(\boldsymbol{\mu}, \kappa)$ と書かれるべきかもしれないが，von Mises–Fisher 分布，Fisher–Bingham 分布と同様に，正規化定数は $\boldsymbol{\mu}$ に関係しない．実際，次のようである．tangent-normal 分解に関する 6.1.3 項において現れた式 $d\omega_p = (1-t^2)^{(p-3)/2} dt d\omega_{p-1}$ を使うと，

$$\int_{S^{p-1}} \exp\{\kappa (\boldsymbol{\mu}' \boldsymbol{x})^2\} d\omega_p = \omega_{p-1} \int_{-1}^{1} e^{\kappa t^2} (1-t^2)^{(p-3)/2} dt$$

となる．ここにおいて，合流型超幾何関数 (confluent hypergeometric function)，

$$_1F_1(\alpha, \beta; z) = \sum_{n=0}^{\infty} \frac{(\alpha)_n}{(\beta)_n} \frac{z^n}{n!}, \quad (\alpha)_n = \frac{\Gamma(\alpha+n)}{\Gamma(\alpha)}$$

に関して知られている公式，

$$_1F_1(\alpha, \beta; z) = \frac{1}{B(\alpha, \beta-\alpha)} \int_{-1}^{1} e^{zt^2} t^{2\alpha-1} (1-t^2)^{\beta-\alpha-1} dt$$

から，$\alpha = 1/2$，$\beta = p/2$，$z = \kappa$ とおくことにより，与式は，

$$\frac{2\pi^{(p-1)/2}}{\Gamma((p-1)/2)} \times B\left(\frac{1}{2}, \frac{p}{2}-\frac{1}{2}\right) {}_1F_1\left(\frac{1}{2}, \frac{p}{2}; \kappa\right)$$
$$= \frac{2\pi^{(p-1)/2}}{\Gamma((p-1)/2)} \times \frac{\Gamma(1/2)\Gamma((p-1)/2)}{\Gamma(p/2)} {}_1F_1\left(\frac{1}{2}, \frac{p}{2}; \kappa\right)$$
$$= \omega_p \, {}_1F_1\left(\frac{1}{2}, \frac{p}{2}; \kappa\right)$$

となる．よって，(6.14) の正規化定数は，

$$c(\kappa) = {}_1F_1\left(\frac{1}{2}, \frac{p}{2}; \kappa\right)$$

である．

$p=3$ の場合に，確率密度関数の曲面を視覚的に捉えてみると，図 6.7 のようになる．単位球面上の点を表すベクトル $\boldsymbol{x} \in S^2$ の方向余弦を，

$$\ell = \sin\theta \cos\phi, \; m = \sin\theta \sin\phi, \; n = \cos\theta, \quad 0 \leq \theta < \pi; \; 0 \leq \phi < 2\pi$$

とおき，ベクトル $\boldsymbol{\mu}$ の方向を「北極方向」としよう．すなわち，その方向余弦は $(\mu_1, \mu_2, \mu_3) = (0, 0, 1)$ である．そうすると，$\ell\mu_1 + m\mu_2 + n\mu_3 = \cos\theta$ だから，式 (6.14) は，角度表現によって，

$$f(\theta, \phi) = \frac{1}{4\pi \, {}_1F_1(1/2, 3/2; \kappa)} e^{\kappa \cos^2 \theta} \sin \theta$$

となる．図 6.7 から，$\kappa < 0$ のとき，ベクトル $\boldsymbol{\mu}$ に直交する方向，すなわち赤道の周りに集中する分布が得られ，$\kappa > 0$ のとき，$\pm\boldsymbol{\mu}$ の方向，すなわち北極と南極上で最大値を取る 2 峰性の分布が得られる．

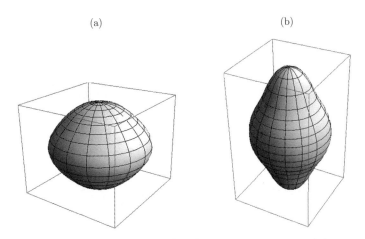

図 **6.7** 帯状分布の確率密度関数のプロット：(a) $\kappa = -5$，(b) $\kappa = 5$

6.8 Dirichlet 分布

例として，重さ w の岩石を $(d+1)$ 個に分割した場合を考えてみよう．それぞれの重さは $w_1, \ldots, w_d, w_{d+1} \, (> 0)$ であったとする．そうすると，明らかに $w = \sum_{j=1}^{d+1} w_j$ となる．いま，$w_j \, (j = 1, \ldots, d, d+1)$ を w で除して $x_j = w_j/w$ とすると，制約式 $\sum_{j=1}^{d+1} x_j = 1$ が成立する．このようなデータ $x_1, \ldots, x_d, x_{d+1}$ を **組成データ** (compositional data) という．組成データ解析の分野において解析のためのさまざまな手法が知られているが，ここでは，データに平方根変換 $u_j = \sqrt{x_j} \, (j = 1, \ldots, d, d+1)$ を施すことによって $\sum_{j=1}^{d+1} x_j = \sum_{j=1}^{d+1} u_j^2 = 1$ となることから，$(d+1)$ 次元の点 $(u_1, \ldots, u_d, u_{d+1})'$ は $(d+1)$ 次元空間内の d 次元単位球上の点を表すと考えることができることを指摘し，したがって球面上のデータ解析手法を利用できることを述べるにとどめよう．そして，組成データの一つのモデル化としての Dirichlet 分布について解説する．

6.8.1 結合確率密度関数

Dirichlet 分布を説明するために，ガンマ分布から出発しよう．確率変数列 $Y_j\ (j=1,\ldots,m,m+1)$ は互いに独立で，それぞれ形パラメータ $\alpha_j\ (>0)$ のガンマ分布に従うとする．それらの確率密度関数は，

$$f(y_j) = \begin{cases} \dfrac{1}{\Gamma(\alpha_j)} y_j^{\alpha_j-1} e^{-y_j}, & y_j > 0 \\ 0, & y_j \leq 0 \end{cases}$$

で与えられる．いま，Y_j を，

$$X_j = \frac{Y_j}{\sum_{k=1}^{m+1} Y_k}, \quad j=1,\ldots,m,m+1$$

と変数変換を行い，$X_j\ (j=1,\ldots,m,m+1)$ の結合分布を考える．変換された確率変数 X_j の間には $\sum_{j=1}^{m+1} X_j = 1$ の制約があることは明らかであろう．したがって，$X_1,\ldots,X_m,X_{m+1}$ の結合分布とはいえ，実際のところ変数の個数は m となる．よって，一般性を失うことなく，$X_1,\ldots,X_m,X_{m+1}$ の最初の m 個の変数からなるベクトル $(X_1,\ldots,X_m)'$ の結合分布を考えることにする．この分布をパラメータ $\alpha_1,\ldots,\alpha_m,\alpha_{m+1}$ の **Dirichlet 分布** (Dirichlet distribution) といい，本書では $D_m(\alpha_1,\ldots,\alpha_m,\alpha_{m+1})$ もしくは $D_m(\boldsymbol{\alpha})$ と書く．$\boldsymbol{\alpha}$ は m 次元定数ベクトル $\boldsymbol{\alpha} = (\alpha_1,\ldots,\alpha_m,\alpha_{m+1})'$ を表す．また，確率ベクトル $(X_1,\ldots,X_m)'$ が $D_m(\boldsymbol{\alpha})$ に従うことを $(X_1,\ldots,X_m)' \sim D_m(\boldsymbol{\alpha})$ と表記する．$U_j = \sqrt{X_j}\ (j=1,\ldots,m,m+1)$ と変換すれば $\boldsymbol{U} = (U_1,\ldots,U_m,U_{m+1})'$ は $\sum_{j=1}^{m+1} U_j^2 = 1$ を満たすから，$\boldsymbol{U}$ は単位球面上の確率ベクトルを表すことは明らかであろう．したがって，Dirichlet 分布は球面上の分布と密接な関係があることが分かる．

$(X_1,\ldots,X_m)' \sim D_m(\boldsymbol{\alpha})$ の確率密度関数は，

$$f_m(x_1,\ldots,x_m) = \frac{1}{B_m(\boldsymbol{\alpha})} \prod_{j=1}^{m+1} x_j^{\alpha_j-1},$$

$$x_j > 0\ (j=1,\ldots,m+1),\quad \sum_{j=1}^{m+1} x_j = 1$$

となる．ここで，$B_m(\boldsymbol{\alpha})$ は**多変量ベータ関数** (multivariate beta function)

$$B_m(\boldsymbol{\alpha}) = \frac{\prod_{j=1}^{m+1} \Gamma(\alpha_j)}{\Gamma(\alpha)}, \quad \alpha = \sum_{j=1}^{m+1} \alpha_j$$

を表す．上の確率密度関数を求めるには，$Y_1,\ldots,Y_m,Y_{m+1}$ の確率密度関数を $X = \sum_{k=1}^{m+1} Y_k$，$X_j = Y_j/\sum_{k=1}^{m+1} Y_k\ (j=1,\ldots,m)$ の確率密度関数に変換し，$X_1,\ldots,X_m$ の周辺確率密度関数を計算すればよい．その計算は読者の演習としておく．

なお，上で，とくに $m=1$ ならば，

$$f_1(x_1) = \frac{1}{B(\alpha_1,\alpha_2)} x_1^{\alpha_1-1}(1-x_1)^{\alpha_2-1}, \quad 0 < x_1 < 1$$

と，（1変量）ベータ分布の確率密度関数に帰着することを注意しよう．ここで，B はベータ関数を表す．また，生成法から明らかであるが，$\boldsymbol{X} = (X_1,\ldots,X_m,X_{m+1})'$ を平均ベクトル $\boldsymbol{0}$，$(m+1)\times(m+1)$ 単位行列を共分散行列として持つ $(m+1)$ 変量標準正規分布に従う確率ベクトルとすると，$X_j^2\ (j=1,\ldots,m,m+1)$ は互いに独立に自由度 1 の χ^2 分布（$Y_j = X_j^2/2$ は互いに独立にパラメータ $1/2$ のガンマ分布）に従うから，$\|\boldsymbol{X}\|^2 = \sum_{j=1}^{m+1} X_j^2$ とおくと，$((X_1^2/2)/(\|X\|^2/2),\ldots,(X_m^2/2)/(\|X\|^2/2))' = (X_1^2/\|X\|^2,\ldots,X_m^2/\|X\|^2)'$ は $D_m(1/2,\ldots,1/2,1/2)$ に従うことが言える．

6.8.2 モーメント

$(X_1,\ldots,X_m)' \sim D_m(\boldsymbol{\alpha})$ のモーメントは正の整数 $r_1,\ldots,r_m$ に対して，

$$E\left(\prod_{j=1}^m X_j^{r_j}\right) = \frac{\prod_{j=1}^m (\alpha_j)_{r_j}}{(\alpha)_{r_1+\cdots+r_m}}, \quad \alpha = \sum_{j=1}^{m+1} \alpha_j$$

で与えられる．ここで，記法 $(u)_j$ は Pochhammer の記号 $(u)_j = u(u+1)\cdots(u+j-1)$（$j$ 次の上昇階乗）を表す．なお，

$$E\left(\prod_{j=1}^m X_j^{r_j}\right) = \frac{\Gamma(\alpha)\prod_{j=1}^m \Gamma(\alpha_j+r_j)}{\Gamma(\alpha+\sum_{j=1}^m r_j)\prod_{j=1}^m \Gamma(\alpha_j)}$$

の表示を採用すれば，$r_1,\ldots,r_m$ は必ずしも正の整数とは限らずに，ガンマ関数の引数が正の数であるような $r_1,\ldots,r_m$ に対して式が成立する．

証明は直接的であるが，念のために計算式を示してみると以下のようになる．実際，

$$E\left(\prod_{j=1}^{m} X_j^{r_j}\right)$$

$$= \frac{1}{B_m(\boldsymbol{\alpha})} \int \prod_{j=1}^{m} x_j^{r_j} \prod_{j=1}^{m+1} x_j^{\alpha_j - 1} \prod_{j=1}^{m} dx_j$$

$$= \frac{1}{B_m(\boldsymbol{\alpha})} \int \prod_{j=1}^{m} x_j^{\alpha_j + r_j - 1} \left(1 - \sum_{k=1}^{m} x_k\right)^{\alpha_{m+1}-1} \prod_{j=1}^{m} dx_j$$

$$= \frac{1}{B_m(\boldsymbol{\alpha})} \frac{\left\{\prod_{j=1}^{m}\Gamma(\alpha_j + r_j)\right\}\Gamma(\alpha_{m+1})}{\Gamma(\sum_{k=1}^{m}(\alpha_k + r_k) + \alpha_{m+1})}$$

$$\times \int \frac{\Gamma(\sum_{k=1}^{m}(\alpha_k + r_k) + \alpha_{m+1})}{\left\{\prod_{j=1}^{m}\Gamma(\alpha_j + r_j)\right\}\Gamma(\alpha_{m+1})}$$

$$\times \prod_{j=1}^{m} x_j^{\alpha_j + r_j - 1} \left(1 - \sum_{k=1}^{m} x_k\right)^{\alpha_{m+1}-1} \prod_{j=1}^{m} dx_j$$

$$= \frac{1}{B_m(\boldsymbol{\alpha})} \frac{\left\{\prod_{j=1}^{m}\Gamma(\alpha_j + r_j)\right\}\Gamma(\alpha_{m+1})}{\Gamma(\alpha + \sum_{k=1}^{m} r_k)}$$

と求められる.証明中,$D_m(\alpha_1 + r_1, \ldots, \alpha_m + r_m, \alpha_{m+1})$ の確率密度関数の積分 ($= 1$) の形を作るところがポイントである.なお,最後の式は,$\boldsymbol{r} = (r_1, \ldots, r_m, 0)'$ の記法を導入すると,

$$E\left(\prod_{j=1}^{m} X_j^{r_j}\right) = \frac{B_m(\boldsymbol{\alpha} + \boldsymbol{r})}{B_m(\boldsymbol{\alpha})}$$

と書くこともできる.

とくに,$(r_1, \ldots, r_j, \ldots, r_m) = (0, \ldots, 1, \ldots, 0)$ とおくと X_j の平均は $E(X_j) = \alpha_j/\alpha$ となり,$(r_1, \ldots, r_j, \ldots, r_m) = (0, \ldots, 2, \ldots, 0)$ とおくと X_j の 2 次モーメントは $E(X_j^2) = \alpha_j(\alpha_j + 1)/\{\alpha(\alpha + 1)\}$ となる.これより,X_j の分散 $\text{Var}(X_j) = \alpha_j(\alpha - \alpha_j)/\{\alpha^2(\alpha + 1)\}$ を得る.また,$m \neq j$ として,$r_m = r_j = 1$,その他の r_k を 0 とすることにより,X_m と X_j との間の 1 次積モーメントは $E(X_m X_j) = \alpha_m \alpha_j/\{\alpha(\alpha + 1)\}$ となり,これより X_m と X_j ($m \neq j$) との間の共分散は $\text{Cov}(X_m, X_j) = -\alpha_m \alpha_j/\{\alpha^2(\alpha + 1)\}$ (< 0) となる.共分散は負の値となることに注意しよう.

6.8.3 周辺分布と条件付き分布

6.8.3.1 周辺分布

$(X_1,\ldots,X_m)' \sim D_m(\boldsymbol{\alpha})$ とし，$s < m$ とする．$\boldsymbol{\alpha}$ は 6.8.1 項と同じく，$\boldsymbol{\alpha} = (\alpha_1,\ldots,\alpha_m,\alpha_{m+1})'$ を表すとする．そのとき，部分確率ベクトル $(X_1,\ldots,X_s)'$ の分布は Dirichlet 分布 $D_s(\alpha_1,\ldots,\alpha_s,\alpha_{s+1}^*)$ となる．ここで，$\alpha_{s+1}^* = \alpha_{s+1}+\cdots+\alpha_m+\alpha_{m+1}$ である．証明のためには Dirichlet 分布の生成法に戻ればよい．実際，Y_j $(j=1,\ldots,m,m+1)$ は互いに独立にパラメータ α_j のガンマ分布に従うとすると，$Y_{s+1}^* = Y_{s+1}+\cdots+Y_m+Y_{m+1}$ はパラメータ $\alpha_{s+1}^* = \sum_{k=s+1}^{m+1}\alpha_k$ のガンマ分布に従い，明らかに Y_j $(j=1,\ldots,s)$ と Y_{s+1}^* は独立である．よって，

$$\begin{cases} X_j = \dfrac{Y_j}{\sum_{k=1}^s Y_k + Y_{s+1}^*}, & j=1,\ldots,s \\ X_{s+1} = \dfrac{Y_{s+1}^*}{\sum_{k=1}^s Y_k + Y_{s+1}^*} \end{cases}$$

とおくと，Dirichlet 分布の定義から $(X_1,\ldots,X_s)' \sim D_s(\alpha_1,\ldots,\alpha_s,\alpha_{s+1}^*)$ となることが分かる．

ここにおいて，6.3.3 項における球面上の一様分布の周辺分布について，ここで少しく述べておく．$\boldsymbol{u}^{(p)} = (u_1,\ldots,u_p)'$ を単位球面上の一様分布に従う確率ベクトルとし，その部分を $1 \leq k < p$ として $\boldsymbol{u}^{(k)} = (u_1,\ldots,u_k)'$ とするとき，$\boldsymbol{u}^{(k)}$ の確率密度関数は式 (6.8) において，

$$f(u_1,\ldots,u_k) = \frac{\Gamma(p/2)}{\Gamma((p-k)/2)\pi^{k/2}}\left(1-\sum_{j=1}^k u_j^2\right)^{(p-k)/2-1}, \quad \sum_{j=1}^k u_j^2 < 1$$

で与えられることを証明なしに述べた．この結果は次のように得られる．

確率ベクトル $\boldsymbol{X} = (X_1,\ldots,X_p)'$ は p 次元標準正規分布 $N_p(\boldsymbol{0},I_p)$ に従うとすると，$N_p(\boldsymbol{0},I_p)$ は球形分布の一つだから，$\boldsymbol{X}/\|\boldsymbol{X}\|$ の分布は単位球面上の一様分布となる．すなわち，$\boldsymbol{X}/\|\boldsymbol{X}\| \stackrel{\mathrm{d}}{=} \boldsymbol{u}^{(p)}$ である．よって，$(X_1^2/\|\boldsymbol{X}\|^2,\ldots,X_{p-1}^2/\|\boldsymbol{X}\|^2)'$ は確率密度関数，

$$\frac{\Gamma(p/2)}{\{\Gamma(1/2)\}^p}\prod_{j=1}^p y_j^{1/2-1}, \quad \sum_{j=1}^p y_j = 1,\ y_j > 0\ (j=1,\ldots,p)$$

の Dirichlet 分布に従う．$(X_1^2/\|\boldsymbol{X}\|^2,\ldots,X_{p-1}^2/\|\boldsymbol{X}\|^2)'$ の部分ベクトル $(X_1^2/\|\boldsymbol{X}\|^2,\ldots,X_k^2/\|\boldsymbol{X}\|^2)'$ $(k < p)$ は Dirichlet 分布に従うことになり，そ

の確率密度関数は,

$$\frac{\Gamma(p/2)}{\{\Gamma(1/2)\}^k \Gamma((p-k)/2)} \prod_{j=1}^{k} \left(\frac{x_j^2}{\|\boldsymbol{x}\|^2}\right)^{1/2-1} \left(1 - \frac{\sum_{j=1}^{k} x_j^2}{\|\boldsymbol{x}\|^2}\right)^{(p-k)/2-1}$$
$$\times \prod_{j=1}^{k} d\left(\frac{x_j^2}{\|\boldsymbol{x}\|^2}\right)$$

となる. 式 (6.8) は,

$$d\left(\frac{|x_j|}{\|\boldsymbol{x}\|}\right) = \frac{1}{2\sqrt{x_j^2/\|\boldsymbol{x}\|^2}} d\left(\frac{x_j^2}{\|\boldsymbol{x}\|^2}\right)$$

より, $y_j = |x_j|/\|\boldsymbol{x}\|$ ($1 \leq j \leq k$) と変換して,

$$\frac{\Gamma(p/2)2^k}{\Gamma((p-k)/2)\pi^{k/2}} \left(1 - \sum_{j=1}^{k} y_j^2\right)^{(p-k)/2-1} \prod_{j=1}^{k} dy_j, \quad y_j \geq 0, \sum_{j=1}^{k} y_j^2 < 1$$

となることから得られる. なお, $(u_1, \ldots, u_k)'$ の確率密度関数はノルムの二乗 $\sum_{j=1}^{k} u_j^2$ の関数であるから, その分布は再び球形分布となり, $(u_1, \ldots, u_k)' \stackrel{\mathrm{d}}{=} r\boldsymbol{u}^{(k)}$ と分解されることになる. ここにおいて, $\boldsymbol{u}^{(k)}$ は単位球面上の一様確率ベクトルであり, r は $\boldsymbol{u}^{(k)}$ と独立な非負の値を取る確率変数を表す. r の確率密度関数は,

$$f(r) = \frac{2}{B(k/2, (p-k)/2)} r^{k-1} (1-r^2)^{(p-k)/2-1}, \quad 0 < r < 1$$

であり, r^2 と変換された確率変数の分布はパラメータ $(k/2, (p-k)/2)$ のベータ分布となる.

6.8.3.2 条件付き分布

$(X_1, \ldots, X_m)' \sim D_m(\boldsymbol{\alpha})$ とし, $s < m$ とする. いま,

$$X_j^* = \frac{X_j}{1 - \sum_{k=1}^{s} X_k}, \quad j = s+1, \ldots, m$$

とおくと, $X_1 = x_1, \ldots, X_s = x_s$ が与えられたときの $X_{s+1}^*, \ldots, X_m^*$ の条件付き分布は Dirichlet 分布 $D_{m-s}(\alpha_{s+1}, \ldots, \alpha_m, \alpha_{m+1})$ となる. この事実の証明のために, $X_j = X_j$ ($j = 1, \ldots, s$) とおき, X_j^* ($j = s+1, \ldots, m$) は上で定義されたものとするとき, $X_1, \ldots, X_s, X_{s+1}^*, \ldots, X_m^*$ の確率密度関数を求

める．変換のヤコビアンは，

$$
\begin{aligned}
&\frac{\partial(x_1,\ldots,x_s,x_{s+1},\ldots,x_m)}{\partial(x_1,\ldots,x_s,x_{s+1}^*,\ldots,x_m^*)} \\
&= \begin{vmatrix} 1 & & \mathbf{O} & & & & \\ & \ddots & & & \mathbf{O} & & \\ \mathbf{O} & & 1 & & & & \\ -x_{s+1}^* & \cdots & -x_{s+1}^* & 1-\sum_{k=1}^{s} x_k & & \mathbf{O} & \\ & \cdots & & & \ddots & & \\ -x_m^* & \cdots & -x_m^* & & \mathbf{O} & & 1-\sum_{k=1}^{s} x_k \end{vmatrix} \\
&= \left(1-\sum_{k=1}^{s} x_k\right)^{m-s}
\end{aligned}
$$

だから，

$$
\begin{aligned}
&\prod_{j=1}^{m} x_j^{\alpha_j-1} \left(1-\sum_{k=1}^{m} x_k\right)^{\alpha_{m+1}-1} \prod_{j=1}^{m} dx_j \\
&= \prod_{j=1}^{s} x_j^{\alpha_j-1} \prod_{j=s+1}^{m} \left\{x_j^* \left(1-\sum_{k=1}^{s} x_k\right)\right\}^{\alpha_j-1} \left(1-\sum_{k=1}^{m} x_k\right)^{\alpha_{m+1}-1} \\
&\quad \times \left(1-\sum_{k=1}^{s} x_k\right)^{m-s} \prod_{j=1}^{s} dx_j \prod_{j=s+1}^{m} dx_j^* \\
&= \prod_{j=1}^{s} x_j^{\alpha_j-1} \prod_{j=s+1}^{m} (x_j^*)^{\alpha_j-1} \left(1-\sum_{k=1}^{s} x_k\right)^{\sum_{j=s+1}^{m} \alpha_j} \left(1-\sum_{k=1}^{m} x_k\right)^{\alpha_{m+1}-1} \\
&\quad \times \prod_{j=1}^{s} dx_j \prod_{j=s+1}^{m} dx_j^*
\end{aligned}
$$

と，

$$
1-\sum_{k=s+1}^{m} x_k^* = 1 - \frac{\sum_{j=s+1}^{m} x_j}{1-\sum_{k=1}^{s} x_k} = \frac{1-\sum_{k=1}^{m} x_k}{1-\sum_{k=1}^{s} x_k}
$$

である．$X_1,\ldots,X_s,X_{s+1}^*,\ldots,X_m^*$ の確率密度関数は，$X_1,\ldots,X_m$ の確率密度関数 $f_m(x_1,\ldots,x_m)$ から出発して，

$$
f_m(x_1,\ldots,x_m) \prod_{j=1}^{m} dx_j
$$

$$= \frac{\Gamma(\sum_{j=1}^{m+1} \alpha_j)}{\prod_{j=1}^{m+1} \Gamma(\alpha_j)} \prod_{j=1}^{m} x_j^{\alpha_j-1} \left(1 - \sum_{k=1}^{m} x_k\right)^{\alpha_{m+1}-1} \prod_{j=1}^{m} dx_j$$

$$= \frac{\Gamma(\sum_{j=1}^{m+1} \alpha_j)}{\prod_{j=1}^{m+1} \Gamma(\alpha_j)} \prod_{j=1}^{s} x_j^{\alpha_j-1} \prod_{j=s+1}^{m} (x_j^*)^{\alpha_j-1}$$
$$\times \left(1 - \sum_{k=1}^{s} x_k\right)^{\sum_{k=s+1}^{m+1} \alpha_k - 1} \left(1 - \sum_{k=s+1}^{m} x_k^*\right)^{\alpha_{m+1}-1} \prod_{j=1}^{s} dx_j \prod_{j=s+1}^{m} dx_j^*$$

と得られる. $X_1, \ldots, X_s$ の周辺確率密度関数は,

$$f(x_1, \ldots, x_s) = \frac{\Gamma(\sum_{j=1}^{m+1} \alpha_j)}{\prod_{j=1}^{s} \Gamma(\alpha_j) \Gamma(\alpha_{s+1}^*)} \prod_{j=1}^{s} x_j^{\alpha_j-1} \left(1 - \sum_{k=1}^{s} x_k\right)^{\alpha_{s+1}^*-1}$$

だから $(\alpha_{s+1}^* = \sum_{j=s+1}^{m+1} \alpha_j)$, $X_1 = x_1, \ldots, X_s = x_s$ が与えられたときの $X_{s+1}^*, \ldots, X_m^*$ の条件付き確率密度関数は,

$$f(x_{s+1}^*, \ldots, x_m^* | x_1, \ldots, x_s) = \frac{f(x_1, \ldots, x_s, x_{s+1}^*, \ldots, x_m^*)}{f(x_1, \ldots, x_s)}$$
$$= \frac{\Gamma(\alpha_{s+1}^*)}{\prod_{j=s+1}^{m+1} \Gamma(\alpha_j)} \prod_{j=s+1}^{m} (x_j^*)^{\alpha_j-1} \left(1 - \sum_{k=s+1}^{m} x_k^*\right)^{\alpha_{m+1}-1}$$

となるので, 結論が言える.

6.9 複素球面上の分布

6.9.1 複素球面上の Bingham 分布

複素球面上の分布は**形状分析** (shape analysis) の文脈で現れる. 形状とは, 物体から, その位置・大きさ・向きの情報を取り除いたときに残る幾何学的情報と解釈され, 平行移動・拡大（縮小）・回転移動に関して不変であり, 同じ形状ならば相似な図形を与える. いま, 物体の輪郭上に, その物体の特徴をよく表すように有限な数の点を付し, それらの点の位置によって形状を表現することを考えよう. このような幾何学的位置を**ランドマーク** (landmark) と呼ぶ. 点の取り方としては, 生物学的・解剖学的に意味のある場所に点を取る解剖学的 (anatomical) ランドマークと数学的・幾何学的に特性のある場所に点を取る数学的 (mathematical) ランドマークが考えられる. たとえば,

図 6.8 では，平面上で数字「4」を認識するために 6 個のランドマークを取っている．ある人に数字「4」を何回か書いてもらったデータから Procrustes（プロクルステス）分析を行って，その人の「4」の書き方の「癖」もしくは特徴を捉えることができる．

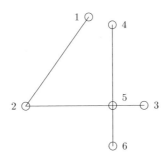

図 **6.8** 数字「4」におけるランドマークの例

上のような例の分布について議論するために，k 個のランドマークを複素数の組 $z = (z_1, \ldots, z_k)' \in \mathbb{C}^k$ で表示することにし，z の長さを 1 ($z^*z = 1$) と規準化する．ここで，アスタリスクの記法 (*) は $z^* = \overline{z'}$ (z の転置ベクトルの複素共役) を取る操作を表す．$(k-1)$ 次元複素単位球面 $\mathbb{C}S^{k-1} = \{z = (z_1, \ldots, z_k)' \in \mathbb{C}^k | z^*z = 1\}$ 上の複素 Bingham 分布 $\mathbb{C}B_{k-1}(A)$ の確率密度関数は，$k \times k$ の Hermite（エルミート）行列 A ($A^* = A$) によって，

$$f(z) = c(A)^{-1} \exp(z^*Az), \quad z \in \mathbb{C}S^{k-1}$$

と表される．ここで，$c(A)$ は $f(z)$ を $\mathbb{C}S^{k-1}$ 上で積分したときに 1 となるような正規化定数である．z を実数部分と虚数部分に分解することにより，$\mathbb{C}^k$ における複素 Bingham 分布は $2k$ 次元実ユークリッド空間 $\mathbb{R}^{2k}$ における実 Bingham 分布の特別な場合とみなすことができる．

複素単位球面 $\mathbb{C}S^{k-1}$ 上の点 z に対しては $z^*z = 1$ だから，任意の $\alpha \in \mathbb{C}$ に対して，

$$c(A + \alpha I)^{-1} \exp\{z^*(A + \alpha I)z\} = c(A + \alpha I)^{-1} \exp(\alpha) \exp(z^*Az)$$

となり，パラメータ行列 A と $A + \alpha I$ は同じ複素 Bingham 分布 $\mathbb{C}B_{k-1}(A)$ を与える．また，上の式より，$c(A + \alpha I)^{-1} \exp(\alpha) = c(A)^{-1}$，すなわち，$c(A + \alpha I) = c(A) \exp(\alpha)$ となる．パラメータ推定を考えると，パラメー

タを同定できないのは欠点と考えられるので，パラメータ行列 A の固有値 $\lambda_1, \ldots, \lambda_k$（Hermite 行列 A の固有値はすべて実数）がすべて異なっているとして，便宜的に $\lambda_1 < \cdots < \lambda_k = 0$ を仮定する．この仮定の下では正規化定数 $c(A)$ は固有値の関数として次のように決定される．

線形代数の知識を使って，Hermite 行列 A に対して $A = U\Lambda U^*$ であるようなユニタリ行列 U ($U^*U = UU^* = I$) が存在することが分かる．U のアスタリスク U^* は U の随伴行列（U の転置行列の複素共役）を表す．Λ は $k \times k$ 対角行列 $\Lambda = \mathrm{diag}(\lambda_1, \ldots, \lambda_k)$ で，その対角要素 λ_j $(j = 1, \ldots, k)$ は A の固有値である．いま，$\boldsymbol{w} = (w_1, \ldots, w_k)' = U^*\boldsymbol{z}$ とおくと，逆変換は左から U をかけて $\boldsymbol{z} = U\boldsymbol{w}$ となるので，

$$\boldsymbol{z}^* A \boldsymbol{z} = (U\boldsymbol{w})^* A (U\boldsymbol{w}) = \boldsymbol{w}^* U^* A U \boldsymbol{w} = \boldsymbol{w}^* \Lambda \boldsymbol{w}$$

であり，また，変換 $\boldsymbol{z} = U\boldsymbol{w}$ のヤコビアンの絶対値はユニタリ行列 U の行列式が $\det(U) = \pm 1$ より，

$$\left| \det\left(\frac{\partial \boldsymbol{z}}{\partial \boldsymbol{w}} \right) \right| = |\det(U)| = |\pm 1| = 1$$

だから，

$$f(\boldsymbol{z}) d\boldsymbol{z} = c(A)^{-1} \exp(\boldsymbol{z}^* A \boldsymbol{z}) d\boldsymbol{z} = c(\Lambda)^{-1} \exp(\boldsymbol{w}^* \Lambda \boldsymbol{w}) d\boldsymbol{w}$$

を得る．すなわち，正規化定数 $c(A) = c(\Lambda)$ は行列 A の固有値のみに依存する．

固有値 λ_j $(j = 1, \ldots, k)$ の関数である正規化定数 $c(\Lambda)$ の具体的な表現を求めるために準備をする．複素数 w_j を $w_j = x_j + i y_j = t_j^{1/2} \exp(i\theta_j)$ とおく．ここで，$t_j = |w_j|^2 \geq 0$，$\theta_j = \arg(w_j)$ ($0 \leq \theta_j < 2\pi$; $j = 1, \ldots, k$) を表す．変換のヤコビアンは，

$$\frac{\partial(x_j, y_j)}{\partial(t_j, \theta_j)} = \left| \begin{array}{cc} \dfrac{1}{2\sqrt{t_j}} \cos\theta_j & \dfrac{1}{2\sqrt{t_j}} \sin\theta_j \\ -\sqrt{t_j} \sin\theta_j & \sqrt{t_j} \cos\theta_j \end{array} \right| = \frac{1}{2}$$

と計算されるから，$\partial(x_1, y_1, \ldots, x_k, y_k)/\partial(t_1, \theta_1, \ldots, t_k, \theta_k) = 1/2^k$ であるので，$dx_1 dy_1 \cdots dx_k dy_k = 2^{-k} dt_1 d\theta_1 \cdots dt_k d\theta_k$ を得る．さらに，$t_j = r^2 s_j$ $(j = 1, \ldots, k-1)$ および $t_k = r^2(1 - \sum_{j=1}^{k-1} s_j)$ とおくことにより，ヤコビアン，

$$\frac{\partial(t_1,\ldots,t_{k-1},t_k)}{\partial(s_1,\ldots,s_{k-1},r)} = \begin{vmatrix} r^2 & & & & -r^2 \\ & r^2 & & 0 & -r^2 \\ & & \ddots & & \vdots \\ & 0 & & r^2 & -r^2 \\ 2rs_1 & 2rs_2 & \cdots & 2rs_{k-1} & 2r(1-\sum_{j=1}^{k-1}s_j) \end{vmatrix}$$
$$= 2r^{2k-1}$$

を得ることになり，したがって，

$$dx_1 dy_1 \cdots dx_k dy_k = 2^{1-k} r^{2k-1} d\theta_1 \cdots d\theta_k ds_1 \cdots ds_{k-1} dr$$

となる．さらに，制約 $\sum_{j=1}^k t_j = \sum_{j=1}^k |w_j|^2 = 1$ があることから，$r=1$ とおいて最終的に $dx_1 dy_1 \cdots dx_k dy_k = 2^{1-k} d\theta_1 \cdots d\theta_k ds_1 \cdots ds_{k-1}$ を得る．

以上の準備の下に，正規化定数 $c(\Lambda)$ の具体的な表現は，$\boldsymbol{w}^*\Lambda\boldsymbol{w} = \sum_{j=1}^k \lambda_j |w_j|^2 = \sum_{j=1}^k \lambda_j s_j$ から，積分，

$$c(\Lambda) = \int_{\mathbb{CS}^{k-1}} \exp(\boldsymbol{w}^*\Lambda\boldsymbol{w}) d\boldsymbol{w}$$
$$= \int_{\mathbb{S}_{k-1}} \int_{[0,2\pi]^k} \exp\left(\sum_{j=1}^k \lambda_j s_j\right) 2^{1-k} d\theta_1 \cdots d\theta_k ds_1 \cdots ds_{k-1}$$
$$= 2\pi^k \int_{\mathbb{S}_{k-1}} \exp\left(\sum_{j=1}^k \lambda_j s_j\right) ds_1 \cdots ds_{k-1}$$

で表されることが分かる．積分領域に現れる $\mathbb{S}_{k-1}$ は，

$$\mathbb{S}_{k-1} = \left\{(s_1,\ldots,s_{k-1})' \mid s_j \geq 0 \text{ かつ } \sum_{j=1}^{k-1} s_j \leq 1\right\} \quad (s_k = 1 - \sum_{j=1}^{k-1} s_j)$$

を表す．k に関する帰納法により，

$$\int_{\alpha\mathbb{S}_{k-1}} \exp\left(\sum_{j=1}^k \lambda_j s_j\right) ds_1 \cdots ds_{k-1} = \sum_{j=1}^k b_j \exp(\alpha\lambda_j) \tag{6.15}$$

が得られる．積分領域の記法は，

$$\alpha\mathbb{S}_{k-1} = \left\{(s_1,\ldots,s_{k-1})' \mid s_j \geq 0 \text{ かつ } \sum_{j=1}^{k-1} s_j \leq \alpha\right\} \quad (s_k = \alpha - \sum_{j=1}^{k-1} s_j)$$

を表し，b_j $(1 \leq j \leq k)$ は $b_j^{-1} = \prod_{m=1, m \neq j}^{k}(\lambda_j - \lambda_m)$ である．よって，$\mathbb{C}B_{k-1}(A)$ の正規化定数は，

$$c(A) = 2\pi^k \sum_{j=1}^{k} b_j \exp(\lambda_j), \quad b_j^{-1} = \prod_{m=1, m \neq j}^{k}(\lambda_j - \lambda_m)$$

と求められる．

注意 帰納法による式 (6.15) の証明は以下のようである．まず，$k=2$ のとき，$b_1^{-1} = \lambda_1 - \lambda_2$, $b_2^{-1} = \lambda_2 - \lambda_1$ より，左辺は，

$$\int_0^\alpha \exp\{\lambda_1 s_1 + \lambda_2(\alpha - s_1)\}ds_1 = \left[(\lambda_1 - \lambda_2)^{-1} \exp\{\lambda_1 s_1 + \lambda_2(\alpha - s_1)\}\right]_0^\alpha$$
$$= b_1 \exp(\alpha \lambda_1) + b_2 \exp(\alpha \lambda_2)$$

となり，右辺に等しい．次に，$k=n$ に対して式 (6.15) が正しいと仮定して，$k=n+1$ のとき，その式が正しいことを示す．実際，$j = 2, \ldots, n+1$ に対して $(b_j')^{-1} = \prod_{m=2, m \neq j}^{n+1}(\lambda_j - \lambda_m)$ とおき，$j = 1, \ldots, n+1$ に対して $c_j^{-1} = \prod_{m=1, m \neq j}^{n+1}(\lambda_j - \lambda_m)$ とおくと，$c_j^{-1} = (\lambda_j - \lambda_1)(b_j')^{-1}$ $(j \neq 1)$ であるので，左辺から出発すると，

$$\int_{\alpha \mathbb{S}_n} \exp\left(\sum_{j=1}^{n+1} \lambda_j s_j\right) ds_1 \cdots ds_n$$
$$= \int_0^\alpha \exp(\lambda_1 s_1) \left\{\int_{(\alpha - s_1)\mathbb{S}_{n-1}} \exp\left(\sum_{j=2}^{n+1} \lambda_j s_j\right) ds_2 \cdots ds_n\right\} ds_1$$
$$= \int_0^\alpha \exp(\lambda_1 s_1) \left[\sum_{j=2}^{n+1} b_j' \exp\{\lambda_j(\alpha - s_1)\}\right] ds_1$$
$$= \sum_{j=2}^{n+1} b_j' \int_0^\alpha \exp\{\lambda_1 s_1 + \lambda_j(\alpha - s_1)\} ds_1$$
$$= \sum_{j=2}^{n+1} b_j' \left[(\lambda_1 - \lambda_j)^{-1} \exp\{\lambda_1 s_1 + \lambda_j(\alpha - s_1)\}\right]_0^\alpha$$
$$= -\sum_{j=2}^{n+1} c_j \{\exp(\alpha \lambda_1) - \exp(\alpha \lambda_j)\}$$

$$
= -\exp(\alpha\lambda_1)\sum_{j=2}^{n+1} c_j + \sum_{j=2}^{n+1} c_j \exp(\alpha\lambda_j)
$$

$$
= c_1 \exp(\alpha\lambda_1) + \sum_{j=2}^{n+1} c_j \exp(\alpha\lambda_j)
$$

と右辺に到達することを示せる．なお，最後の式変形 $-\sum_{j=2}^{n+1} c_j = c_1$ では，

$$
\sum_{j=1}^{n+1} c_j = \sum_{j=1}^{n+1} \frac{1}{\prod_{m=1,m\neq j}^{n+1}(\lambda_j - \lambda_m)} = 0
$$

を用いた．この式自身は，次のようにして示される．

$x \neq \lambda_1, \ldots, \lambda_n$ として，定数 $d_1, \ldots, d_n$ に対して，

$$
\frac{1}{(x-\lambda_1)\cdots(x-\lambda_n)} = \frac{d_1}{x-\lambda_1} + \cdots + \frac{d_n}{x-\lambda_n}
$$

とおく．両辺に $\prod_{i=1}^{n}(x-\lambda_i)$ を掛けると，左辺は 1 なので，

$$
1 = \sum_{j=1}^{n}\left\{ d_j \prod_{m=1,m\neq j}^{n}(x-\lambda_m) \right\} = d_\ell \prod_{m=1,m\neq \ell}^{n}(x-\lambda_m) + \sum_{j=1,j\neq \ell}^{n}\left\{ d_j \prod_{m=1,m\neq j}^{n}(x-\lambda_m) \right\}
$$

となる．ただし，ℓ は自然数で，$1 \leq \ell \leq n$ である．これは x についての恒等式であるので，$x = \lambda_\ell$ を代入すると，

$$
d_\ell \prod_{m=1,m\neq \ell}^{n}(\lambda_\ell - \lambda_m) = 1
$$

を得る．よって，

$$
\frac{1}{\prod_{m=1}^{n}(x-\lambda_m)} = \sum_{j=1}^{n} \frac{1}{(x-\lambda_j)\prod_{m=1,m\neq j}^{n}(\lambda_j - \lambda_m)}
$$

となるが，この式において $x = \lambda_{n+1}$ ($\neq \lambda_1, \ldots, \lambda_n$) を代入すると，

$$
\frac{1}{\prod_{m=1}^{n}(\lambda_{n+1}-\lambda_m)} = \sum_{j=1}^{n} \frac{1}{(\lambda_{n+1}-\lambda_j)\prod_{m=1,m\neq j}^{n}(\lambda_j-\lambda_m)}
$$

$$
= -\sum_{j=1}^{n} \frac{1}{\prod_{m=1,m\neq j}^{n+1}(\lambda_j - \lambda_m)}
$$

を得る．ゆえに，

$$\sum_{j=1}^{n+1} \frac{1}{\prod_{m=1, m \neq j}^{n+1}(\lambda_j - \lambda_m)} = 0$$

が示された.

6.9.2 複素球面上の t 分布

円周上および球面上の Pearson VII 型分布（4.6 節および 6.4.4 項）のときと同様に，複素球面上の Bingham 分布を尺度混合して複素球面上の Pearson VII 型分布を得ることができる．その確率密度関数は，

$$f(z) = \tilde{c}(A)^{-1} \int_0^\infty \frac{1}{\sigma^k} \exp\left(\frac{1}{\sigma^2} z^* A z\right) dG(\sigma), \quad z \in \mathbb{C}S^{k-1}$$

において，$\sigma > 0$, $a \neq 0$, $\nu > 0$ の仮定の下に，重み関数 $G(\sigma)$ を，既出であるが再掲して，

$$\frac{d}{d\sigma} G(\sigma) = \frac{2^{1-\nu} a^{2\nu}}{\Gamma(\nu)} \sigma^{-1-2\nu} \exp\left(-\frac{a^2}{2\sigma^2}\right)$$

とすればよい．複素 Bingham 分布の確率密度関数を得たときと同じように計算すると，複素球面上の Pearson VII 型分布の確率密度関数は，

$$\begin{aligned}
f(z) &= \tilde{c}(A)^{-1} \left(\frac{a^2}{2}\right)^{-k/2} \frac{\Gamma(\nu + k/2)}{\Gamma(\nu)} \left(1 - \frac{2}{a^2} z^* A z\right)^{-(\nu + k/2)} \\
&= \left\{2\pi^k \left(\frac{a^2}{2}\right)^{k-1} \frac{\Gamma(\nu - k/2 + 1)}{\Gamma(\nu + k/2)} \sum_{j=1}^{k} b_j \left(1 - \frac{2}{a^2} \lambda_j\right)^{-(\nu - k/2 + 1)}\right\}^{-1} \\
&\quad \times \left(1 - \frac{2}{a^2} z^* A z\right)^{-(\nu + k/2)}
\end{aligned}$$

と得られる．その正規化定数は，$b_j^{-1} = \prod_{m=1, m \neq j}^{k}(\lambda_j - \lambda_m)$ として，

$$\tilde{c}(A) = 2\pi^k \left(\frac{a^2}{2}\right)^{k/2-1} \frac{\Gamma(\nu - k/2 + 1)}{\Gamma(\nu)} \sum_{j=1}^{k} b_j \left(1 - \frac{2}{a^2} \lambda_j\right)^{-(\nu - k/2 + 1)},$$

$$\nu - k/2 + 1 > 0$$

となる．特に，$\nu = n/2$ および $a^2 = n$ のときには，複素球面上の自由度 n の t 分布を表す．自由度 n を無限大 ($n \to \infty$) にすると，複素球面上の自由度 n の t 分布は複素球面上の Bingham 分布 $\mathbb{C}B_{k-1}(A)$ に収束する．よって，複

素球面上の自由度 n の t 分布は複素球面上の Bingham 分布を含み，より柔軟性のある分布と考えられる．

6.10　文献ノート

第 4 章の 4.12 節における円周上の分布の文献ノートにあるように，Abe et al. (2010) は一般化ハート型分布を特別な場合として含む円周上の分布を提案し，分布の諸性質を調べた．同論文では，副項 6.1.5.3 における極座標変換 (6.4) を用いて，p 次元球面上の分布を構成している．
一般ノルム $\|\boldsymbol{x}\|_\alpha = (\sum_{j=}^{p} |x_j|^\alpha)^{1/\alpha}$, $\boldsymbol{x} = (x_1, \ldots, x_p)' \in \mathbb{R}^p$, $\alpha \geq 1$ に関係した α-単位球面 $\{\boldsymbol{x} \in \mathbb{R}^p | \|\boldsymbol{x}\|_\alpha = 1\}$ 上の一様分布については Gupta and Song (1997) や Szabłowski (1998) を参照のこと．von Mises–Fisher, Fisher–Bingham, Bingham, Watson の各分布については Mardia and Jupp (2000) に記述が見られる．正規尺度混合分布については Shimizu and Iida (2002), また一般化ハート型分布については Jones and Pewsey (2005) を参照するとよい．退去分布については Durrett (1984) や Kato (2009) が参考になるであろう．Dirichlet 分布については Fang et al. (1990) が詳しい．同書では，より一般に球形分布・楕円形分布の理論を扱っている．Scealy and Welsh (2011) はデータの平方根変換の利用について扱っている．形状分析に関する書物はいくつか存在するが，ここでは Dryden and Mardia (1998, 2016) をあげておこう．複素 Bingham 分布については，原論文 (Kent, 1994) および Kent et al. (2004) がある．また，複素 Pearson VII 型分布は Shimizu et al. (2008) に簡単に触れられている．

文献

1. Abe, T., Shimizu, K. and Pewsey, A. (2010). Symmetric unimodal models for directional data motivated by inverse stereographic projection, *Journal of the Japan Statistical Society*, **40**, 45–61.
2. Abramowitz, M. and Stegun, I. A. Eds. (1972). *Handbook of Mathematical Functions with Formulas, Graphs, and Mathematical Tables*, Dover, New York.
3. Dryden, I. L. and Mardia, K. V. (1998). *Statistical Shape Analysis*, Wiley. [Second Edition (2016). *Statistical Shape Analysis with Applications in R*, Wiley.]
4. Durrett, R. (1984). *Brownian Motion and Martingales in Analysis*, Wadsworth.
5. Fang, K-T., Kotz, S. and Ng, K-W. (1990). *Symmetric Multivariate and Related*

Distributions, Chapman and Hall.

6. Gupta, A. K. and Song, D. (1997). L_p-norm spherical distribution, *Journal of Statistical Planning and Inference*, **60**, 241–260.

7. Jones, M. C. and Pewsey, A. (2005). A family of symmetric distributions on the circle, *Journal of the American Statistical Association*, **100**, 1422–1428.

8. Kato, S. (2009). A distribution for a pair of unit vectors generated by Brownian motion, *Bernoulli*, **15**, 898–921.

9. Kent, J. T. (1994). The complex Bingham distribution and shape analysis, *Journal of the Royal Statistical Society*, **B56**, 285–299.

10. Kent, J. T., Constable, P. D. L. and Er, F. (2004). Simulation for the complex Bingham distribution, *Statistics and Computing*, **14**, 53–57.

11. Mardia, K. V. and Jupp, P. E. (2000). *Directional Statisitcs*, Wiley.

12. Scealy, J. L. and Welsh, A. H. (2011). Regression for compositional data by using distributions defined on the hypersphere, *Journal of the Royal Statistical Society*, **B73**, 351–375.

13. Shimizu, K., Abe, T. and Kato, S. (2008). *t*-distributions on various manifolds, In *Multivariate Statistical Methods: Theory and Applications*, SenGupta, A. ed., Macmillan, pp. 56–75.

14. Shimizu, K. and Iida, K. (2002). Pearson type VII distributions on spheres, *Communications in Statistics–Theory and Methods*, **31**, 513–526.

15. Szabłowski, P. J. (1998). Uniform distributions on spheres in finite dimensional L_α and their generalizations, *Journal of Multivariate Analysis*, **64**, 103–117.

7　トーラス上の確率分布モデル

　本章では，2地点で同時刻（例えば，正午12時）に観測される風向や一つの地点で異なる時刻（例えば，朝6時と正午12時）に観測される風向のような角度の2変量データのモデル化を扱う．本章の表題は「トーラス上の確率分布モデル」となっているが，それと「角度の2変量データ」との関係は次のようである．

　角度は単位円周上の点の座標と対応することを既に述べてあり，角度の分布を円周上の分布と捉えると都合がよいことを見た．**トーラス (torus)** は図形的にはドーナツの表面を想像してもらえればよく，トーラス上の各点は二つの円の交点とみなすことができる（図7.1参照）ので，角度の2変量分布のことを幾何学の言葉を借りて**トーラス上の分布 (distribution on the torus)** という．角度の1変量データを扱うには円周上の分布を導入しておくと都合がよかったように，角度の2変量データを扱うにはトーラス上の分布を導入しておくと図形的なイメージだけでなく計算上も都合がよいことを本章で示す[1]．

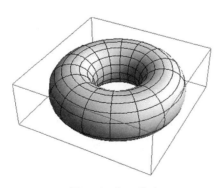

図 7.1　トーラス

[1] 角度の2変量データをトーラス上にプロットして散布図をつくることができる．一方，平面上の散布図も作成可能であるが，トーラスを平面上に切り開くことになるので左右上下端は同じ点を表すことに注意．なお，分子生物学においては，ペプチド鎖における結合角（二面角）の立体的制約を可視化する Ramachandran（ラマチャンドラン）プロット (Ramachandran plot) が知られている．

7.1 予備概念

7.1.1 結合分布，周辺分布，条件付き分布，三角モーメント，和の分布

簡単のために，2変量角度確率ベクトル $(\Theta_1, \Theta_2)'$ は連続型で確率密度関数 $f(\theta_1, \theta_2)$ が存在する場合を考えよう．関数 $f(\theta_1, \theta_2)$ は，明らかに，すべての $0 \leq \theta_1 < 2\pi$ と $0 \leq \theta_2 < 2\pi$ に対して $f(\theta_1, \theta_2) \geq 0$ であり，全定義域で積分すれば $\int_0^{2\pi} \int_0^{2\pi} f(\theta_1, \theta_2) d\theta_1 d\theta_2 = 1$ を満たす．Θ_1 の周辺確率密度関数は $f_1(\theta_1) = \int_0^{2\pi} f(\theta_1, \theta_2) d\theta_2$ で求められる．また，Θ_2 の周辺確率密度関数 $f_2(\theta_2)$ も同じ様に定義できるので，$\Theta_2 = \theta_2$ が所与のときの Θ_1 の条件付き確率密度関数は $f_{1|2}(\theta_1|\theta_2) = f(\theta_1, \theta_2)/f_2(\theta_2)$ と計算される．$\Theta_1 = \theta_1$ が所与のときの Θ_2 の条件付き確率密度関数も似たように定義されることは明らかであろう．確率ベクトル $(\Theta_1, \Theta_2)'$ の三角モーメントは $\phi(p_1, p_2) = E\left\{e^{i(p_1\Theta_1 + p_2\Theta_2)}\right\}$ で定義される．

二つの角度確率変数 Θ_1 と Θ_2 の $\mathrm{mod}\, 2\pi$ の意味での和 $\Theta = \Theta_1 + \Theta_2$ の確率密度関数は合成積，

$$h(\theta) = \int_0^{2\pi} f(\xi, \theta - \xi) d\xi$$

で計算できる．確率変数 Θ_1 と Θ_2 が独立で，それぞれの三角モーメントが $\phi_p^{(1)}$ と $\phi_p^{(2)}$ であるならば，和 $\Theta = \Theta_1 + \Theta_2$ の三角モーメントは $\phi_p = E(e^{ip\Theta}) = E(e^{ip\Theta_1})E(e^{ip\Theta_2}) = \phi_p^{(1)} \phi_p^{(2)}$ となる．また，三角モーメントと分布の1対1対応により，三角モーメントが与えられれば，分布は一意に定まる．

7.1.2 相関係数

線形な2変量確率ベクトル $(X, Y)'$ に対しては変量間の依存性を表現する一つの手段である Pearson の相関係数,

$$\mathrm{Corr}(X, Y) = \frac{\mathrm{Cov}(X, Y)}{\sqrt{\mathrm{Var}(X)\mathrm{Var}(Y)}}$$

がよく知られているが，この量自身を2変量角度確率ベクトル $(\Theta_1, \Theta_2)'$ の相関係数として使用することは角度変数の持つ特殊性 (2.2節参照) により不

適切である．では，角度変量間の相関 (circular-circular correlation) はどのように定義をすればよいのであろうか？

トーラス上の確率ベクトル $(\Theta, \Phi)'$ の確率変数 Θ と Φ との間の相関係数の定義はいくつかあるが，最初にユークリッド空間への埋込み法 (embedding approach) による相関係数の定義を与えよう．多変量解析で知られている正準相関係数 (canonical correlation) の考え方を利用する．確率変数 Θ から $U = (\cos\Theta, \sin\Theta)'$ を，また Φ から $V = (\cos\Phi, \sin\Phi)'$ をつくり，二つの定数ベクトル a と b に対し二つの線形結合 $a'U$ と $b'V$ との間の Pearson の相関係数，

$$\mathrm{Corr}(a'U, b'V) = \frac{\mathrm{Cov}(a'U, b'V)}{\sqrt{\mathrm{Var}(a'U)\mathrm{Var}(b'V)}} = \frac{a'\Sigma_{12}b}{\sqrt{(a'\Sigma_{11}a)(b'\Sigma_{22}b)}}$$

を考える．ここで，

$$\Sigma_{11} = \begin{pmatrix} \mathrm{Var}(\cos\Theta) & \mathrm{Cov}(\cos\Theta, \sin\Theta) \\ \mathrm{Cov}(\sin\Theta, \cos\Theta) & \mathrm{Var}(\sin\Theta) \end{pmatrix},$$

$$\Sigma_{22} = \begin{pmatrix} \mathrm{Var}(\cos\Phi) & \mathrm{Cov}(\cos\Phi, \sin\Phi) \\ \mathrm{Cov}(\sin\Phi, \cos\Phi) & \mathrm{Var}(\sin\Phi) \end{pmatrix},$$

$$\Sigma_{12} = \begin{pmatrix} \mathrm{Cov}(\cos\Theta, \cos\Phi) & \mathrm{Cov}(\cos\Theta, \sin\Phi) \\ \mathrm{Cov}(\sin\Theta, \cos\Phi) & \mathrm{Cov}(\sin\Theta, \sin\Phi) \end{pmatrix} (\equiv \Sigma_{21}')$$

を表す．確率ベクトル U と V との間の正準相関係数は相関係数 $\mathrm{Corr}(a'U, b'V)$ を制約条件 $a'\Sigma_{11}a = 1$ と $b'\Sigma_{22}b = 1$ の下に a と b に関して最大化することにより得られる．このために，λ と μ を乗数とする Lagrange（ラグランジュ）関数，

$$L(a, b) = a'\Sigma_{12}b - \frac{\lambda}{2}(a'\Sigma_{11}a - 1) - \frac{\mu}{2}(b'\Sigma_{22}b - 1)$$

を a と b に関して微分した式を 0 とおいて，$\lambda = a'\Sigma_{12}b = b'\Sigma_{21}a = \mu$ を得るので，λ^2 は方程式，

$$\left|\Sigma_{11}^{-1}\Sigma_{12}\Sigma_{22}^{-1}\Sigma_{21} - \lambda^2 I_2\right| = 0$$

を満たす．ここで，I_2 は 2×2 の単位行列を表す．この方程式の二つの解の和 r^2 は，Pearson 相関係数 $r_{cc} = \mathrm{Corr}(\cos\Theta, \cos\Phi)$，$r_{cs} = \mathrm{Corr}(\cos\Theta, \sin\Phi)$，$r_{sc} = \mathrm{Corr}(\sin\Theta, \cos\Phi)$，$r_{ss} = \mathrm{Corr}(\sin\Theta, \sin\Phi)$，$r_1 = \mathrm{Corr}(\cos\Theta, \sin\Theta)$，$r_2 = \mathrm{Corr}(\cos\Phi, \sin\Phi)$ の記法の下に，

$$r^2 = \mathrm{tr}(\Sigma_{11}^{-1}\Sigma_{12}\Sigma_{22}^{-1}\Sigma_{21})$$
$$= \frac{1}{(1-r_1^2)(1-r_2^2)}[r_{cc}^2 + r_{cs}^2 + r_{sc}^2 + r_{ss}^2$$
$$+ 2\{(r_{cc}r_{ss} + r_{cs}r_{sc})r_1r_2 - (r_{cc}r_{cs} + r_{sc}r_{ss})r_2 - (r_{cc}r_{sc} + r_{cs}r_{ss})r_1\}]$$

で与えられる．tr は跡和（トレース (trace)：正方行列の対角要素の和）を表す．この r^2 を円周上の二つの確率変数 Θ と Φ との間の相関係数として使用することができる．r^2 の値は，$0 \leq \lambda^2 \leq 1$ から，不等式 $0 \leq r^2 \leq 2$ を満たす．相関係数として区間 $[0,1]$ に値を取るようにしたければ，あらためて $r^2/2$ を相関係数として定義すればよい．なお，相関係数を行列 $\Sigma_{11}^{-1}\Sigma_{12}\Sigma_{22}^{-1}\Sigma_{21}$ の最大固有値として定義するならば，これは明らかに区間 $[0,1]$ に値を取る．r^2 をトーラス上のデータ $(\theta_j, \phi_j)'$, $j=1,\ldots,n$ ($n \geq 2$)，から推定するためには，たとえば Pearson 相関係数 r_{cc} の推定値，

$$\hat{r}_{cc} = \frac{\sum_{j=1}^n (\cos\theta_j - \overline{\cos\theta})(\cos\phi_j - \overline{\cos\phi})}{\sqrt{\sum_{j=1}^n (\cos\theta_j - \overline{\cos\theta})^2 \sum_{j=1}^n (\cos\phi_j - \overline{\cos\phi})^2}}$$

などを r_{cc} などに代入して r^2 の推定値を求めればよい．ここで，たとえば $\overline{\cos\theta}$ は $\overline{\cos\theta} = \sum_{j=1}^n \cos\theta_j/n$ を表す．もしくは，Σ_{11} などをデータから $\hat{\Sigma}_{11}$ などと推定した上で $\mathrm{tr}(\hat{\Sigma}_{11}^{-1}\hat{\Sigma}_{12}\hat{\Sigma}_{22}^{-1}\hat{\Sigma}_{21})$ を計算する．

トーラス上の確率ベクトルの別の相関係数として，$(\Theta_1, \Phi_1)'$ とそれの独立な複製 $(\Theta_2, \Phi_2)'$ から計算される，

$$\rho = \frac{E\{\sin(\Theta_1 - \Theta_2)\sin(\Phi_1 - \Phi_2)\}}{\sqrt{E\{\sin^2(\Theta_1 - \Theta_2)\}E\{\sin^2(\Phi_1 - \Phi_2)\}}} \tag{7.1}$$

を採用することができる．この相関係数の値は区間 $[-1,1]$ の中にある．データ $(\theta_j, \phi_j)'$, $j=1,\ldots,n$ ($n \geq 2$)，から ρ を推定するには，式 (7.1) のデータ版を，

$$\hat{\rho} = \frac{\sum_{1 \leq k < j \leq n} \sin(\theta_k - \theta_j)\sin(\phi_k - \phi_j)}{\left\{\sum_{1 \leq k < j \leq n} \sin^2(\theta_k - \theta_j) \sum_{1 \leq k < j \leq n} \sin^2(\phi_k - \phi_j)\right\}^{1/2}} \tag{7.2}$$

とすればよい．$\hat{\rho}$ の値が区間 $[-1,1]$ の中にあることは明らかであろう．$\hat{\rho}$ の数値を求めるのに別表現，

$$\hat{\rho} = \frac{4(AB - CD)}{\{(n^2 - E^2 - F^2)(n^2 - G^2 - H^2)\}^{1/2}}$$

がある．ここで，

$$A = \sum_{j=1}^{n} \cos\theta_j \cos\phi_j, \ B = \sum_{j=1}^{n} \sin\theta_j \sin\phi_j,$$
$$C = \sum_{j=1}^{n} \cos\theta_j \sin\phi_j, \ D = \sum_{j=1}^{n} \sin\theta_j \cos\phi_j,$$
$$E = \sum_{j=1}^{n} \cos(2\theta_j), \ F = \sum_{j=1}^{n} \sin(2\theta_j), \ G = \sum_{j=1}^{n} \cos(2\phi_j), \ H = \sum_{j=1}^{n} \sin(2\phi_j)$$

を表す．式 (7.2) の右辺の分子は，行列式を用いて，

$$\sum_{1 \leq k < j \leq n} \sin(\theta_k - \theta_j)\sin(\phi_k - \phi_j)$$
$$= \sum_{1 \leq k < j \leq n} \left| \begin{array}{cc} \sin\theta_k & \sin\theta_j \\ \cos\theta_k & \cos\theta_j \end{array} \right| \times \left| \begin{array}{cc} \sin\phi_k & \sin\phi_j \\ \cos\phi_k & \cos\phi_j \end{array} \right|$$

と表現できることに注意しよう．分母も類似の表現ができることは明らかであろう．

3 次元ユークリッド空間においても，テンソル量の間の相関として，$k = 1, \ldots, n$ に対し $\boldsymbol{A} = (\boldsymbol{A}_1, \ldots, \boldsymbol{A}_n)'$, $\boldsymbol{B} = (\boldsymbol{B}_1, \ldots, \boldsymbol{B}_n)'$, $\boldsymbol{A}_k = (a_{1k}, a_{2k}, a_{3k})'$, $\boldsymbol{B}_k = (b_{1k}, b_{2k}, b_{3k})'$ とおいて，

$$R(\boldsymbol{A}; \boldsymbol{B}) = \frac{|[a_i b_j]|}{\sqrt{|[a_i a_j]| \times |[b_i b_j]|}} \tag{7.3}$$

を定義できる．分子の $|[a_i b_j]|$ は，

$$|[a_i b_j]| = \sum_{1 \leq \alpha < \beta < \gamma \leq n} \left| \begin{array}{ccc} a_{1\alpha} & a_{1\beta} & a_{1\gamma} \\ a_{2\alpha} & a_{2\beta} & a_{2\gamma} \\ a_{3\alpha} & a_{3\beta} & a_{3\gamma} \end{array} \right| \times \left| \begin{array}{ccc} b_{1\alpha} & b_{1\beta} & b_{1\gamma} \\ b_{2\alpha} & b_{2\beta} & b_{2\gamma} \\ b_{3\alpha} & b_{3\beta} & b_{3\gamma} \end{array} \right|$$

を表す．分母の量も類似に定義される．

トーラス上の確率ベクトル $(\Theta, \Phi)'$ 間のもう一つの相関係数を与えておく．μ と ν を，それぞれ，Θ と Φ の平均方向とするとき，

$$\rho_{\mathrm{JS}} = \frac{E\{\sin(\Theta - \mu)\sin(\Phi - \nu)\}}{\sqrt{E\{\sin^2(\Theta - \mu)\}E\{\sin^2(\Phi - \nu)\}}} \tag{7.4}$$

がそれである．$E\{\sin(\Theta-\mu)\} = E\{\sin(\Phi-\nu)\} = 0$ だから，$\mathrm{Var}\{\sin(\Theta-\mu)\} = E\{\sin^2(\Theta - \mu)\}$ と $\mathrm{Var}\{\sin(\Phi - \nu)\} = E\{\sin^2(\Phi - \nu)\}$ であることに注意しよう．相関係数 (7.4) は，

$$\rho_{\mathrm{JS}} = \frac{E[\cos\{\Theta - \Phi - (\mu - \nu)\} - \cos\{\Theta + \Phi - (\mu + \nu)\}]}{2\sqrt{E\{\sin^2(\Theta - \mu)\}E\{\sin^2(\Phi - \nu)\}}} \qquad (7.5)$$

と書き換えることができる．

相関係数 (7.4) もしくは (7.5) は次の性質を持つ：

(a) ρ_{JS} は各変量のゼロ方向に依存しない．
(b) $\rho_{\mathrm{JS}}(\Theta, \Phi) = \rho_{\mathrm{JS}}(\Phi, \Theta)$．
(c) $-1 \leq \rho_{\mathrm{JS}} \leq 1$．
(d) Θ と Φ が独立であるとき $\rho_{\mathrm{JS}} = 0$ が成り立つ．逆は成り立たない．
(e) Θ と Φ は，それぞれ全円周上に台を持つとする．$\rho_{\mathrm{JS}} = 1$ は，$\Theta = \Phi + c_1$ (c_1 は定数) $(\mathrm{mod}\ 2\pi)$ のとき，およびそのときに限り成り立つ．また，$\rho_{\mathrm{JS}} = -1$ は，$\Theta + \Phi = c_2$ (c_2 は定数) $(\mathrm{mod}\ 2\pi)$ のとき，およびそのときに限り成り立つ．

7.2 分布生成法

2 変量分布としてのトーラス上の分布の生成法は，後に第 8 章において述べるシリンダー上の分布の生成法と共通する部分が多い．たとえば，以下のエントロピー最大化法，周辺分布指定法，条件付き分布指定法は，考え方が似ているという理由よりむしろ，数理的に**多様体** (manifold) 上の性質として述べることができるからである．

7.2.1 エントロピー最大化法

円周上の分布のエントロピー最大化法（3.3.4 項）と同様に，トーラス上やシリンダー上の分布をエントロピー最大化によって生成する方法は次のように述べることができる．

空間 S 上の分布は何らかの測度に関する確率密度関数の言葉で表されるとしよう．そして，$S_1 (\subset S)$ は確率密度関数 $f(\boldsymbol{x})$ の台であるとする．与えられた定数 a_j ($j = 1, \ldots, q$) に対し，関数 $t_j(\boldsymbol{x})$ はモーメント条件 $E\{t_j(\boldsymbol{x})\} = a_j$ を満たすとする．エントロピーを最大化する確率密度関数は，$t_j(\boldsymbol{x})$ が上の条件を満たす定数 $b_0, b_1, \ldots$ が存在するならば，

$$f(\boldsymbol{x}) = \exp\left\{b_0 + \sum_{j=1}^{q} b_j t_j(\boldsymbol{x})\right\}, \quad \boldsymbol{x} \in S_1$$

で与えられる．

エントロピー最大化法を利用して生成されるトーラス上の分布の例は次のようである．三角モーメント $E(e^{i\Theta})$, $E(e^{i\Phi})$ と正弦モーメント $E\{\sin(\Theta - \mu)\sin(\Phi - \nu)\}$ 所与の条件下では，

$$f(\theta, \phi) \propto \exp\{\kappa_1 \cos(\theta - \mu) + \kappa_2 \cos(\phi - \nu) + \kappa_3 \sin(\theta - \mu)\sin(\phi - \nu)\}$$

の形となる．

7.2.2 周辺分布指定法

エントロピー最大化法におけるのと同様に，本節の周辺分布指定法も分布の台を適当に変更することにより，シリンダー上やディスク上の分布に適用することができる．トーラス上の分布の場合の周辺分布指定法は次のように述べることができる．

$f_1(\theta)$ と $f_2(\theta)$ を，それぞれ，円周上の確率変数 Θ_1 と Θ_2 の確率密度関数とし，$F_1(\theta)$ と $F_2(\theta)$ を対応する分布関数とする．また，$g(\theta)$ を円周上の確率密度関数とする．そのとき，

$$f_\pm(\theta_1, \theta_2) = 2\pi g(2\pi\{F_1(\theta_1) \pm F_2(\theta_2)\}) f_1(\theta_1) f_2(\theta_2),$$
$$0 \leq \theta_1 < 2\pi, \ 0 \leq \theta_2 < 2\pi \quad (7.6)$$

はトーラス上の確率ベクトル $(\Theta_1, \Theta_2)'$ の確率密度関数で，その周辺確率密度関数は $f_1(\theta_1)$ と $f_2(\theta_2)$ となる．証明は簡単である．実際，$U = 2\pi F_1(\Theta_1)$ と変数変換すると，$du = 2\pi f_1(\theta_1) d\theta_1$ なので，

$$\int_0^{2\pi} f_\pm(\theta_1, \theta_2) d\theta_1 = \int_0^{2\pi} g(u \pm 2\pi F_2(\theta_2)) f_2(\theta_2) du = f_2(\theta_2)$$

となる．Θ_1 の周辺確率密度関数が $f_1(\theta_1)$ となることは，$V = 2\pi F_2(\Theta_2)$ と変数変換すれば $dv = 2\pi f_2(\theta_2) d\theta_2$ なので，明らかであろう．

同様にして，トーラス上の分布を周辺分布とする4変量分布を周辺分布指定法により構成することができる．$f_1(\theta_1, \theta_2)$ と $f_2(\phi_1, \phi_2)$ をトーラス上の確率ベクトル $(\Theta_1, \Theta_2)'$ と $(\Phi_1, \Phi_2)'$ の確率密度関数とし，$F_1(\theta_1, \theta_2)$ と $F_2(\phi_1, \phi_2)$

を対応する分布関数とする．また，$f_{11}(\theta_1)$ と $f_{21}(\phi_1)$ をそれぞれ Θ_1 と Φ_1 の周辺確率密度関数とし，$g(\theta)$ を円周上の確率密度関数とする．そのとき，

$$f_{\pm}(\theta_1, \theta_2, \phi_1, \phi_2) = 2\pi\, g\left(2\pi\left\{\frac{1}{f_{11}(\theta_1)}\frac{\partial F_1(\theta_1, \theta_2)}{\partial \theta_1} \pm \frac{1}{f_{21}(\phi_1)}\frac{\partial F_2(\phi_1, \phi_2)}{\partial \phi_1}\right\}\right)$$
$$\times f_1(\theta_1, \theta_2) f_2(\phi_1, \phi_2), \quad 0 \leq \theta_1, \theta_2, \phi_1, \phi_2 < 2\pi \qquad (7.7)$$

は 4 変量ハイパートーラス (hyper-torus) 上の確率ベクトル $(\Theta_1, \Theta_2, \Phi_1, \Phi_2)'$ の確率密度関数で，その周辺確率密度関数は $f_1(\theta_1, \theta_2)$ と $f_2(\phi_1, \phi_2)$ となる．さらに，$F_{11}(\theta_1)$ と $F_{21}(\phi_1)$ をそれぞれ Θ_1 と Φ_1 の周辺分布関数とし，$h(\theta, \phi)$ をトーラス上の確率密度関数とすると，

$$f_{\pm}^*(\theta_1, \theta_2, \phi_1, \phi_2)$$
$$= 4\pi^2 h\Bigg(2\pi\{F_{11}(\theta_1) \pm F_{21}(\phi_1)\},$$
$$2\pi\left\{\frac{1}{f_{11}(\theta_1)}\frac{\partial F_1(\theta_1, \theta_2)}{\partial \theta_1} \pm \frac{1}{f_{21}(\phi_1)}\frac{\partial F_2(\phi_1, \phi_2)}{\partial \phi_1}\right\}\Bigg)$$
$$\times f_1(\theta_1, \theta_2) f_2(\phi_1, \phi_2)$$

も 4 変量ハイパートーラス上の確率ベクトル $(\Theta_1, \Theta_2, \Phi_1, \Phi_2)'$ の確率密度関数となる．これらの証明は省略する．文献については，7.3 節の文献ノートを参照のこと．

上では 4 変量ハイパートーラス上の分布を構成したが，一つの確率変数，たとえば Φ_2 が欠けているときに確率ベクトル $(\Theta_1, \Theta_2, \Phi)'$ の 3 変量分布を構成することは可能である．次のように，

$$f_{\pm}(\theta_1, \theta_2, \phi) = 2\pi\, g\left(2\pi\left\{\frac{1}{f_{11}(\theta_1)}\frac{\partial F_1(\theta_1, \theta_2)}{\partial \theta_1} \pm F_2(\phi)\right\}\right) f_1(\theta_1, \theta_2) f_2(\phi)$$

とすればよい．

周辺分布指定法によって構成される分布を利用して，1 次の**定常 Markov**（マルコフ）**確率過程** (stationary Markov process) をつくることができる．たとえば，式 (7.6) に対しては，確率変数列 Θ_j $(j = 0, 1, 2, \ldots)$ につき，初期値を $p(\theta_0) = f_1(\theta_0)$ として推移確率密度関数を，

$$p(\theta_n | \theta_0, \theta_1, \ldots, \theta_{n-1}) = p(\theta_n | \theta_{n-1})$$
$$= 2\pi g(2\pi\{F_1(\theta_n) - F_1(\theta_{n-1})\}) f_1(\theta_n)$$

のようにする．式 (7.7) からも同様に Markov 確率過程を定義できる．

7.2.3 条件付き分布指定法

二つの与えられた条件付き確率密度関数から結合確率密度関数を構成する方法について述べる．

指数型分布族に属し，ℓ_1 個と ℓ_2 個のパラメータを持つ二つの確率密度関数，

$$f_1(x; \boldsymbol{\eta}) = r_1(x)\beta_1(\boldsymbol{\eta}) \exp\left\{\sum_{j=1}^{\ell_1} \eta_j p_j(x)\right\}, \quad \boldsymbol{\eta} = (\eta_1, \ldots, \eta_{\ell_1})'$$

と，

$$f_2(y; \boldsymbol{\tau}) = r_2(y)\beta_2(\boldsymbol{\tau}) \exp\left\{\sum_{j=1}^{\ell_2} \tau_j q_j(y)\right\}, \quad \boldsymbol{\tau} = (\tau_1, \ldots, \tau_{\ell_2})'$$

を考えよう．ここで，$\{p_j(x)\}$ と $\{q_j(y)\}$ は線形独立を仮定する．2 変量確率密度関数 $f(x,y)$ は，$Y = y$ が所与のときの X の条件付き確率密度関数について適当な関数 $\eta(y)$ で $f(x|y) = f_1(x; \eta(y))$，$X = x$ が所与のときの Y の条件付き確率密度関数について適当な関数 $\tau(x)$ で $f(y|x) = f_2(y; \tau(x))$ を満たすとする．そのとき，確率密度関数 $f(x,y)$ は，適当な $(\ell_1+1) \times (\ell_2+1)$ パラメータ行列 M に対して，次のように表される．

$$f(x,y) = r_1(x)r_2(y)\exp\left[\{\boldsymbol{p}(x)\}'M\boldsymbol{q}(y)\right], \quad (x,y) \in \mathbb{R}^2$$

ここで，$\boldsymbol{p}(x) = (1, p_1(x), \ldots, p_{\ell_1}(x))'$ および $\boldsymbol{q}(y) = (1, q_1(y), \ldots, q_{\ell_2}(y))'$ である．命題は $\mathbb{R}^2$ 上で述べてあるが，トーラス上やシリンダー上でもほぼ同様に命題を述べることができる．

条件付き分布指定法によるトーラス上の分布の構成例をあげよう．条件付き分布が von Mises 確率密度関数 $f(\xi) \propto \exp(a\cos\xi + b\sin\xi)$ の形であるようなトーラス上の分布を構成する．ベクトル $\boldsymbol{p}(\theta)$，$\boldsymbol{q}(\phi)$ と定数行列 M を，

$$\boldsymbol{p}(\theta) = \begin{pmatrix} 1 \\ \cos\theta \\ \sin\theta \end{pmatrix}, \boldsymbol{q}(\phi) = \begin{pmatrix} 1 \\ \cos\phi \\ \sin\phi \end{pmatrix}, M = \begin{pmatrix} m_{00} & m_{01} & m_{02} \\ m_{10} & m_{11} & m_{12} \\ m_{20} & m_{21} & m_{22} \end{pmatrix}$$

とし，確率密度関数を，

$$f(\theta, \phi) = \exp\left[\{\boldsymbol{p}(\theta)\}'M\boldsymbol{q}(\phi)\right], \quad (\theta, \phi) \in [0, 2\pi)^2$$

のようにする．変形すれば 2×2 行列 A を使って，

$$f(\theta_1, \theta_2)$$
$$\propto \exp\{\kappa_1 \cos(\theta_1 - \mu_1) + \kappa_2 \cos(\theta_2 - \mu_2) + (\cos\theta_1, \sin\theta_1)A(\cos\theta_2, \sin\theta_2)'\} \tag{7.8}$$

の形になる．これは，モーメント $E(\cos\Theta_1)$, $E(\sin\Theta_1)$, $E(\cos\Theta_2)$, $E(\sin\Theta_2)$, $E(\cos\Theta_1\cos\Theta_2)$, $E(\cos\Theta_1\sin\Theta_2)$, $E(\sin\Theta_1\cos\Theta_2)$, $E(\sin\Theta_1\sin\Theta_2)$ を指定したときのエントロピー最大化分布にもなっている．

特別な場合は式 (7.8) の正規化定数を書き下すことができる．サブモデル，

$$f(\theta_1, \theta_2) = C^{-1} \exp\{\kappa_1 \cos(\theta_1 - \mu_1) + \kappa_2 \cos(\theta_2 - \mu_2)$$
$$+ \alpha \cos(\theta_1 - \mu_1)\cos(\theta_2 - \mu_2) + \beta \sin(\theta_1 - \mu_1)\sin(\theta_2 - \mu_2)\}$$

の正規化定数は，第 1 種変形 Bessel 関数を用いて，

$$C = 4\pi^2 \sum_{\substack{j,\ell = -\infty \\ j+\ell:\ \text{even}}}^{\infty} I_j(\kappa_1) I_\ell(\kappa_2) I_{(j+\ell)/2}\left(\frac{\alpha+\beta}{2}\right) I_{(j-\ell)/2}\left(\frac{\alpha-\beta}{2}\right)$$

と二重の級数表現ができる．また，別の 5 パラメータサブモデル，

$$f(\theta_1, \theta_2)$$
$$= C^{-1} \exp\{\kappa_1 \cos(\theta_1 - \mu_1) + \kappa_2 \cos(\theta_2 - \mu_2) + \lambda \sin(\theta_1 - \mu_1)\sin(\theta_2 - \mu_2)\} \tag{7.9}$$

の正規化定数は，第 1 種変形 Bessel 関数を用いて，

$$C = 4\pi^2 \sum_{m=0}^{\infty} \binom{2m}{m} \left(\frac{\lambda^2}{4\kappa_1\kappa_2}\right)^m I_m(\kappa_1) I_m(\kappa_2)$$

と単一の級数で表される．さらに，別の 5 パラメータモデルとして，

$$f(\theta_1, \theta_2) = C^{-1} \exp\{\kappa_1 \cos(\theta_1-\mu_1) + \kappa_2 \cos(\theta_2-\mu_2) - \kappa_3 \cos(\theta_1-\mu_1-\theta_2+\mu_2)\} \tag{7.10}$$

が提案されている．このモデルの正規化定数も，

$$C = 4\pi^2 \left\{ I_0(\kappa_1) I_0(\kappa_2) I_0(\kappa_3) + 2 \sum_{p=1}^{\infty} I_p(\kappa_1) I_p(\kappa_2) I_p(\kappa_3) \right\}$$

と第 1 種変形 Bessel 関数を用いて表される．

7.2.4 巻込み分布

原理的には一般次元トーラス上の巻込み分布を構成することが可能ではあるが，表現が複雑になるので 2 変量の場合に限ることとし，しかも 2 変量巻込み正規分布についてだけ解説する．

2 変量正規分布 $N_2(\mu_1, \mu_2, \sigma_1, \sigma_2, \rho)$ の確率密度関数は，$-\infty < \mu_1 < \infty$, $-\infty < \mu_2 < \infty$, $\sigma_1 > 0$, $\sigma_2 > 0$, $-1 < \rho < 1$ に対して，

$$g(x_1, x_2) = \frac{1}{2\pi\sigma_1\sigma_2\sqrt{1-\rho^2}} \exp\left[-\frac{1}{2(1-\rho^2)}\right.$$
$$\left. \times \left\{\frac{(x_1-\mu_1)^2}{\sigma_1^2} - \frac{2\rho(x_1-\mu_1)(x_2-\mu_2)}{\sigma_1\sigma_2} + \frac{(x_2-\mu_2)^2}{\sigma_2^2}\right\}\right]$$

であるので，対応する 2 変量巻込み正規分布の確率密度関数は，

$$f(\theta, \phi) = \frac{1}{2\pi\sigma_1\sigma_2\sqrt{1-\rho^2}} \sum_{k=-\infty}^{\infty} \sum_{m=-\infty}^{\infty} \exp(-Q/2) \quad (7.11)$$

となることが分かる．ここで，Q は，

$$Q = \frac{1}{1-\rho^2}\left\{\frac{(\theta-2\pi k-\mu_1)^2}{\sigma_1^2} - \frac{2\rho(\theta-2\pi k-\mu_1)(\phi-2\pi m-\mu_2)}{\sigma_1\sigma_2} \right.$$
$$\left. + \frac{(\phi-2\pi m-\mu_2)^2}{\sigma_2^2}\right\}$$

を表す．周辺分布は，円周上の巻込み正規分布であり，その確率密度関数は，

$$\int_0^{2\pi} f(\theta, \phi)d\phi = \frac{1}{\sqrt{2\pi}\sigma_1} \sum_{k=-\infty}^{\infty} \exp\left\{-\frac{1}{2\sigma_1^2}(\theta-2\pi k-\mu_1)^2\right\}$$

となる．

確率密度関数が式 (7.11) で与えられる 2 変量巻込み正規分布に従う確率ベクトル $(\Theta, \Phi)'$ の (p, q) 次三角モーメントは，

$$E\{e^{i(p\Theta+q\Phi)}\} = \exp\left\{i(p\mu_1+q\mu_2) - \left(\frac{1}{2}p^2\sigma_1^2 + \frac{1}{2}q^2\sigma_2^2 + pq\sigma_1\sigma_2\rho\right)\right\}$$

であり，したがって (7.11) は，$\theta^* = \theta - \mu_1$, $\phi^* = \phi - \mu_2$ として，Fourier 級数表現，

$$f(\theta, \phi) = \frac{1}{(2\pi)^2}\left[1 + 2\sum_{p=1}^{\infty} e^{-p^2\sigma_1^2/2}\cos(p\theta^*) + 2\sum_{q=1}^{\infty} e^{-q^2\sigma_2^2/2}\cos(q\phi^*)\right.$$

$$+4\sum_{p=1}^{\infty}\sum_{q=1}^{\infty}e^{-(p^2\sigma_1^2+q^2\sigma_2^2)/2}$$
$$\times\left\{e^{pq\sigma_1\sigma_2\rho}\cos(p\theta^*-q\phi^*)+e^{-pq\sigma_1\sigma_2\rho}\cos(p\theta^*+q\phi^*)\right\}\Bigg]$$

を持つ．上の 2 変量巻込み正規分布は，σ_1 と σ_2 が共に 0 に行くときに退化した分布に収束し，σ_1 と σ_2 が大きい値のときにはトーラス上の一様分布に近似される．

相関係数 ρ_{JS} を評価するのに，二つの式 (7.4) と (7.5) の表現のうち (7.5) を用いることにする．いま，確率ベクトル $(X,Y)'$ は，X の平均と分散が (μ_1,σ_1^2)，Y の平均と分散が (μ_2,σ_2^2)，X と Y の相関係数が ρ の 2 変量正規分布 $N_2(\mu_1,\mu_2,\sigma_1^2,\sigma_2^2,\rho)$ に従うとする．X と Y からつくられる巻込み変数 $\Theta+\Phi \pmod{2\pi} = X+Y \pmod{2\pi}$ と $\Theta-\Phi \pmod{2\pi} = X-Y \pmod{2\pi}$ は，それぞれ，巻込み正規分布 $\text{WN}(\mu_1+\mu_2,\sigma_1^2+\sigma_2^2+2\sigma_1\sigma_2\rho)$ と $\text{WN}(\mu_1-\mu_2,\sigma_1^2+\sigma_2^2-2\sigma_1\sigma_2\rho)$ に従うので，4.5 節におけるように，平均方向周りの余弦モーメント，

$$E[\cos\{\Theta+\Phi-(\mu_1+\mu_2)\}]=\exp\left\{-\frac{1}{2}(\sigma_1^2+\sigma_2^2+2\sigma_1\sigma_2\rho)\right\},$$
$$E[\cos\{\Theta-\Phi-(\mu_1-\mu_2)\}]=\exp\left\{-\frac{1}{2}(\sigma_1^2+\sigma_2^2-2\sigma_1\sigma_2\rho)\right\}$$

を得る．よって，

$$\begin{aligned}&E\{\sin(\Theta-\mu_1)\sin(\Phi-\mu_2)\}\\&=\frac{1}{2}E[\cos\{\Theta-\Phi-(\mu_1-\mu_2)\}-\cos\{\Theta+\Phi-(\mu_1+\mu_2)\}]\\&=\exp\left\{-\frac{1}{2}(\sigma_1^2+\sigma_2^2)\right\}\sinh(\sigma_1\sigma_2\rho)\end{aligned}$$

となる．式 (7.5) の分母の計算のためには，確率変数 Θ は巻込み正規分布 $\text{WN}(\mu_1,\sigma_1^2)$ に従い，Φ は $\text{WN}(\mu_2,\sigma_2^2)$ に従うことから，$\sin^2 z = \{1-\cos(2z)\}/2$ を使うと，$E\{\sin^2(\Theta-\mu_1)\}$ は平均方向周りの 2 次余弦モーメントから得られることになる．よって，

$$E\{\sin^2(\Theta-\mu_1)\}=\frac{1}{2}\left(1-e^{-2\sigma_1^2}\right)=e^{-\sigma_1^2}\sinh(\sigma_1^2)$$

と，

$$E\{\sin^2(\Phi - \mu_2)\} = \frac{1}{2}\left(1 - e^{-2\sigma_2^2}\right) = e^{-\sigma_2^2}\sinh(\sigma_2^2)$$

となる．結果的に，トーラス上の 2 変量巻込み正規分布の相関係数 (7.5) は，

$$\rho_{\mathrm{JS}} = \frac{\sinh(\sigma_1\sigma_2\rho)}{\sqrt{\sinh(\sigma_1^2)\sinh(\sigma_2^2)}}$$

と簡潔な形で与えられることが分かった．X と Y が独立であれば $\rho = 0$ が成立するから，このとき $\rho_{\mathrm{JS}} = 0$ である．では，X と Y の Pearson 相関係数が 1 であるとき，$\rho_{\mathrm{JS}} = 1$ となるのかというと，これは $\sigma_1 = \sigma_2$ でない限り成り立たない．この場合，相関係数 (7.5) の性質 (e) から，$\Theta = \Phi + c_1 \pmod{2\pi}$ である．ここで，c_1 は定数を表す．同様にして，X と Y の相関係数が -1 で $\sigma_1 = \sigma_2$ ならば，$\rho_{\mathrm{JS}} = -1$ となり，c_2 を定数として $\Theta + \Phi = c_2 \pmod{2\pi}$ となる．

7.2.5 角度変数間の構造モデル

線形 2 変量分布の構成法の一つとして，独立な 3 変量を基礎にして**依存性を持つ分布**をつくる方法 (trivariate reduction method) が知られている．この方法について説明すると，次のようになる．いま，S, T, U を三つの独立な確率変数とするとき，

$$\begin{cases} X = S + U \\ Y = T + U \end{cases}$$

で定義される確率ベクトル $(X, Y)'$ の分布について考えるものとする．X と Y には共通の確率変数 U が含まれているので，X と Y は明らかに依存性を持つ．X と Y の結合分布を求めるには，もう一つの確率変数 $Z = U$ を導入して，$(S, T, U)'$ の結合分布を $(X, Y, Z)'$ の分布に変換し，その次に $(X, Y)'$ の周辺分布を求めればよい．S, T, U がそれぞれ確率密度関数 $f_S(s)$, $f_T(t)$, $f_U(u)$ を持つときには，$x = s+u$, $y = t+u$, $z = u$ を逆解きして，$s = x-z$, $t = y-z$, $u = z$ となり，変換のヤコビアンは $\partial(s,t,u)/\partial(x,y,z) = 1$ だから，$(X, Y)'$ の確率密度関数は，

$$f_{X,Y}(x, y) = \int_{-\infty}^{\infty} f_S(x-z) f_T(y-z) f_U(z) dz$$

を計算することによって求められる．

線形変数に関する trivariate reduction 法は角度確率変数の場合にも適用可能であり，ここでは角度変数間の構造モデルの形で表現しておこう．すなわち，

$$\theta = \xi + \delta, \quad \phi = \eta + \varepsilon$$

を考えよう．ξ と η は角度確率変数であり，関係 $\eta = M(\xi)$ を持つとする．そうすると，θ と ϕ は依存性を持つようにできる．また，δ と ε は観測誤差を表す独立な角度確率変数で，ξ とも独立とする．原理的には，この構造モデルの下で，ξ, δ, ε を任意の角度分布に従う確率変数としてよいわけであるが，実際に θ と ϕ の確率密度関数の計算が簡潔な形で可能かどうかは別問題である．

7.2.5.1 2変量ハート型分布

ここでは構造モデルの例として，簡単のために，ξ はハート型分布 $C(\mu, \rho)$ に従い，δ と ε はそれぞれ平均方向 0 のハート型分布 $C(0, \rho_1)$ と $C(0, \rho_2)$ に従うと仮定する．関係 $\eta = M(\xi)$ は角度と角度の間の関係であるので，4.9 節における Möbius 変換を用いることにする．

確率ベクトル $(\theta, \phi)'$ の分布は2変量角度分布（トーラス上の分布）を表す．この分布を $\mathrm{MC}_2(\mu, \rho, \mu_\alpha, r_\alpha, \mu_\beta, \rho_1, \rho_2)$ と表記することにしよう．$\theta = \xi + \delta$ の周辺分布は，二つのハート型分布 $C(\mu, \rho)$ と $C(0, \rho_1)$ に従う独立な確率変数の和の分布であるので，ハート型分布の再生性によりハート型 $C(\mu, \rho\rho_1)$ であり，ϕ の周辺分布は同様にしてハート型 $C(\mu_\phi, \rho_\phi)$ である．ここで，

$$\mu_\phi = \mu_\alpha + \mu_\beta + \tan^{-1}\left\{\frac{\rho(1-r_\alpha^2)\sin(\mu-\mu_\alpha)}{r_\alpha + \rho(1-r_\alpha^2)\cos(\mu-\mu_\alpha)}\right\},$$

$$\rho_\phi = \rho_2\left\{\rho^2(1-r_\alpha^2)^2 + r_\alpha^2 + 2\rho r_\alpha(1-r_\alpha^2)\cos(\mu-\mu_\alpha)\right\}^{1/2}$$

を表す．$\mathrm{MC}_2(\mu, \rho, \mu_\alpha, r_\alpha, \mu_\beta, \rho_1, \rho_2)$ に従う $(\theta, \phi)'$ の確率密度関数は幾分面倒な形であるが，陽に表すことができる．実際，

$$\begin{aligned}f(\theta, \phi) = &\left(\frac{1}{2\pi}\right)^2 [1 + 2\rho_2 r_\alpha\{1 + 2\rho\rho_1\cos(\theta-\mu)\}\cos(\mu_\alpha+\mu_\beta-\phi) \\ &+ 2\rho\rho_1\cos(\theta-\mu) + 2\rho\rho_2(1-r_\alpha^2)\cos(\phi-\mu-\mu_\beta) \\ &+ 2\rho_1\rho_2(1-r_\alpha^2)\cos(\phi-\theta-\mu_\beta) \\ &- 2\rho\rho_1\rho_2 r_\alpha(1-r_\alpha^2)\cos(\theta-\phi+\mu-\mu_\alpha+\mu_\beta)]\end{aligned}$$

となる．$\rho_1 = 0$ もしくは $\rho_2 = 0$ ならば，θ と ϕ は独立となる．なお，最初に仮定した ξ, δ, ε の分布はハート型と限定されるわけではなく，たとえば von Mises や巻込み Cauchy 分布があり得そうな場合であるが，ハート型以外のときにモデルの統計的性質を導くことは現時点では成功していないようである．

7.3 文献ノート

式 (7.2) は Fisher and Lee (1983) に与えられている．実は既に，Fisher and Lee (1983) より 40 年以上も前に Masuyama (1939) によりテンソル量の相関 (7.1.2 項の式 (7.3) も参照) として導入されていたのだが，当時の事情もあり世界的には知られていなかったようである．相関係数 ρ_{JS} は Jammalamadaka and Sarma (1988) によって与えられ，諸性質が導かれているので添字に JS を使用した．しかしながら，実は同じ量が馬場 (1981) による日本語の論文によって 2 変量巻込み正規分布を定義する際に導入されている．ノンパラメトリック相関係数に関しては Fisher (1993)，Shieh et al. (1994, 2011) や Zhan et al. (2017) を参照するとよい．

トーラス上の分布の周辺分布指定法による構成に関しては，Johnson and Wehrly (1978) や Wehrly and Johnson (1980) を参照のこと．また，トーラス上の分布を周辺分布とする 4 変量分布を周辺分布指定法により構成することは，Kato and Shimizu (2008) による．ハイパートーラスの場合への一つの一般化は Kim et al. (2016) に与えられている．条件付き分布指定法は Arnold and Strauss (1991) に見られる．また，その解説が SenGupta (2004) によりなされている．Singh et al. (2002) は式 (7.9) を示し，プロリン誘導体の二面角データのモデル化に使用した．また，式 (7.10) は，Mardia et al. (2007) によるものであり，論文では例としてリンゴ酸脱水素酵素とミオグロビン立体構造の角度データにモデルが当てはめられた．

角度変数間の構造モデルは Wang and Shimizu (2012) で提案され，その論文に 2 変量ハート型分布が与えられている．霞ケ浦朝 6 時と正午 12 時の風向データについて，そのモデルを使用しての解析例が清水・王 (2013) に見られる．また，Möbius 変換に関連して，周辺分布と条件付き分布が巻込み Cauchy であるような 2 変量分布が Kato et al. (2008) に紹介されている．なお，本書では解説をしていないが，Jones et al. (2015) におけるように，最近になってトーラス上のコピュラに関する論文が出始めたことを記しておこう．

また，高次元トーラス上の分布の提案と諸性質については Kim *et al.* (2016) や Mardia and Voss (2014) およびその参考文献を参照されたい．

文献

1. Arnold, B. C. and Strauss, D. J. (1991). Bivariate distributions with conditionals in prescribed exponential families, *Journal of the Royal Statistical Society*, **B53**, 365–375.
2. Fisher, N. I. (1993). *Statistical Analysis of Circular Data*, Cambridge University Press.
3. Fisher, N. I. and Lee, A. J. (1983). A correlation coefficient for circular data, *Biometrika*, **70**, 327–332.
4. Jammalamadaka, S. R. and Sarma, Y. R. (1988). A correlation coefficient for angular variables, In Matusita, K. editor, *Statistical Theory and Data Analysis II*, North Holland, pp. 349–364.
5. Johnson, R. A. and Wehrly, T. E. (1978). Some angular-linear distributions and related regression models, *Journal of the American Statistical Association*, **73**, 602–606.
6. Jones, M. C., Pewsey, A. and Kato, S. (2015). On a class of circulas: copulas for circular distributions, *Annals of the Institute of Statistical Mathematics*, **67**, 843–862.
7. Kato, S. and Shimizu, K. (2008). Dependent models for observations which include angular ones, *Journal of Statistical Planning and Inference*, **138**, 3538–3549.
8. Kato, S., Shimizu, K. and Shieh, G. S. (2008). A circular-circular regression model, *Statistica Sinica*, **18**, 633–645.
9. Kim, S., SenGupta, A. and Arnold, B. (2016). A multivariate circular distribution with applications to the protein structure prediction problem, *Journal of Multivariate Analysis*, **143**, 374–382.
10. Mardia, K. V. and Voss, J. (2014). Some fundamental properties of a multivariate von Mises distribution, Communications in Statistics-Theory and Methods, **43**, 1132–1144.
11. Mardia, K. V., Taylor, C. C. and Subramaniam, G. K. (2007). Protein bioinformatics and mixtures of bivariate von Mises distributions for angular data, *Biometrics*, **63**, 505–512.
12. Masuyama, M. (1939). Correlation between tensor quantities, *Proceedings of the Physico-mathematical Society of Japan, 3rd series*, **21**, 638–647.
13. SenGupta, A. (2004). On the constructions of probability distributions for directional data, *Bulletin of Calcutta Mathematical Society*, **96**, 139–154.
14. Shieh, G. S., Johnson, R. A. and Frees, E. W. (1994). Testing independence of bivariate circular data and weighted degenerate U-statistics, *Statistica Sinica*, **4**,

729–747.

15. Shieh, G. S., Zheng, S., Johnson, R. A., Chang, Y-F., Shimizu, K., Wang, C-C. and Tang, S-L. (2011). Modeling and comparing the organization of circular genomes, *Bioinformatics*, **27**, 912–918.

16. Singh, H., Hnizdo, V. and Demchuk, E. (2002). Probabilistic model for two dependent circular variables, *Biometrika*, **89**, 719–723.

17. Wang, M.-Z. and Shimizu, K. (2012). On applying Möbius transformation to cardioid random variables, *Statistical Methodology*, **9**, 604–614.

18. Wehrly, T. E. and Johnson, R. A. (1980). Bivariate models for dependence of angular observations and a related Markov process, *Biometrika*, **67**, 255–256.

19. Zhan, X., Ma, T., Liu, S. and Shimizu, K. (2017). On circular correlation for data on the torus, Statistical Papers, DOI: 10.1007/s00362-017-0897-5.

20. 清水邦夫・王敏真 (2013). 環境科学における方向統計学の利用, 統計数理, **61**, 289–305.

21. 馬場康維 (1981). 角度データの統計—Wrapped Normal 分布モデル—, 統計数理研究所彙報（第33巻から「統計数理」と誌名変更), **28**, 41–54.

8 シリンダー上の確率分布モデル

本書においてシリンダー (cylinder) の用語は，ある直線から等距離の点の集合の意味で用いる．その図形的なイメージは図 8.1 を見れば明らかであろう．いま，その直線が原点を通るものとすると，その直線から距離 1 の点の集合は，ユークリッド座標を用いて，$\{(x,u,v)| -\infty < x < \infty, \ u^2 + v^2 = 1\}$ と表せる．式 $u^2 + v^2 = 1$ は原点を通る直線上の点 x から距離 1 の点の集合，すなわち単位円を表している．極座標変換 $u = \cos\theta, \ v = \sin\theta \ (0 \leq \theta < 2\pi)$ を用いれば，上のシリンダーは，直線の座標を表す x と角度を表す θ の点の集まりとして $\{(x,\theta)| -\infty < x < \infty, \ 0 \leq \theta < 2\pi\}$ とも表現できることになる．したがって，線形確率変数 X と角度確率変数 Θ の結合分布をシリンダー上の分布 (distribution on the cylinder) と呼ぶことが可能である．線形確率変数 X の取りうる値の範囲が，たとえば風速や距離のように，非負の値のみを取る場合を考えることもあるであろう．そのときには，対応するシリンダーを $\{(x,\theta)| 0 \leq x < \infty, \ 0 \leq \theta < 2\pi\}$ のように，適宜に変更を施して同じ用語を用いることにする．

上の考察から，データとしては（風速，風向），（オキシダント濃度，風向），（鳥の飛翔距離，飛翔方向）などが考えられることを理解できるであろう．以下において，それらのデータの解析に役立つシリンダー上の確率分布モデルについて説明する．

8.1 予備概念

8.1.1 確率密度関数，モーメント

シリンダー $\{(x,\theta)| -\infty < x < \infty, \ 0 \leq \theta < 2\pi\}$ 上の確率密度関数 $f(x,\theta)$ は，すべての $x \ (-\infty < x < \infty), \ \theta \ (0 \leq \theta < 2\pi)$ に対して $f(x,\theta) \geq 0$ で，

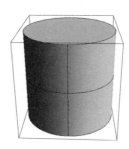

図 8.1 シリンダー

$$\int_{-\infty}^{\infty}\int_{0}^{2\pi} f(x,\theta)dxd\theta = 1$$

のときをいう．シリンダー $\{(x,\theta)|\,0 \leq x < \infty,\, 0 \leq \theta < 2\pi\}$ 上の確率密度関数も類似に定義される．

p と q を非負の整数とするとき，シリンダー $\{(x,\theta)|\,-\infty < x < \infty,\, 0 \leq \theta < 2\pi\}$ 上の確率ベクトル $(X,\Theta)'$ の (p,q) 次結合モーメント $E\{X^p \cos(q\Theta)\}$，$E\{X^p \sin(q\Theta)\}$ は，

$$E\{X^p \cos(q\Theta)\} = \int_{-\infty}^{\infty}\int_{0}^{2\pi} x^p \cos(q\theta) f(x,\theta) dxd\theta,$$

$$E\{X^p \sin(q\Theta)\} = \int_{-\infty}^{\infty}\int_{0}^{2\pi} x^p \sin(q\theta) f(x,\theta) dxd\theta$$

で計算される．シリンダー $\{(x,\theta)|\,0 \leq x < \infty,\, 0 \leq \theta < 2\pi\}$ 上の確率ベクトル $(X,\Theta)'$ の場合も (p,q) 次結合モーメントを類似に考えることができる．

8.1.2 相関係数

本項ではシリンダー上の確率ベクトル $(X,\Theta)'$ の X と Θ の間の相関係数 (linear-circular correlation) を，7.1.2 項においてトーラス上の変量間の相関係数を定義したのと類似の手法を用いて定義しよう．すなわち，ユークリッド空間への埋込み法を使用する．

円周上の確率変数 Θ をベクトル $\boldsymbol{U} = (\cos\Theta, \sin\Theta)'$ と同一視し，$\boldsymbol{a}$ を実定数ベクトルとするとき，X と $\boldsymbol{a}'\boldsymbol{U}$ の間の Pearson の相関係数を考えると，

$$\mathrm{Corr}(X, \boldsymbol{a}'\boldsymbol{U}) = \frac{\mathrm{Cov}(X, \boldsymbol{a}'\boldsymbol{U})}{\sqrt{\mathrm{Var}(X)\mathrm{Var}(\boldsymbol{a}'\boldsymbol{U})}} = \frac{\boldsymbol{a}'\boldsymbol{c}}{\sqrt{\mathrm{Var}(X)\boldsymbol{a}'\Sigma\boldsymbol{a}}}$$

となる．ここで，$\boldsymbol{c} = (\mathrm{Cov}(X, \cos\Theta), \mathrm{Cov}(X, \sin\Theta))'$,

$$\Sigma = \begin{pmatrix} \mathrm{Var}(\cos\Theta) & \mathrm{Cov}(\cos\Theta, \sin\Theta) \\ \mathrm{Cov}(\sin\Theta, \cos\Theta) & \mathrm{Var}(\sin\Theta) \end{pmatrix}$$

を表す．X と $\boldsymbol{U}$ との間の重相関係数は制約条件 $\boldsymbol{a}'\Sigma\boldsymbol{a} = 1$ の下に相関係数 $\mathrm{Corr}(X, \boldsymbol{a}'\boldsymbol{U})$ を $\boldsymbol{a}$ に関して最大化することにより得られる．λ を乗数とする Lagrange 関数，

$$L(\boldsymbol{a}) = \boldsymbol{a}'\boldsymbol{c} - \frac{\lambda}{2}(\boldsymbol{a}'\Sigma\boldsymbol{a} - 1)$$

を $\boldsymbol{a}$ に関して微分してゼロとおいて，Lagrange 乗数 λ は $\lambda = \boldsymbol{a}'\boldsymbol{c}$ となり，さらに $\lambda^2 = \boldsymbol{c}'\Sigma^{-1}\boldsymbol{c}$ を得る．よって，X と $\boldsymbol{U}$ との間の重相関係数 $R_{x\theta}$ の 2 乗は，

$$R_{x\theta}^2 = \frac{r_{xc}^2 + r_{xs}^2 - 2r_{cs}r_{xc}r_{xs}}{1 - r_{cs}^2}$$

となり，これを線形確率変数 X と角度確率変数 Θ との間の相関係数として採用することができる．ここで，r_{cs}, r_{xc}, r_{xs} は Pearson 相関係数によって表される量 $r_{cs} = \mathrm{Corr}(\cos\Theta, \sin\Theta)$, $r_{xc} = \mathrm{Corr}(X, \cos\Theta)$, $r_{xs} = \mathrm{Corr}(X, \sin\Theta)$ のことである．

8.2 分布の生成法

7.2 節においてトーラス上の分布の生成法の説明において述べたように，多様体としてシリンダーを捉えれば，シリンダー上の分布の生成法はトーラス上の分布の生成法と共通する部分が多い．実際，シリンダー上の分布をエントロピー最大化法，周辺分布指定法，条件付き分布指定法によって生成することができる．たとえば，周辺分布を指定してシリンダー上の分布を生成するには次のようにすればよい．

線形確率変数 X と角度確率変数 Θ の周辺分布関数を $F_1(x)$, $F_2(\theta)$ とし，その周辺確率密度関数を $f_1(x)$, $f_2(\theta)$ とする．また，$g(\xi)$ を円周上の確率密度関数とする．そのとき，

$$f(x, \theta) = 2\pi f_1(x) f_2(\theta) g(2\pi\{F_1(x) \pm F_2(\theta)\})$$

は確率ベクトル $(X, \Theta)'$ の確率密度関数となる．$f(x, \theta)$ が確率密度関数とな

ることは $t = 2\pi F_1(x)$, $s = 2\pi F_2(\theta)$ と変換することにより明らかであろう．この方法で構成できる具体例を与えてみよう．

例 1 X の周辺として標準正規確率密度関数 $f_1(x) = \phi(x) = (2\pi)^{-1/2}$ $\times \exp(-x^2/2)$, Θ の周辺として円周上の一様確率密度関数 $f_2(\theta) = (2\pi)^{-1}$ を取るとき，von Mises 分布 $\text{VM}(\mu, \kappa)$ の確率密度関数 $g(\xi) = \{2\pi I_0(\kappa)\}^{-1} \exp\{\kappa \cos(\xi - \mu)\}$ に対して，

$$f(x, \theta) = \frac{1}{2\pi I_0(\kappa)} \exp[\kappa \cos\{2\pi \Phi(x) \pm \theta - \mu\}]\phi(x)$$

を得る．ここで，$\Phi(x)$ は標準正規分布関数を表す．

例 2 $f_1(x)$ と $g(\xi)$ を上の例 1 と同じとして，$f_2(\theta)$ を von Mises 分布 $\text{VM}(\mu_1, \kappa_1)$ の確率密度関数 $f_2(\theta) = \{2\pi I_0(\kappa_1)\}^{-1} \exp\{\kappa_1 \cos(\theta - \mu_1)\}$ と取るとき，

$$f(x, \theta) = \frac{1}{I_0(\kappa)} \exp[\kappa \cos\{2\pi(\Phi(x) \pm F_2(\theta)) - \mu\}]f_2(\theta)\phi(x)$$

となる．ここで，$F_2(\theta) = \int_0^\theta f_2(t)dt$ である．

周辺分布がシリンダー上の分布であるような 4 変量の分布を，上と類似の方法で構成することが次のように可能である．実際，$f_1(x_1, \theta_1)$, $f_2(x_2, \theta_2)$ をシリンダー上の確率密度関数とし，それらの分布関数を $F_1(x_1, \theta_1)$, $F_2(x_2, \theta_2)$ とする．また，$f_{11}(\theta_1)$, $f_{21}(\theta_2)$ をそれらの周辺確率密度関数とし，g は円周上の確率密度関数とする．そのとき，

$$p(x_1, \theta_1, x_2, \theta_2) = 2\pi f_1(x_1, \theta_1) f_2(x_2, \theta_2)$$
$$\times g\left(2\pi \left\{\frac{1}{f_{11}(\theta_1)}\frac{\partial F_1(x_1, \theta_1)}{\partial \theta_1} \pm \frac{1}{f_{21}(\theta_2)}\frac{\partial F_2(x_2, \theta_2)}{\partial \theta_2}\right\}\right)$$

は 4 変量確率ベクトル $(X_1, \Theta_1, X_2, \Theta_2)'$ の確率密度関数となる．さらに，そのうちの Θ_2 が欠けている不完全なモデルとして，

$$h_1(x_1, x_2, \theta_1) = 2\pi f_1(x_1, \theta_1) f_{22}(x_2) g\left(2\pi \left\{\frac{1}{f_{11}(\theta_1)}\frac{\partial F_1(x_1, \theta_1)}{\partial \theta_1} \pm F_{22}(x_2)\right\}\right)$$

および，

$$h_2(x_1, x_2, \theta_1) = 2\pi f_1(x_1, \theta_1) f_{22}(x_2) g\left(2\pi \left\{\frac{1}{f_{12}(x_1)}\frac{\partial F_1(x_1, \theta_1)}{\partial x_1} \pm F_{22}(x_2)\right\}\right)$$

を構成することができる．ここで，$F_{22}(x_2)$，$f_{22}(x_2)$ は，それぞれ X_2 の周辺分布関数と周辺確率密度関数であり，$f_{12}(x_1)$ は X_1 の周辺確率密度関数を表す．

次の 8.3 節と 8.4 節では，シリンダー上の正規分布型と指数分布型の分布について述べることにする．

8.3 正規分布型

8.3.1 Mardia–Sutton のモデル

ここでは，Mardia（マルディア）と Sutton（サットン）による原形の分布を少し拡張した形で確率密度関数を与えておく．具体的に確率密度関数を書くと，

$$f(x,\theta) = C^{-1} \exp\left[-\frac{\{x-\mu(\theta)\}^2}{2\sigma^2} + \kappa_1 \cos(\theta-\mu_1) + \kappa_2 \cos\{2(\theta-\mu_2)\}\right],$$
$$-\infty < x < \infty;\ 0 \leq \theta < 2\pi \qquad (8.1)$$

である．ここで，$\sigma > 0$，$\kappa_1, \kappa_2 \geq 0$，$0 \leq \mu_1 < 2\pi$，$0 \leq \mu_2 < \pi$，$\mu(\theta) = \mu' + \lambda\cos(\theta-\nu)$，$-\infty < \mu' < \infty$，$\lambda \geq 0$，$0 < \nu \leq 2\pi$ であり，正規化定数は，

$$C = (2\pi)^{3/2} \sigma \left[I_0(\kappa_1)I_0(\kappa_2) + 2\sum_{j=1}^{\infty} I_{2j}(\kappa_1)I_j(\kappa_2)\cos\{2j(\mu_1-\mu_2)\}\right]$$

のように第 1 種変形 Bessel 関数を用いて表現することができる．確率密度関数 (8.1) を持つ分布はモーメント $E(X)$，$E(X\cos\Theta)$，$E(\cos\Theta)$，$E(\sin\Theta)$，$E\{\cos(2\Theta)\}$，$E\{\sin(2\Theta)\}$ が指定された値を持つという制約条件の下にエントロピーを最大化する確率密度関数として特徴づけることができる．なお，式 (8.1) において $\kappa_2 = 0$ のときが Mardia と Sutton によって 1978 年に提案された分布である．また，$X = \log Y$ と変換することにより，対数正規型の確率密度関数が得られる．

$\Theta = \theta$ が与えられたときの X の条件付き分布は平均 $\mu(\theta)$，分散 σ^2 の正規分布である．一方で，X の周辺分布の確率密度関数は複雑な形となる．Θ の周辺分布は一般化 von Mises 分布 $\text{GVM}(\mu_1, \mu_2, \kappa_1, \kappa_2)$ である．その確率密度関数は，

$$f_\Theta(\theta) = C_0^{-1} \exp\left[\kappa_1 \cos(\theta - \mu_1) + \kappa_2 \cos\{2(\theta - \mu_2)\}\right]$$

で与えられる．ここで，正規化定数 C_0 は，

$$C_0 = 2\pi \left[I_0(\kappa_1) I_0(\kappa_2) + 2 \sum_{j=1}^{\infty} I_{2j}(\kappa_1) I_j(\kappa_2) \cos\{2j(\mu_1 - \mu_2)\} \right]$$

と表される．また，$X = x$ が与えられたときの Θ の条件付き分布も一般化 von Mises 分布 GVM$(\lambda_1, \lambda_2, \nu_1, \nu_2)$ となる．ここで，

$$\lambda_1 \cos \nu_1 = \frac{\lambda}{\sigma^2}(x - \mu') \cos \nu + \kappa_1 \cos \mu_1,$$
$$\lambda_1 \sin \nu_1 = \frac{\lambda}{\sigma^2}(x - \mu') \sin \nu + \kappa_1 \sin \mu_1,$$
$$\lambda_2 \cos(2\nu_2) = -\frac{\lambda^2}{4\sigma^2} \cos(2\nu) + \kappa_2 \cos(2\mu_2),$$
$$\lambda_2 \sin(2\nu_2) = -\frac{\lambda^2}{4\sigma^2} \sin(2\nu) + \kappa_2 \sin(2\mu_2)$$

を表す．

確率密度関数 (8.1) の分布は 3 変量正規ベクトル $\boldsymbol{X} = (X, X_1, X_2)'$ の条件付き確率密度関数として導くことができることを注意しておこう．実際，その平均ベクトルを $\boldsymbol{\eta} = (\eta_1, \eta_2, \eta_3)'$，分散共分散行列を，

$$\Sigma = \begin{pmatrix} \sigma_1^2 & \rho_{12}\sigma_1\sigma_2 & \rho_{13}\sigma_1\sigma_3 \\ \rho_{12}\sigma_1\sigma_2 & \sigma_2^2 & \rho_{23}\sigma_2\sigma_3 \\ \rho_{13}\sigma_1\sigma_3 & \rho_{23}\sigma_2\sigma_3 & \sigma_3^2 \end{pmatrix}$$

としよう．ここで，$-\infty < \eta_j < \infty$, $\sigma_j > 0$ $(j = 1, 2, 3)$, $-1 < \rho_{23} < 1$, $1 - \rho_{12}^2 - \rho_{13}^2 - \rho_{23}^2 + 2\rho_{12}\rho_{13}\rho_{23} > 0$ である．3 変量のベクトル $\boldsymbol{X} = (X, X_1, X_2)'$ を円柱座標系 $\boldsymbol{X} = (X, R\cos\Theta, R\sin\Theta)'$ $(R > 0;\ 0 \le \Theta < 2\pi)$ に変換し，$R = r$ が与えられたときの $(X, \Theta)'$ の条件付き確率密度関数において再パラメータ化を行えば (8.1) を得る．

8.3.2 Johnson–Wehrly のモデル

次の事実は，Johnson（ジョンソン）と Wehrly（ウェアリー）により 1978 年に発表された論文を基にしており，後の章で述べるが，説明変数に角度変数を含み，目的変数が線形であるような回帰モデルを導くための基礎となる．

線形の q 変量ベクトルを $\boldsymbol{X} = (X_1, \ldots, X_q)'$ とする．また，角度の p 変量ベクトルを $\boldsymbol{\Theta} = (\Theta_1, \ldots, \Theta_p)'$ とし，

$$H(\boldsymbol{\Theta}) = \begin{pmatrix} \cos\Theta_1 & \cdots & \cos(n\Theta_1) & \sin\Theta_1 & \cdots & \sin(n\Theta_1) \\ \vdots & & \vdots & \vdots & & \vdots \\ \cos\Theta_p & \cdots & \cos(n\Theta_p) & \sin\Theta_p & \cdots & \sin(n\Theta_p) \end{pmatrix}$$

とおく．そして，確率ベクトル $\boldsymbol{X}$ と $\boldsymbol{\Theta}$ の確率密度関数は，

$$f(\boldsymbol{x}, \boldsymbol{\theta}) = c^{-1} \exp\left\{ -\frac{1}{2}\boldsymbol{x}'\Sigma^{-1}\boldsymbol{x} + \boldsymbol{\lambda}'\Sigma^{-1}\boldsymbol{x} + \boldsymbol{a}(\boldsymbol{\theta})'\Sigma^{-1}\boldsymbol{x} \right\} \tag{8.2}$$

を持つとする．ここで，c は正規化定数で，$\boldsymbol{x} \in \mathbb{R}^q$, $\boldsymbol{\theta} \in [0, 2\pi)^p$, $\boldsymbol{\lambda} = (\lambda_1, \ldots, \lambda_q)' \in \mathbb{R}^q$, $\boldsymbol{a}(\boldsymbol{\theta}) = (a_1(\boldsymbol{\theta}), \ldots, a_q(\boldsymbol{\theta}))' \in \mathbb{R}^q$,

$$a_m(\boldsymbol{\theta}) = \sum_{j=1}^{p}\sum_{k=1}^{n} a_{mjk} \cos\{k(\theta_j - \mu_{mjk})\}$$
$$= \sum_{j=1}^{p}\sum_{k=1}^{n} \{\alpha_{mjk}\cos(k\theta_j) + \beta_{mjk}\sin(k\theta_j)\}, \quad m = 1, \ldots, q$$

である．α_{mjk} と β_{mjk} は $\alpha_{mjk} = a_{mjk}\cos(k\mu_{mjk})$, $\beta_{mjk} = a_{mjk}\sin(k\mu_{mjk})$ を表す．また，Σ^{-1} は $q \times q$ 正定値行列である．式 (8.2) の確率密度関数 $f(\boldsymbol{x}, \boldsymbol{\theta})$ はモーメント $E(\boldsymbol{X}\boldsymbol{X}')$, $E(\boldsymbol{X})$, $E\{\boldsymbol{X} \otimes H(\boldsymbol{\Theta})\}$ が指定された値を持つという制約条件の下にエントロピー $-\int f(\boldsymbol{x}, \boldsymbol{\theta}) \log f(\boldsymbol{x}, \boldsymbol{\theta}) d\boldsymbol{x}d\boldsymbol{\theta}$ を最大化する確率密度関数として特徴づけることができる．なお，$\otimes$ は Kronecker（クロネッカー）積を表す．

いま，$\boldsymbol{X} = (\boldsymbol{X}_1'; \boldsymbol{X}_2')'$ と分割 ($\boldsymbol{X}_1 : r \times 1, \boldsymbol{X}_2 : (q-r) \times 1$) し，対応して $\boldsymbol{\lambda} = (\boldsymbol{\lambda}_1'; \boldsymbol{\lambda}_2')'$, $\boldsymbol{a}(\boldsymbol{\theta}) = (\{\boldsymbol{a}_1(\boldsymbol{\theta})\}'; \{\boldsymbol{a}_2(\boldsymbol{\theta})\}')'$, $\Sigma = \begin{pmatrix} \Sigma_{11} & \Sigma_{12} \\ \Sigma_{21} & \Sigma_{22} \end{pmatrix}$ と分割すると，$\boldsymbol{X}_2 = \boldsymbol{x}_2$ と $\boldsymbol{\Theta} = \boldsymbol{\theta}$ が所与のときの $\boldsymbol{X}_1$ の条件付き分布は平均ベクトル $\boldsymbol{\lambda}_1 + \boldsymbol{a}_1(\boldsymbol{\theta}) + \Sigma_{12}\Sigma_{22}^{-1}[\boldsymbol{x}_2 - \{\boldsymbol{\lambda}_2 + \boldsymbol{a}_2(\boldsymbol{\theta})\}]$ で分散共分散行列 $\Sigma_{11} - \Sigma_{12}\Sigma_{22}^{-1}\Sigma_{21}$ の r 次元正規分布に従うことが分かる．$\boldsymbol{X}_1$ の各成分 X_s $(s = 1, \ldots, r)$ の平均は，

$$\nu_0 + \sum_{m=r+1}^{q} \nu_m x_m + \sum_{m=r+1}^{q}\sum_{j=1}^{p}\sum_{k=1}^{n} \{\gamma_{mjk}\cos(k\theta_j) + \delta_{mjk}\sin(k\theta_j)\}$$

の形となり，分散は $\boldsymbol{x}_2$ と $\boldsymbol{\theta}$ に依存しない．上の事実は，角度変数 $\theta_1, \ldots, \theta_p$ に対して正弦・余弦変換を施して，線形変数ベクトル $\boldsymbol{x}_2 = (x_{r+1}, \ldots, x_q)'$ と

角度変数ベクトル $\boldsymbol{\theta} = (\theta_1, \ldots, \theta_p)'$ を説明変数とする線形回帰モデルを構成できたことを意味する．したがって，通常の回帰モデル分析の手続きを適用することにより，モデルのパラメータを推定することができる．

分かりやすく，しかも応用上重要な場合と考えられる特別な場合として，線形確率変数 X と角度確率変数 Θ の次の確率密度関数，

$$f(x, \theta) = c^{-1} \exp\left\{-\frac{x^2}{2\sigma^2} + \frac{\lambda x}{\sigma^2} + \frac{\kappa x}{\sigma^2} \cos(\theta - \mu)\right\},$$
$$-\infty < x < \infty;\ 0 \leq \theta < 2\pi \quad (8.3)$$

を持つシリンダー上の分布を考えてみよう．ここで，c は正規化定数であり，$\mu, \sigma^2, \lambda, \kappa$ はパラメータで $0 \leq \mu < 2\pi$, $\sigma > 0$, $-\infty < \lambda < \infty$, $\kappa > 0$ である．式 (8.3) を変形すると，

$$f(x, \theta) = C^{-1} \exp\left\{-\frac{(x-\lambda)^2}{2\sigma^2} + \frac{\kappa x}{\sigma^2} \cos(\theta - \mu)\right\},$$
$$-\infty < x < \infty;\ 0 \leq \theta < 2\pi \quad (8.4)$$

となる．この分布はモーメント $E(X)$, $E(X^2)$, $E(X \cos \Theta)$, $E(X \sin \Theta)$ が指定された値を持つという制約条件の下にエントロピーを最大化する確率密度関数として特徴づけられる．式 (8.4) の正規化定数は，複雑な形ではあるが第 1 種変形 Bessel 関数を用いて，正確に，

$$C = (2\pi)^{3/2} \sigma \exp\left(\frac{\kappa^2}{4\sigma^2}\right) \left\{ I_0\left(\frac{\kappa\lambda}{\sigma^2}\right) I_0\left(\frac{\kappa^2}{4\sigma^2}\right) \right.$$
$$\left. + 2 \sum_{j=1}^{\infty} I_{2j}\left(\frac{\kappa\lambda}{\sigma^2}\right) I_j\left(\frac{\kappa^2}{4\sigma^2}\right) \right\}$$

と書くことができる．

X の周辺分布の確率密度関数は，

$$f_X(x) = 2\pi C^{-1} \exp\left\{-\frac{(x-\lambda)^2}{2\sigma^2}\right\} I_0\left(\frac{\kappa x}{\sigma^2}\right) \quad (8.5)$$

と書ける．これは，正規分布の確率密度関数に 0 次の第 1 種変形 Bessel 関数からなる重みをかけた形になっている．Θ の周辺分布は複雑ではあるが，一般化された von Mises 分布に属する．その確率密度関数は，

$$f_\Theta(\theta) = \sqrt{2\pi} \sigma \exp\left(\frac{\kappa^2}{4\sigma^2}\right) \exp\left[\frac{\kappa\lambda}{\sigma^2} \cos(\theta - \mu) + \frac{\kappa^2}{4\sigma^2} \cos\{2(\theta - \mu)\}\right]$$

である．条件付き分布は馴染み深い形となり，$X = x$ が所与のときの Θ の条件付き分布は von Mises 分布 $\mathrm{VM}(\mu, \kappa x/\sigma^2)$，また $\Theta = \theta$ が所与のときの X の条件付き分布は平均 $\lambda + \kappa \cos(\theta - \mu)$，分散 σ^2 の正規分布となる．

式 (8.5) を確率密度関数として持つ分布について，$\lambda = 0$ のとき，混合分布としての一つの解釈を与えよう．$\lambda = 0$ のとき，(8.5) の正規化定数を含めた確率密度関数は，ν 次の第 1 種変形 Bessel 関数 $I_\nu(z)$ の無限級数表現，

$$I_\nu(z) = \sum_{n=0}^{\infty} \frac{1}{\Gamma(\nu + n + 1)n!} \left(\frac{z}{2}\right)^{2n+\nu}$$

から，

$$I_0\left(\frac{\kappa\lambda}{\sigma^2}\right) = 1, \quad I_{2j}\left(\frac{\kappa\lambda}{\sigma^2}\right) = 0 \ (j = 1, 2, \ldots)$$

が分かり，また，$I_\nu(z)$ と合流型超幾何関数との関係，

$$I_\nu(z) = \frac{(z/2)^\nu e^{-z}}{\Gamma(\nu + 1)} {}_1F_1(\nu + 1/2, 2\nu + 1; 2z)$$

があるので，

$$f_X(x) = \frac{1}{\sqrt{2\pi}\sigma {}_1F_1(1/2, 1; \kappa^2/(2\sigma^2))} \exp\left(-\frac{x^2}{2\sigma^2}\right) I_0\left(\frac{\kappa x}{\sigma^2}\right)$$

となる．なお，正規分布 $N(0, \sigma^2)$ の $2j$ $(j = 0, 1, 2, \ldots)$ 次モーメントは，

$$\int_{-\infty}^{\infty} x^{2j} \frac{1}{\sqrt{2\pi}\sigma} e^{-x^2/(2\sigma^2)} dx = \frac{2^j \Gamma(j + 1/2)}{\Gamma(1/2)} \sigma^{2j}$$

であることから，$f_X(x)$ の正規化定数が求められる．いま，

$$h_j(x) = \frac{1}{2^{j+1/2}\sigma^{2j+1}\Gamma(j + 1/2)} x^{2j} \frac{1}{\sqrt{2\pi}\sigma} e^{-x^2/(2\sigma^2)}, \quad -\infty < x < \infty$$

を確率密度関数と捉えることができて，式 (8.5) は $h_j(x)$ の混合分布として，

$$f_X(x) = \sum_{j=0}^{\infty} g(j) h_j(x)$$

と書くことができる．重みの確率関数 $g(j)$ は，合流型超幾何分布の一つの確率関数として，

$$g(j) = \frac{1}{{}_1F_1(1/2, 1; \kappa^2/(2\sigma^2))} \frac{\Gamma(j + 1/2)}{\Gamma(1/2) j! j!} \left(\frac{\kappa^2}{2\sigma^2}\right)^j, \quad j = 0, 1, 2, \ldots$$

と表現できる．

8.4 指数分布型

8.4.1 Johnson–Wehrly のモデル

1978 年の Johnson と Wehrly の論文では，正規分布型だけでなく，指数分布型シリンダー上の分布も提案されている．この分布は指数分布型シリンダー上の分布の中で基本的なものと考えることができ，その確率密度関数は

$$f(x,\theta) = \frac{\sqrt{\lambda^2 - \kappa^2}}{2\pi} \exp\{-\lambda x + \kappa x \cos(\theta - \mu)\}, \quad x > 0;\ 0 \leq \theta < 2\pi \quad (8.6)$$

によって与えられる．ここで，$0 \leq \kappa < \lambda$，$0 \leq \mu < 2\pi$ であり，式 (8.6) はモーメント $E(X)$，$E(X\cos\Theta)$，$E(X\sin\Theta)$ が指定された値を持つという制約条件の下にエントロピーを最大化する確率密度関数として特徴付けることができる．パラメータ μ は Θ に対して位置を調整する役割を持ち，λ は X に対して尺度を調整する役割を持つ．κ は分布の集中度・形を表すパラメータである．$\kappa = 0$ であれば，X と Θ は独立であり，(8.6) は指数分布の確率密度関数と円周上の一様分布の確率密度関数の積になることが分かる．$\lambda = 1$，$\kappa = 0, 0.25, 0.5, 0.75$ に対して，確率密度関数 (8.6) の等高線プロット $(0 < x < 5,\ 0 \leq \theta < 2\pi)$ を図 8.2 に与える．

確率密度関数 (8.6) の分布の Θ の周辺分布は，巻込み Cauchy 分布 $WC(0, \kappa(\lambda + \sqrt{\lambda^2 - \kappa^2})^{-1})$ と馴染みのあるものになる．巻込み Cauchy 分布 WC の記法は 4.4 節に見られる．一方で，X の周辺分布の確率密度関数は，

$$f_X(x) = \sqrt{\lambda^2 - \kappa^2} I_0(\kappa x) e^{-\lambda x}, \quad x > 0 \quad (8.7)$$

である．式 (8.7) は複雑な形をしているように見えるが，基本的には指数分布の確率密度関数を表しており，それに 0 次の第 1 種変形 Bessel 関数からなる重みがかかっていると解釈すればよい．κ が 0 のときには，$I_0(0) = 1$ であるので，(8.7) が指数分布の確率密度関数となることは明らかであろう．指数分布の尺度（の逆数）パラメータを表す λ が $\lambda = 1$ のときの確率密度関数 (8.7) のグラフを描いてみると，図 8.3 のようになる．

式 (8.7) は (8.5) のときと同様に，次のように混合分布としての解釈が可能である．実際，

$$g_j(x) = \frac{\lambda^{2j+1}}{\Gamma(2j+1)} x^{2j} e^{-\lambda x}$$

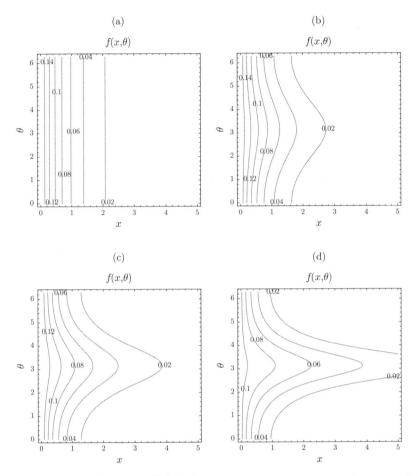

図 8.2 確率密度関数 (8.6) の等高線プロット $(0 < x < 5,\ 0 \leq \theta < 2\pi)$: $\lambda = 1$ (a) $\kappa = 0$, (b) $\kappa = 0.25$, (c) $\kappa = 0.5$, (d) $\kappa = 0.75$

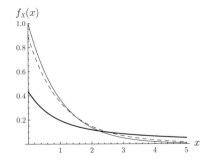

図 8.3 X の周辺分布の確率密度関数 (8.7). $\lambda = 1$, 実細線 $\kappa = 0$, 破線 $\kappa = 0.45$, 実太線 $\kappa = 0.9$

とし，重みを負の二項分布の確率関数，

$$p_{\text{NB}}(j) = \begin{pmatrix} -1/2 \\ j \end{pmatrix} \sqrt{1 - \frac{\kappa^2}{\lambda^2}} \left(-\frac{\kappa^2}{\lambda^2} \right)^j, \quad j = 0, 1, 2, \ldots$$

とおくと，(8.7) の確率密度関数は，

$$f_X(x) = \sum_{j=0}^{\infty} p_{\text{NB}}(j) g_j(x)$$

と混合分布の形で書くことができる．

条件付き分布は次のようになる．$X = x$ が与えられたときの Θ の条件付き分布は von Mises 分布 $\text{VM}(\mu, \kappa x)$ で，$\Theta = \theta$ が与えられたときの X の条件付き分布は確率密度関数，

$$f_{X|\Theta}(x|\theta) = \{\lambda - \kappa \cos(\theta - \mu)\} \exp[-\{\lambda - \kappa \cos(\theta - \mu)\}x], \quad x > 0$$

の指数分布となる．

8.4.2 一つの一般化

8.4.1 項 (8.6) 式の一つの一般化を与えよう．確率密度関数，

$$f(x, \theta) = C^{-1} \exp\Big[-\lambda x + \kappa x \cos(\theta - \mu_1) + \nu_1 \cos(\theta - \mu_2) \\ + \nu_2 \cos\{2(\theta - \mu_3)\}\Big], \quad x > 0;\ 0 \leq \theta < 2\pi \tag{8.8}$$

を考える．ここで，$\lambda > \kappa \geq 0;\ \nu_1, \nu_2 \geq 0;\ 0 \leq \mu_1, \mu_2 < 2\pi;\ 0 \leq \mu_3 < \pi$ である．式 (8.8) が (8.6) の一般化となっていることは容易に分かる．実際，$\nu_1 = \nu_2 = 0$ であれば (8.8) が (8.6) に帰着することは明らかであろう．なお，$\nu_2 = 0$ の場合は既に Johnson と Wehrly の 1978 年の論文に見られる．式 (8.8) の正規化定数は，

$$C = \frac{2\pi}{\sqrt{\lambda^2 - \kappa^2}} \Bigg(I_0(\nu_1) I_0(\nu_2) + 2 \sum_{j=1}^{\infty} I_0(\nu_2) I_j(\nu_1) \rho^j \cos\{j(\nu_1 - \nu_2)\} \\ + 2 \sum_{j=1}^{\infty} I_0(\nu_1) I_j(\nu_2) \rho^j \cos\{2j(\mu_1 - \mu_3)\} \\ + 2 \sum_{j,n=1}^{\infty} I_j(\nu_1) I_n(\nu_2) \left[\rho^{j+2n} \cos\{j(\mu_1 - \mu_2) + 2n(\mu_1 - \mu_3)\} \right.$$

$$+\rho^{|j-2n|}\cos\{j(\mu_1-\mu_2)-2n(\mu_1-\mu_3)\}\Big]\Big)$$

のように表現される．なお，$\rho=(\lambda-\sqrt{\lambda^2-\kappa^2})/\kappa$ である．式 (8.8) の確率密度関数はモーメント $E(X)$, $E(\cos\Theta)$, $E(\sin\Theta)$, $E(X\cos\Theta)$, $E(X\sin\Theta)$, $E\{\cos(2\Theta)\}$, $E\{\sin(2\Theta)\}$ が指定された値を持つという制約条件の下にエントロピーを最大化する確率密度関数として特徴づけることができる．

確率ベクトル $(X,\Theta)'$ が確率密度関数 (8.8) を持つ分布に従うとき，$X=x$ が与えられたときの Θ の条件付き分布は，次の確率密度関数，

$$f_1(\theta|x)=C_1^{-1}\exp\left[\nu^*\cos(\theta-\mu^*)+\nu_2\cos\{2(\theta-\mu_3)\}\right],\quad 0\leq\theta<2\pi$$

を持つ一般化 von Mises 分布 $\mathrm{GVM}(\mu^*,\mu_3,\nu^*,\nu_2)$ となる．ここで，パラメータ $\nu^*\,(\geq 0)$ と $\mu^*\,(0\leq\mu^*<2\pi)$ は，

$$\nu^*\cos\mu^* = \kappa x\cos\mu_1+\nu_1\cos\mu_2,$$
$$\nu^*\sin\mu^* = \kappa x\sin\mu_1+\nu_1\sin\mu_2$$

を表し，正規化定数 C_1 は，

$$C_1=2\pi\left[I_0(\nu^*)I_0(\nu_2)+2\sum_{j=1}^{\infty}I_j(\nu_2)I_{2j}(\nu^*)\cos\{2j(\mu^*-\mu_3)\}\right]$$

のように表現される．一方，$\Theta=\theta$ が与えられたときの X の条件付き分布は確率密度関数，

$$f_2(x|\theta)=\{\lambda-\kappa\cos(\theta-\mu_1)\}\exp[-\{\lambda-\kappa\cos(\theta-\mu_1)\}x],\quad x>0$$

の指数分布となる．

8.5 文献ノート

本章におけるシリンダー上の分布の基礎をなす論文は，奇しくもほとんど同時期に現れた．実際，Johnson と Wehrly (1977, 1978) および Mardia (1976, 1978) による本分野への貢献が顕著である．式 (8.8) を持つ分布は，先駆的論文を詳しく再検討することによって Kato and Shimizu (2008) において提案された．同論文において，その分布の諸性質および発展が述べられている．シ

リンダー上の分布の理論と応用は，現在も研究されている分野である．たとえば，Abe and Ley (2017) を参照のこと．Abe–Ley モデルは Lagona *et al.* (2015), Lagona and Picone (2016) において使用されている．

文献

1. Abe, T. and Ley, C. (2017). A tractable, parsimonious and flexible model for cylindrical data, with applications, *Econometrics and Statistics*, **4**, 91–104.
2. Johnson, R. A. and Wehrly, T. E. (1977). Measures and models for angular correlation and angular-linear correlation, *Journal of the Royal Statistical Society*, **B39**, 222–229.
3. Johnson, R. A. and Wehrly, T. E. (1978). Some angular-linear distributions and related regression models, *Journal of the American Statistical Association*, **73**, 602–606.
4. Kato, S. and Shimizu, K. (2008). Dependent models for observations which include angular ones, *Journal of Statistical Planning and Inference*, **138**, 3538–3549.
5. Lagona, F. and Picone, M. (2016). Model-based segmentation of spatial cylindrical data, *Journal of Statistical Computation and Simulation*, **86**, 2598–2610.
6. Lagona, F., Picone, M. and Maruotti, A. (2015). A hidden Markov model for the analysis of cylindrical time series, *Environmetrics*, DOI: 10.1002/env.2355.
7. Mardia, K. V. (1976). Linear-circular correlation coefficients and rhythmometry, *Biometrika*, **63**, 403–405.
8. Mardia, K. V. and Sutton, T. W. (1978). A model for cylindrical variables with applications, *Journal of the Royal Statistical Society*, **B40**, 229–233.
9. Wehrly, T. E. and Johnson, R. A. (1980). Bivariate models for dependence of angular observations and a related Markov process, *Biometrika*, **67**, 255–256.

9 角度変数を含むさまざまな回帰モデル

本章では，角度変数を含むデータに対する三つの型の回帰モデル (regression model) を扱う．すなわち，(1) 説明変数に角度変数を含み目的変数が線形の場合，(2) 説明変数は線形で目的変数が角度の場合，(3) 説明変数および目的変数が双方とも角度の場合である．例えば，(1) 風向と汚染源からの距離によって 放射能強度を説明，(2) 風向を温度，湿度，風速等を用いてモデル化，(3) 小川の流れの向きによって鳥の巣の位置の角度を説明，などが考えられる．

9.1 角度/線形説明変数・線形目的変数の回帰モデル

確率密度関数 (8.4) を持つシリンダー上の分布において，$\Theta = \theta$ が所与のときの X の条件付き分布は平均 $\lambda + \kappa \cos(\theta - \mu)$，分散 σ^2 の正規分布となることを既に述べた．また，より一般には，説明変数 $\boldsymbol{x}$（線形ベクトル）と θ（角度），目的変数 y（線形）に対して，

$$y = \boldsymbol{x}'\boldsymbol{\beta} + \kappa \cos(\theta - \mu)$$

の形の回帰モデルの利用が自然となることも見た．ここで，$\boldsymbol{\beta}$ はパラメータベクトル，κ と μ はパラメータである．たとえば，大気質指標や大気汚染物質の濃度 x_1 を温度 x_2 と風向 θ で説明する回帰式 $x_1 = a + bx_2 + c_1 \cos\theta + c_2 \sin\theta$ を考えることができる．ここにおいて a, b, c_1, c_2 はパラメータを表す．

9.2 角度/線形説明変数・線形目的変数の変形回帰モデル

4.7.1項における Batschelet–Papakonstantinou による分布の変形を参考にして，前章の (8.4) 式の代わりに，

$$f(x,\theta) = c^{-1} \exp\left[-\frac{x^2}{2\sigma^2} + \frac{\lambda x}{\sigma^2} + \frac{\kappa x}{\sigma^2} \cos\{\theta - \mu + \nu \sin(\theta - \mu)\}\right],$$
$$-\infty < x < \infty;\ 0 \leq \theta < 2\pi$$

と修正してみよう．そうすると，正規化定数 c を簡単な形で表すには困難が伴うが，$\Theta = \theta$ が所与のときの X の条件付き分布は計算できて平均 $\lambda + \kappa \cos\{\theta - \mu + \nu \sin(\theta - \mu)\}$，分散 σ^2 の正規分布となることが分かる．また，cos-sin の組合せでなく，cos-cos もしくは sin-sin の組合せにより非対称 Batschelet–Papakonstantinou 変形を考えることができるのを知っている．したがって，これらの修正を参考にして，説明変数 $\boldsymbol{x}$（線形ベクトル）と θ（角度），目的変数 y（線形）に対して次の形の回帰式の使用を提案できる：

$$y = \boldsymbol{x}'\boldsymbol{\beta}_1 + a_1 \cos\{\theta - \mu_1 + \nu_1 \sin(\theta - \mu_1)\},$$
$$y = \boldsymbol{x}'\boldsymbol{\beta}_2 + a_2 \cos\{\theta - \mu_2 + \nu_2 \cos(\theta - \mu_2)\}.$$

ここで，$(\boldsymbol{\beta}_1, a_1, \mu_1, \nu_1)$ と $(\boldsymbol{\beta}_2, a_2, \mu_2, \nu_2)$ は，それぞれのモデルのパラメータである．誤差が正規分布 $N(0, \sigma^2)$ に従うと仮定するときには，パラメータ $\boldsymbol{\beta}_1, a_1, \mu_1, \nu_1, \sigma^2$ と $\boldsymbol{\beta}_2, a_2, \mu_2, \nu_2, \sigma^2$ の最尤推定値を最適化の手法で求めることができる．

9.3 線形説明変数・角度目的変数の回帰モデル

von Mises 分布の平均方向パラメータが共変数の 1 次結合として表されると仮定するモデル化について考えてみよう．角度観測値 $\theta_1, \ldots, \theta_n$ は von Mises 分布 $\mathrm{VM}(\mu_j, \kappa)$ からのものとし，各平均方向 μ_j は，

$$\mu_j = \mu + g(\boldsymbol{\beta}'\boldsymbol{x}_j), \quad g(z) = 2\tan^{-1} z$$

と表されると仮定する．集中度を表すパラメータ κ は j によらず一定と仮定し

ている．ここで，$\boldsymbol{x}_j$ は p 次元共変数ベクトルであり，$\boldsymbol{\beta}$ は p 次元パラメータベクトルを表す．データ $\boldsymbol{x}_1,\ldots,\boldsymbol{x}_n;\theta_1,\ldots,\theta_n$ に基づいてパラメータ $\mu,\kappa,\boldsymbol{\beta}$ を最尤推定するためには，尤度関数，

$$L(\mu,\kappa,\boldsymbol{\beta}|\boldsymbol{x}_1,\ldots,\boldsymbol{x}_n;\theta_1,\ldots,\theta_n)$$
$$= -n\log\{2\pi I_0(\kappa)\} + \kappa\sum_{j=1}^n \cos\{\theta_j - \mu - g(\boldsymbol{\beta}'\boldsymbol{x}_j)\}$$

を $\mu,\kappa,\boldsymbol{\beta}$ に関して最大化する．

いま，

$$u_j = \sin\{\theta_j - \mu - g(\boldsymbol{\beta}'\boldsymbol{x}_j)\}, \quad \boldsymbol{u} = (u_1,\ldots,u_n)', \quad X = (\boldsymbol{x}_1,\ldots,\boldsymbol{x}_n)',$$
$$G = \mathrm{diag}\left(\left.\frac{dg(t)}{dt}\right|_{t=\boldsymbol{\beta}'\boldsymbol{x}_1},\ldots,\left.\frac{dg(t)}{dt}\right|_{t=\boldsymbol{\beta}'\boldsymbol{x}_n}\right),$$
$$S = \frac{1}{n}\sum_{j=1}^n \sin\{\theta_j - g(\boldsymbol{\beta}'\boldsymbol{x}_j)\}, \quad C = \frac{1}{n}\sum_{j=1}^n \cos\{\theta_j - g(\boldsymbol{\beta}'\boldsymbol{x}_j)\},$$
$$R = (S^2 + C^2)^{1/2}$$

とおくとき，最尤推定方程式は，

$$X'G\boldsymbol{u} = \boldsymbol{0}, \quad R\sin\hat{\mu} = S, \quad R\cos\hat{\mu} = C, \quad A(\hat{\kappa}) = R$$

で与えられる．ここで，$A(\kappa)$ は，$I_r(\kappa)$ を r 次の第 1 種変形 Bessel 関数 $I_r(\kappa) = (2\pi)^{-1}\int_0^{2\pi}\cos(r\theta)e^{\kappa\cos\theta}d\theta$ として，$A(\kappa) = I_1(\kappa)/I_0(\kappa)$ を表す．

9.4　角度説明変数・角度目的変数の回帰モデル

　説明変数と目的変数が共に角度であるときの回帰モデル (circular-circular regression) を表現するために Möbius 変換を用いる．複素数を持ち出すと，数学的扱いが簡潔になる部分がある．以下では，通常の角度表現による解釈も与える．

　複素平面上の単位円周を $\Omega = \{z \in \mathbb{C}; |z| = 1\}$ とし，$j = 1,\ldots,n$ に対し Ω 上の共変数を $x_j = e^{i\xi_j}$，独立同一分布する Ω 上の誤差を $\varepsilon_j = e^{i\Phi_j}$ と複素数表示する．また，Ω 上にない複素定数 $\alpha = \rho_\alpha e^{i\mu_\alpha} \in \mathbb{C}$ ($\rho_\alpha \geq 0$, $\rho_\alpha \neq 1$, $-\pi \leq \mu_\alpha < \pi$) と Ω 上の複素定数 $\beta = e^{i\mu_\beta} \in \Omega$ ($-\pi \leq \mu_\beta < \pi$) を取る．

このとき，Ω 上の目的変数を Y_j とする回帰モデル，

$$Y_j = \beta \frac{x_j + \alpha}{1 + \overline{\alpha} x_j} \varepsilon_j \tag{9.1}$$

を考えることができる．ここで，$\overline{\alpha}$ は α の共役複素数を表す．変換 $M(z) = (z+\alpha)/(1+\overline{\alpha}z)$ は，単位円周上の点を単位円周上に写す Möbius 変換として知られている．(9.1) の表現を用いれば複素関数論の知識を使って単位円周上の回帰モデル理論を展開することが可能となるが，ここでは (9.1) の角度表現，

$$\Theta_j \equiv \arg(Y_j) = \nu(\mu_\alpha, \mu_\beta, \rho_\alpha, \xi_j) + \Phi_j,$$

$$\nu(\mu_\alpha, \mu_\beta, \rho_\alpha, \xi_j) = 2\tan^{-1}\left\{\left(\frac{1-\rho_\alpha}{1+\rho_\alpha}\right)\tan\frac{1}{2}(\xi_j - \mu_\alpha)\right\} + (\mu_\alpha + \mu_\beta) \tag{9.2}$$

を用いることにする．式 (9.2) は，単位円（点 (0,1) を除く）と実軸の 1 対 1 対応を表す立体射影（図 3.8）を用いて次のように解釈することができる．角度 $\xi_j - \mu_\alpha$ を立体射影により実軸に写した点を $(1-\rho_\alpha)/(1+\rho_\alpha)$ 倍して尺度を変え，次に逆立体射影により実軸から単位円に写した後に角度 $\mu_\alpha + \mu_\beta$ 分を回転することにより角度が ν となる．

Φ_j に von Mises 分布 $\mathrm{VM}(0, \kappa)$ を仮定するとき，データ (θ_j, ξ_j) からつくられる対数尤度関数，

$$L(\mu_\alpha, \mu_\beta, \rho_\alpha, \kappa) = -n\log I_0(\kappa) + \kappa \sum_{j=1}^n \cos\{\theta_j - \nu(\mu_\alpha, \mu_\beta, \rho_\alpha, \xi_j)\} + \mathrm{const.}$$

を最大化することにより，パラメータ $\mu_\alpha, \mu_\beta, \rho_\alpha, \kappa$ を最尤推定できる．また，Φ_j に巻込み Cauchy 分布 $\mathrm{WC}(0, \rho)$ を仮定するときも，データからパラメータの最尤推定が可能である．数値計算の手間としては誤差分布として VM を仮定しても WC を仮定しても大差はないが，WC では WC 変数の Möbius 変換は再び WC 分布に従い，WC 分布は再生性を持ち，また，ξ_j が所与のときの Θ_j の条件付き分布は WC 分布となることが知られている．これらのように，誤差分布として WC を仮定すると Möbius 変換と相性が良いので理論展開がスムーズに進むというメリットがある．

9.5 文献ノート

第8章において説明したように，説明変数に三角関数を含み，目的変数が線形であるような回帰モデルは Johnson and Wehrly (1978) によって与えられた．Batschelet–Papakonstantinou 変形を参考にした回帰モデルは SenGupta and Ugwuowo (2006) に見られる．また，線形説明変数・角度目的変数の回帰モデルは Fisher and Lee (1992) や Gill and Hangartner (2010) によって考察された．最尤推定方程式の数値解を求めるための反復再重み付け最小二乗法については Fisher and Lee (1992) を参照のこと．

説明変数と目的変数が共に角度であるときの回帰モデルは Downs and Mardia (2002)，Kato et al. (2008) で取り扱われた．さらに，Kato and Jones (2010) は VM 変数を Möbius 変換した分布を誤差分布として採用することを提案した．その誤差分布は一般に非対称，2峰性であり，VM と WC 分布を特別な場合として含むという大きなメリットを持つ．少し複雑な分布ではあるが，角度変数間回帰モデルによるデータ解析においてはこの分布を誤差分布として採用することが考えられる．

確立されている回帰モデルのもとで，従属変数の値だけが観測されている場合に独立変数の値を予測する場合を逆回帰 (inverse regression) という．従属変数と独立変数が共に角度変数のときのこの話題に関しては，SenGupta et al. (2013) が参考になる．同論文では，ノドジロクサムラドリの巣の位置と近くを流れる小川の流れの向きのデータ（角度の2変量データ）において，鳥の巣の観測のあとに小川の流れの向きを予測する問題と，Milwaukee 観測所における6時と12時の風向データにおいて，6時の観測値がミッシングのときに12時の観測値から6時の風向を予測する問題が例としてあげられている．また，説明変数に三角関数を含み目的変数が線形であるような回帰モデルにおける影響診断 (influence diagnostics) 法は Liu et al. (2017) で調べられている．

文献

1. Downs, T. D. and Mardia, K. V. (2002). Circular regression, *Biometrika*, **89**, 683–697.
2. Fisher, N. I. and Lee, A. J. (1992). Regression models for an angular response, *Biometrics*, **48**, 665–677.

3. Gill, J. and Hangartner, D. (2010). Circular data in political science and how to handle it, *Political Analysis*, **18**, 316–336.
4. Johnson, R. A. and Wehrly, T. E. (1978). Some angular-linear distributions and related regression models, *Journal of the American Statistical Association*, **73**, 602–606.
5. Kato, S. and Jones, M. C. (2010). A family of distributions on the circle with links to, and applications arising from, Möbius transformation, *Journal of the American Statistical Association*, **105**, 249–262.
6. Kato, S., Shimizu, K. and Shieh, G. S. (2008). A circular-circular regression model, *Statistica Sinica*, **18**, 633–645.
7. Liu, S., Ma, T., SenGupta, A., Shimizu, K. and Wang, M.-Z. (2017). Influence diagnostics in possibly asymmetric circular-linear multivariate regression models, *Sankhyā*, **79**-B, 76–93.
8. SenGupta, A., Kim, S. and Arnold, B. (2013). Inverse circular-circular regression, *Journal of the American Statistical Association*, **119**, 200–208.
9. SenGupta, A. and Ugwuowo, F. I. (2006). Asymmetric circular-linear multivariate regression models with applications to environmental data, *Environmental and Ecological Statistics*, **13**, 299–309.

10 ディスク上の確率分布モデル

平面で，原点 O を中心とし半径 1 の円の内部を表す円板（円盤）はイメージしやすいであろう．それは 2 次元の単位ディスク (unit disc, disk) を表す．2 次元の単位ディスク上の分布は，もちろん本章における対象には違いがないが，本章では，より一般に，任意次元のディスク上（球体内）の分布を扱う．2 次元のディスクとともに 3 次元のディスク（球の内部）も，地球（厳密には球ではないが近似的に球として）の内部としてイメージしやすい．しかしながら，必ずしも地球の内部において生起する事象のみを扱うわけではなく，球体の内部と同一視できる構造を持つデータを扱うためのモデルを導入したいわけである．データの例としては，大気汚染物質濃度と風向や地震のマグニチュードと緯度・経度をあげることができる．

以下に，データのモデリングについて見ていくことにする．次元は一般でよいが，1 次元，2 次元，および一般次元の単位ディスク上の分布の順に説明する．1 次元のディスクというのは理解しにくいかもしれないが，本章では，直線上の区間 $(-1, 1)$ を，原点を中心とする 1 次元の単位ディスクと解釈する．原点を中心とする平面上の単位ディスクを，その平面上において見るときを考えてみるとよいであろう．1 次元，2 次元，3 次元のディスクを視覚的に捉えてみると図 10.1 のようになる．

10.1 1 次元ディスク

10.1.1 ベータ型モデル

10.1.1.1 ベータ分布

多くの読者は，区間 $(0, 1)$ 上のベータ分布に関する知識を持っていると思われる．パラメータ $p\ (> 0)$ と $q\ (> 0)$ のベータ分布 $\mathrm{Beta}(p, q)$ の確率密度関

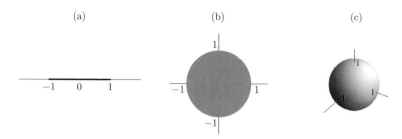

図 10.1 (a) 区間 $(-1,1)$（1 次元の単位ディスク），(b) 単位円板（2 次元の単位ディスク），(C) 単位球体（3 次元の単位ディスク）

数は，

$$f_T(t) = \frac{1}{B(p,q)} t^{p-1}(1-t)^{q-1}, \quad 0 < t < 1$$

で与えられる．ここで，$B(p,q)$ はベータ関数を表す．確率変数 T が $\mathrm{Beta}(p,q)$ に従うとき，変換された変数 $U = 2T - 1$ は区間 $(-1, 1)$ のベータ分布を表し，その確率密度関数は，逆変換 $T = (1+U)/2$ より，

$$\begin{aligned} f_U(u) &= \frac{1}{B(p,q)} \left(\frac{1+u}{2}\right)^{p-1} \left(\frac{1-u}{2}\right)^{q-1} \times \frac{1}{2} \\ &= \frac{1}{2^{p+q-1} B(p,q)} (1+u)^{p-1}(1-u)^{q-1}, \quad -1 < u < 1 \end{aligned}$$

となる．この分布を $\mathrm{D}_1(p,q)$ と表すことにすると，$\mathrm{D}_1(p,q)$ は 1 次元単位ディスク上の分布とみなすことができる．

10.1.1.2 直線から直線への Möbius 変換

単位円から単位円への Möbius 変換によって，対称分布が非対称の分布に変換されることを既に見た（4.10 節参照）．ここでは，それに類似して，$\mathrm{D}_1(p,q)$ において $p = q = \lambda/2 \ (\lambda > 0)$ の場合の対称ベータ分布に従う確率変数 U を，定数 $z \ (-1 < z < 1)$ に対して，直線から直線への Möbius 変換，

$$X = \frac{U - z/(2-z)}{\{z/(2-z)\} U - 1}$$

によって変換することを考えよう．そうすると非対称分布が結果するであろうことが期待できる．実際，$\mathrm{D}_1(\lambda/2, \lambda/2)$ に従う確率変数 U に上の変換を施してみると，X の確率密度関数は，

$$h_1(x) = \frac{2(1-z)^{\lambda/2}(1-x^2)^{\lambda/2-1}}{B(\lambda/2,\lambda/2)(2-z-zx)^{\lambda}}, \quad -1 < x < 1 \qquad (10.1)$$

となる．$\lambda = 5$ のとき，(a) $z = 0$（対称）と (b) $z = 0.5$（非対称）の場合の確率密度関数を図示してみると，図 10.2 のようになる．式 (10.1) の確率密度関数を持つ分布は，$\alpha > 0$, $\beta > 0$, $\gamma \geq 0$, $-1 < z < 1$ に対して確率密度関数，

$$h(x) = \frac{1}{2^{\alpha+\beta-\gamma-1}B(\alpha,\beta)\,_2F_1(\alpha,\gamma;\alpha+\beta;-z)} \\ \times \frac{(1+x)^{\alpha-1}(1-x)^{\beta-1}}{(2+z+zx)^{\gamma}}, \quad -1 < x < 1$$

を持つ一般化ベータ分布の特別な場合となっている．実際，すぐ上の式の z を $-z$, γ を λ で置き換えて，$\alpha = \beta = \lambda/2$ とすれば，Gauss の超幾何関数 $_2F_1(\alpha,\gamma;\alpha+\beta;-z)$ は $_2F_1(\lambda/2,\lambda;\lambda;z) = {}_1F_0(\lambda/2;z) = (1-z)^{-\lambda/2}$ となるので，(10.1) 式に帰着する．

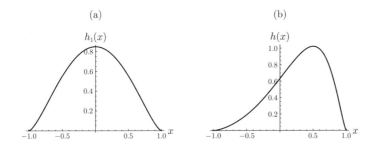

図 10.2 (a) 対称ベータ分布 ($\lambda = 5, z = 0$) と (b) 非対称ベータ分布 ($\lambda = 5, z = 0.5$)

10.1.2 円周上のベータ型モデル

区間 $(0,1)$ 上のベータ分布 $\mathrm{Beta}(p,q)$ に従う確率変数 T を $T = \cos^2(\Theta/2)$ $(0 < \Theta < 2\pi)$ と変換，もしくは同じことだが $\mathrm{D}_1(p,q)$ に従う確率変数 U を $U = \cos\Theta$ $(0 < \Theta < 2\pi)$ と変換して確率密度関数，

$$f(\theta) = \frac{1}{B(p,q)2^{p+q}}(1+\cos\theta)^{p-1/2}(1-\cos\theta)^{q-1/2}, \quad 0 < \theta < 2\pi$$

を得る．これは 2 峰性の分布を表すことができる（例として，図 10.3(a) $p = 2, q = 4$ の場合を参照）．

なお，上で範囲を $0 < \Theta < 2\pi$ でなく $0 < \Theta < \pi$ として変換すると半円周上の確率密度関数，

$$f(\theta) = \frac{1}{B(p,q)2^{p+q-1}}(1+\cos\theta)^{p-1/2}(1-\cos\theta)^{q-1/2}, \quad 0 < \theta < \pi$$

となる（図 10.3(b) $p=2, q=4$ を参照）．

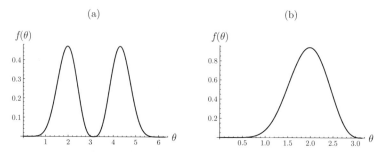

図 10.3 (a) 円周ベータ型分布 ($p = 2, q = 4$) と (b) 半円周ベータ型分布 ($p = 2, q = 4$)

10.2　2次元ディスク

線形と角度の変数の組データ $(x_1, \theta_1)', \ldots, (x_n, \theta_n)'$ に対して，シリンダー上の分布によるモデル化が可能なことを第8章で述べた．本節では，データはこれと同じように線形と角度の変数の組からなってはいるが，線形変数が区間 $[0,1)$ の中の値を取りうる場合においてシリンダー上の分布とは別のモデル化を与える．区間 $[0,1)$ は変数変換後にそのようになればよいのであって，たとえば線形変数 t が区間 $[t_0, t_1)$ の中の値を取るとき，$r = (t-t_0)/(t_1-t_0)$ と変換すれば r は $[0,1)$ の中の値を取るようにすることができる．しかし，たとえば t を大気汚染濃度や降雨量とするとき，データの最大値を t_1 として採用するのは，データの最大値が統計量であることを考慮すると，適切とは言い難い．固定された値を t_1 とすることは差し支えない．

線形と角度の確率変数の組 $(R, \Theta)'$ において，確率変数 R の取りうる値の範囲を $0 \leq r < 1$，Θ の取りうる値の範囲を $-\pi \leq \theta < \pi$ とすることは，$x = r\cos\theta$, $y = r\sin\theta$ と x, y の r, θ への極座標変換と考えることができるので，x, y の領域は単位円の内部（単位ディスク）$x^2 + y^2 \leq 1$ となる．したがって，確率ベクトル $(X, Y)'$ もしくは $(R, \Theta)'$ の分布は2次元単位ディスク

上の分布を表す．さて，以上の考察のもとに，データのモデル化を考えてみることにする．

10.2.1 周辺分布指定法

7.2 節のトーラス上，8.2 節のシリンダー上のときと類似して，周辺分布を指定してディスク上の分布を構成することができる．

$f_1(r)$ を区間 $(0,1)$ 上の指定された確率密度関数とし，$f_2(\theta)$ を $[-\pi,\pi)$ もしくは $[0,2\pi)$ 上の指定された確率密度関数としよう．また，$F_1(r)$ と $F_2(\theta)$ を $f_1(r)$ と $f_2(\theta)$ の分布関数とし，g を円周上の確率密度関数とする．そのとき，

$$f(r,\theta) = 2\pi f_1(r) f_2(\theta) g(2\pi\{F_1(r) \pm F_2(\theta)\})$$

は周辺確率密度関数を $f_1(r)$，$f_2(\theta)$ として持つディスク上の確率密度関数となる．

3.3.6 項における単位円からそれ自身への Möbius 変換 (3.3) は，実は単位円の内部をそれ自身に写す変換となっていることに注意しよう．すなわち，原点を中心とする 2 次元単位ディスク内の複素数 $a = ce^{i\mu}$ ($0 \leq c < 1$; $-\pi \leq \mu < \pi$) に対して，変換 $w = (z+a)/(1+\bar{a}z)$ は単位ディスク内の複素変数 $z = re^{i\theta}$ ($0 \leq r < 1$, $-\pi \leq \theta < \pi$) を単位ディスク内の $w = se^{i\phi}$ に変換する．なお，逆変換 $z = (w-a)/(1-\bar{a}w)$ が存在する．

10.2.2 Möbius 分布

6.8.3 項におけるように，$\boldsymbol{Y} = (Y_1,\ldots,Y_p)'$ が平均ベクトル $\boldsymbol{0}$，分散共分散行列 I_p の p 次元正規分布に従うとき，$1 \leq k < p$ に対して，$(X_1,\ldots,X_k)' = (Y_1/\|\boldsymbol{Y}\|,\ldots,Y_k/\|\boldsymbol{Y}\|)'$ は周辺確率密度関数，

$$\frac{\Gamma(p/2)}{\Gamma((p-k)/2)\pi^{k/2}} \left(1 - \sum_{j=1}^{k} x_j^2\right)^{(p-k)/2-1}, \quad \sum_{j=1}^{k} x_j^2 < 1$$

を持つ．これに関連する分布として，平面における単位ディスク上の **2 変量球形対称ベータ分布** (bivariate spherically symmetric beta distribution) をあげることができる．これは，上式で $k = 2$ および $(p-k)/2 = \gamma$ とおくことにより得られる．2 変量確率ベクトル $\boldsymbol{W} = (X,Y)'$ がパラメータ γ (> 0)

の球形対称ベータ分布に従うとは，その確率密度関数が，

$$f_\gamma(x,y) = \frac{\gamma}{\pi}(1-x^2-y^2)^{\gamma-1}, \quad 0 \leq x^2+y^2 < 1$$

で与えられるときをいう．分布は，$\gamma > 1$ のとき原点 $(x,y)' = (0,0)'$ でモードをもち，$0 < \gamma < 1$ のとき原点で反モードを持つ．また，$\gamma = 1$ のときは一様分布を表す．このように，γ は分布の集中度を表すパラメータである（図10.4参照）．$f_\gamma(x,y)$ の周辺分布は，区間 $(-1,1)$ 上のパラメータ $\gamma + 1/2$ を持つ対称ベータ分布となる．

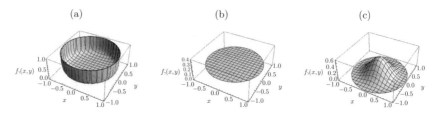

図 10.4 球形対称ベータ分布：(a) $\gamma = 0.6$，(b) $\gamma = 1$（一様分布），(c) $\gamma = 5$

単位ディスク上の2変量球形対称ベータ分布の確率密度関数は，

$$f_\gamma(r,\theta) = 2\gamma r(1-r^2)^{\gamma-1}\frac{1}{2\pi}, \quad 0 \leq r < 1;\ -\pi \leq \theta < \pi \quad (10.2)$$

と極座標 r と θ を用いて表すことができる．確率変数 R は，一様確率変数 Θ（確率密度関数 $f_2(\theta) = 1/(2\pi)$）に独立しており，その確率密度関数は $f_1(r) = 2\gamma r(1-r^2)^{\gamma-1}$ である．式 (10.2) は，8.2節の Johnson–Wehrly 型分布として $f_\gamma(r,\theta) = 2\pi f_1(r)f_2(\theta)g(\xi)$ と表せる．なお，ここで，$g(\xi) = 1/(2\pi)$ である．式 (10.2) の一つの一般化として，Kumaraswamy（クマラスワミ）分布 (Kumaraswamy distribution) の確率密度関数，

$$f(r) = \alpha\gamma r^{\alpha-1}(1-r^\alpha)^{\gamma-1}, \quad 0 \leq r < 1;\ \alpha > 0;\ \gamma > 0$$

を使って，

$$f(r,\theta) = \alpha\gamma r^{\alpha-1}(1-r^\alpha)^{\gamma-1}\frac{1}{2\pi}, \quad 0 \leq r < 1;\ -\pi \leq \theta < \pi$$

を考えることができる．

確率ベクトル $\boldsymbol{W} = (X,Y)'$ がパラメータ γ の球形対称ベータ分布に従うとき，この $\boldsymbol{W}$ を複素確率変数 $X + iY$ と同一視して Möbius（逆）変換

$Z = (W - a)/(1 - \overline{a}W)$（すなわち，$W = (Z + a)/(1 + \overline{a}Z)$）を施すと，$Z$ の極座標変換の確率ベクトル $(R, \Theta)'$ の確率密度関数，

$$f(r, \theta) = f_{\gamma, c, \mu}(r, \theta) = \frac{\gamma(1-c^2)^{\gamma+1} r(1-r^2)^{\gamma-1}}{\pi\{1 + c^2r^2 - 2cr\cos(\theta - \mu)\}^{\gamma+1}},$$
$$0 \leq r < 1;\ -\pi \leq \theta < \pi$$

を得る．ここで，$a = ce^{i\mu}$ である．この確率密度関数を持つ分布は，2次元ディスク上のMöbius分布 (Möbius distribution) と呼ばれている．γ は分布の集中度パラメータを表し，μ は位置を制御する．ディスク上のMöbius分布は，球形対称分布の確率変数をMöbius変換して得られる分布なので，一般に非対称性を持つ（図10.5参照）．$\gamma > 1$ のとき分布は単峰でそのモードは $(r, \theta) = (r_-, \mu)$，また $\gamma < 1$ のとき分布は単峰でその反モードは $(r, \theta) = (r_+, (\mu+\pi) \pmod{2\pi})$ となる．ここで，

$$r_\pm = \frac{2c(\gamma+1)}{\sqrt{(\gamma-1)^2 + 8c^2(\gamma+1)} \mp (\gamma-1)}$$

を表す．$\gamma = 1$ のときは，分布はディスクの内部にモードを持たない．$c > 0$ に対しては境界上 $(r, \theta) = (1, \mu)$ で最大値を取る．

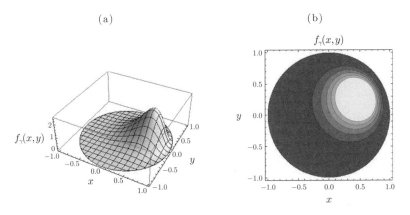

図10.5 Möbius分布 ($\gamma = 4$, $c = 0.4$, $\mu = \pi/6$)：(a) 3次元プロット，(b) 等高線プロット

10.2.2.1 周辺分布と条件付き分布

R の周辺確率密度関数は，

$$f_{\gamma,c}(r) = 2\gamma(1-c^2)^{\gamma+1} \frac{r(1-r^2)^{\gamma-1}}{(1-c^2r^2)^{\gamma+1}} P_\gamma(z)$$

$$= 2\gamma(1-c^2)^{\gamma+1} \frac{r(1-r^2)^{\gamma-1}}{(1-c^2r^2)^{2\gamma+1}} {}_2F_1(-\gamma,-\gamma;1;c^2r^2), \quad 0 \leq r < 1$$

と求められる．ここで，$P_\gamma(z)$ は Legendre 陪関数，${}_2F_1$ は Gauss 超幾何関数，$z = (1+c^2r^2)/(1-c^2r^2)$ を表す．これより，$R = r$ が所与のときの Θ の条件付き確率密度関数は，

$$f_{\gamma,c,\mu}(\theta|r) = \frac{1}{2\pi P_\gamma(z)\{z - \sqrt{z^2-1}\cos(\theta-\mu)\}^{\gamma+1}}$$

となることが分かる．この分布は，円周上の t 分布もしくは一般化ハート型分布（4.6 節）の一つを表す．

10.2.3　修正 Möbius 分布

図 10.5 を見て気付くように，Möbius 分布は一般に「非対称」とはいえ，半径 r を固定したとき，角度 $\theta = \mu$ に関しては対称である．本項では，ディスク上において，このような対称性を外して r と θ の双方について非対称性を持つ分布を構成することが可能であることを述べよう．

単位ディスク内の点 τ（複素数）に対して半径 $|\tau|$ を保存する修正 Möbius 変換

$$M_c(\tau) = |\tau| \frac{\tau/|\tau| + a_0}{1 + \overline{a_0}\,\tau/|\tau|}, \quad a_0 = c_0 e^{i\mu_0} \ (0 \leq c_0 < 1;\ 0 \leq \mu_0 < 2\pi)$$

を 10.2.2 項の Möbius 分布に施すと，そのことが実現できる．得られる分布の確率密度関数は

$$f_1(r,\theta) = \frac{\gamma(1-c^2)^{\gamma+1}(1-c_0^2)r(1-r^2)^{\gamma-1}}{\pi\{1+c_0^2-2c_0\cos(\theta-\mu_0)\}\{B_1(r,\theta)\}^{\gamma+1}}$$

で与えられる．ここで，

$$B_1(r,\theta) = 1 + c^2r^2$$
$$-2cr\frac{\cos(\theta-\mu) + c_0^2\cos(\theta+\mu-2\mu_0) - 2c_0\cos(\mu-\mu_0)}{1+c_0^2-2c_0\cos(\theta-\mu_0)}$$

を表す．R の周辺確率密度関数は Möbius 分布のときと同じである．確率密度関数 $f_1(r,\theta)$ は，$c_0 = 0$ であれば明らかに 10.2.2 項の Möbius 分布に帰着

し，$c = 0$ であれば $B_1(r, \theta) = 1$ であるので

$$f_1(r, \theta) = 2\gamma r(1 - r^2)^{\gamma - 1} \times \frac{1 - c_0^2}{2\pi\{1 + c_0^2 - 2c_0 \cos(\theta - \mu_0)\}}$$

と周辺が2変量球形対称ベータ分布の周辺と巻込み Cauchy 分布 $WC(\mu_0, c_0)$ であるような独立モデルになる．

また，半径を保存する修正 Möbius 変換において $a_0 = c_0 e^{i\mu_0}$ の代わりに r に依存して $a_0 = c_0 r e^{i\mu_0}$ にすると，得られる分布の確率密度関数は

$$f_2(r, \theta) = \frac{\gamma(1 - c^2)^{\gamma+1}(1 - c_0^2 r^2) r(1 - r^2)^{\gamma-1}}{\pi\{1 + c_0^2 r^2 - 2c_0 r \cos(\theta - \mu_0)\}\{B_2(r, \theta)\}^{\gamma+1}}$$

で与えられる．ここで，$B_2(r, \theta)$ は $B_1(r, \theta)$ における c_0 を $c_0 r$ に置き換えたものを表す．R の周辺確率密度関数は Möbius 分布のときと同じである．$c_0 = 0$ ならば，Möbius 分布に帰着し，$c = 0$ のとき，R と Θ は独立でなく，

$$f_2(r, \theta) = 2\gamma r(1 - r^2)^{\gamma - 1} \times \frac{1 - c_0^2 r^2}{2\pi\{1 + c_0^2 r^2 - 2c_0 r \cos(\theta - \mu_0)\}}$$

となる．パラメータ $\gamma = 4$, $c = 0.4$, $\mu = \pi/6$ が図 10.5 のときと同じで，$c_0 = 0.6$ および $\mu_0 = \pi$ のときの図を図 10.6 に示す．分布は r と θ の双方に関して非対称となっている．

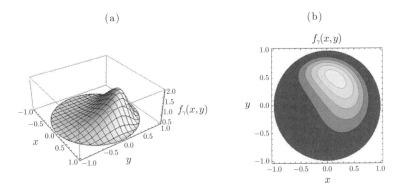

図 10.6 修正 Möbius 分布 (a) 3 次元プロット；(b) 等高線プロット ($\gamma = 4$, $c = 0.4$, $\mu = \pi/6$, $c_0 = 0.6$, $\mu_0 = \pi$).

10.2.4 円板上の非対称分布の別形

ディスク上の Möbius 分布とは異なる非対称分布として，パラメータ b_1 ($>$

0), $b_2\ (>0)$, $\gamma\ (>0)$ を持つ次の確率密度関数,

$$\frac{(1+x)^{b_1-\gamma-1/2}(1-x)^{b_2-\gamma-1/2}(1-x^2-y^2)^{\gamma-1}}{2^{b_1+b_2-1}B(b_1,b_2)B(\gamma,1/2)}, \quad 0 \leq x^2+y^2 < 1$$

を持つ分布が知られている．ここで，B はベータ関数を表す．この分布の X の周辺分布は，パラメータ b_1 と b_2 のベータ分布 $\mathrm{D}_1(b_1,b_2)$ であり，その確率密度関数は，

$$\frac{(1+x)^{b_1-1}(1-x)^{b_2-1}}{2^{b_1+b_2-1}B(b_1,b_2)}, \quad -1 < x < 1$$

で与えられる．$X=x$ が与えられたときの Y の条件付き分布は，パラメータ γ のベータ分布を表し，その確率密度関数は，

$$f_{Y|X}(y|x) = \frac{1}{B(\gamma,1/2)\sqrt{1-x^2}}\left(1-\frac{y^2}{1-x^2}\right)^{\gamma-1},$$
$$-\sqrt{1-x^2} < y < \sqrt{1-x^2}$$

である．

10.3 一般次元ディスク

10.3.1 高次元球体内の一様分布

$p \geq 2$ とするとき，p 次元空間において，原点を中心とし半径 a の $(p-1)$ 次元球の内部の体積 $\mathrm{Vol}(a)$ は，6.3.1 項にあるように $\mathrm{Vol}(a) = \pi^{p/2}a^p/\Gamma(p/2+1)$ で与えられる．よって，p 次元単位ディスク内の一様分布の確率密度関数は，$\boldsymbol{x}=(x_1,\ldots,x_p)'$ に対して，

$$f(\boldsymbol{x}) = \frac{p\Gamma(p/2)}{2\pi^{p/2}}\,I\left[\sum_{j=1}^{\infty}x_j^2 < 1\right] = \begin{cases} \dfrac{p\Gamma(p/2)}{2\pi^{p/2}}, & \sum_{j=1}^{p}x_j^2 < 1 \\ 0, & \text{その他} \end{cases}$$

となる．この $f(\boldsymbol{x})$ は $\boldsymbol{x}'\boldsymbol{x}=\sum_{j=1}^{p}x_j^2$ の関数だから，分布は球形である．この事実により，確率ベクトル $\boldsymbol{X}=(X_1,\ldots,X_p)'$ が p 次元単位ディスク内の一様分布に従うとすると，$\boldsymbol{X}$ は確率変数表現 $\boldsymbol{X} \stackrel{\mathrm{d}}{=} r\boldsymbol{u}^{(p)}$ を持つことになる．ここで，$\boldsymbol{u}^{(p)}=(u_1,\ldots,u_p)'$ は単位球面 S^{p-1} 上の一様分布に従う確率ベクトルを表し，6.3.1 項の結果を利用すると，確率変数 r は $\boldsymbol{u}^{(p)}$ とは独立に確

率密度関数,
$$h_r(r) = \frac{2\pi^{p/2}}{\Gamma(p/2)} r^{p-1} \times \frac{p\Gamma(p/2)}{2\pi^{p/2}} = pr^{p-1}, \quad 0 \leq r < 1$$
を持つベータ分布に従う.

$1 \leq k < p$ に対して $(X_1, \ldots, X_k)'$ の周辺分布を求めるには,積分,
$$\frac{\Gamma(p/2)}{\Gamma((p-k)/2)\pi^{k/2}} \int_{\sqrt{\sum_{j=1}^k x_j^2}}^1 \frac{1}{r^{p-2}} \left(r^2 - \sum_{j=1}^k x_j^2\right)^{(p-k)/2-1} pr^{p-1} dr$$
を評価すればよい. $s = r^2 - \sum_{j=1}^k x_j^2$ と変換することにより,与式は,
$$\frac{\Gamma(p/2)}{\Gamma((p-k)/2)\pi^{k/2}} \times \frac{p}{p-k} \left(1 - \sum_{j=1}^k x_j^2\right)^{(p-k)/2}$$
$$= \frac{\Gamma((p+2)/2)}{\Gamma((p-k+2)/2)\pi^{k/2}} \left(1 - \sum_{j=1}^k x_j^2\right)^{(p-k)/2}, \quad \sum_{j=1}^k x_j^2 < 1$$
となる. なお,この式自体が k 次元球体内の確率密度関数を与えている. また, $\boldsymbol{X} = (X_1, \ldots, X_p)'$ の特性関数,
$$E\left(e^{i\boldsymbol{t}'\boldsymbol{X}}\right) = E\left(e^{i\|\boldsymbol{t}\|X_1}\right)$$
$$= \frac{2}{B(1/2, (p+1)/2)} \int_0^1 \cos(\|\boldsymbol{t}\|x_1)(1-x_1^2)^{(p-1)/2} dx_1$$
$$= {}_0F_1\left(\frac{p}{2}+1; -\frac{\|\boldsymbol{t}\|^2}{4}\right), \quad \boldsymbol{t} \in \mathbb{R}^p$$
を得る. $\boldsymbol{X}$ の積モーメントを求めるには 6.3.2 項を参照して,非負の整数 $m_1, \ldots, m_p$ に対し,
$$E\left(\prod_{j=1}^p X_j^{m_j}\right) = E\left(\prod_{j=1}^p (ru_j)^{m_j}\right) = E(r^m) E\left(\prod_{j=1}^p u_j^{m_j}\right)$$
$$= \frac{B(p+m, 1)}{B(p, 1)} E\left(\prod_{j=1}^p u_j^{m_j}\right) = \frac{p}{p+m} E\left(\prod_{j=1}^p u_j^{m_j}\right)$$
である. ここで, m は $m = \sum_{j=1}^p m_j$ を表す. $\boldsymbol{u}^{(p)}$ の積モーメントは 6.3.2 項に与えられている.

10.3.2 多変量 Möbius 分布

本項では,一般次元ディスク上の分布について簡単に述べる.文献については 10.4 節を参照のこと.一般次元であるので,もちろん 1 次元と 2 次元の場合を含んでいる.以下で,次元数 p を $p = 1$ とすれば 1 次元の場合の「Möbius 分布」(対称ベータ変数を Möbius 変換して得られる分布),また $p = 2$ とすれば 2 次元の場合の Möbius 分布に帰着するのを見ることができるであろう.

Möbius 分布のときに類似して,一般次元において Möbius 変換に対応する等角写像を p 次元の球形対称ベータ分布 (p-dimensional spherically symmetric beta distribution) の確率密度関数,

$$f_\gamma(y_1, \ldots, y_p) = \frac{1}{C_{p,\gamma}}(1 - \rho_y^2)^{\gamma-1}, \quad \frac{1}{C_{p,\gamma}} = \frac{\Gamma(\gamma + p/2)}{\pi^{p/2}\Gamma(\gamma)},$$

$$0 \leq \rho_y^2 = \sum_{j=1}^p y_j^2 < 1$$

へ適用する.ここにおいて,$\gamma > 0$ はパラメータである.結果する分布の確率密度関数は,

$$f_{\gamma,a}(x_1, \ldots, x_p) = \frac{1}{C_{p,\gamma}} \left(\frac{1 - \alpha^2}{\sum_{j=1}^p (\alpha x_j - \omega_j)^2}\right)^{\gamma+p-1} (1 - \rho_x^2)^{\gamma-1} \quad (10.3)$$

と表される.ここで,等角写像に現れるパラメータを $(a_1, \ldots, a_p)' \neq (0, \ldots, 0)'$ として,$r_a = \sqrt{\sum_{j=1}^p a_j^2}$,$\alpha = \tanh(r_a/2)$,$\omega_j = a_j/r_a$ $(j = 1, \ldots, p)$,$\rho_x^2 = \sum_{j=1}^p x_j^2$ $(0 \leq \rho_x^2 < 1)$ を表す.パラメータの役割は,γ が峰の形状を制御し,r_a が非対称性に関係する.特別に $(a_1, \ldots, a_p)' = (0, \ldots, 0)'$,すなわち $r_a = 0$ であれば,(10.3) は球形対称ベータ分布に帰着する.

式 (10.3) において $p = 1$ とすると,$\gamma > 0$,$\alpha = \tanh(r_a/2)$,$r_a > 0$ に対して,区間 $(-1, 1)$ 上のベータ型確率密度関数,

$$f_{\gamma,\alpha}(x) = \frac{(1-\alpha^2)^\gamma}{B(\gamma, 1/2)} \frac{(1-x^2)^{\gamma-1}}{(1-\alpha x)^{2\gamma}}, \quad -1 < x < 1$$

を得る.これは,副項 10.1.1.2 の (10.1) 式に同値である.また,式 (10.3) において $p = 2$ とすると,10.2.2 項の Möbius 分布に帰着する.このように,式 (10.3) を確率密度関数に持つ分布は,1 次元における対称ベータ分布を Möbius 変換して得られる非対称ベータ型分布と 2 次元の Möbius 分布を一般次元のディスク上に自然に拡張した分布の一つを表すことが分かった.

10.4 文献ノート

直線から直線への Möbius 変換を用いて対称ベータ分布を非対称化する方法は Seshadri (1991) による．10.2.1 項におけるディスク上の周辺分布指定法は Kato and Shimizu (2008) で注意されている．また，2 次元ディスク上の Möbius 分布は Jones (2004) によって提案された．修正 Möbius 分布の提案と地震の緯度・経度・マグニチュードデータへの応用例は王ほか (2013) に見られる．a_0 が r に依存する修正 Möbius 分布をフルモデル，Möbius 分布をそのサブモデルとし，AIC/BIC の値が小さいほうのモデルを選択する方法が用いられている．10.2.4 項の別形の分布は Jones (2002) による．10.3.1 項の一般次元単位ディスク内の一様分布は球形分布の一つであるので，6.10 節の文献ノートにあるように，分布のさまざまな性質を導くのに Fang et al. (1990) が参考になる．また，Möbius 分布の一般次元への拡張に興味のある読者は Uesu et al. (2015) を参照されたい．

文献

1. Fang, K-T., Kotz, S. and Ng, K-W. (1990). *Symmetric Multivariate and Related Distributions*, Chapman and Hall.
2. Jones, M. C. (2002). Marginal replacement in multivariate densities, with application to skewing spherically symmetric distributions, *Journal of Multivariate Analysis*, **81**, 85–99.
3. Jones, M. C. (2004). The Möbius distribution on the disc, *Annals of the Institute of Statistical Mathematics*, **56**, 733–742.
4. Kato, S. and Shimizu, K. (2008). Dependent models for observations which include angular ones, *Journal of Statistical Planning and Inference*, **138**, 3538–3549.
5. Seshadri, V. (1991). A family of distributions related to the McCullagh family, *Statistics & Probability Letters*, **12**, 373–378.
6. Uesu K., Shimizu, K. and SenGupta, A. (2015). A possibly asymmetric multivariate generalization of the Möbius distribution for directional data, *Journal of Multivariate Analysis*, **134**, 146–162.
7. 王敏真・清水邦夫・上江洲香美 (2013). 方向統計学の利用による地震緯度・経度・マグニチュードデータの解析, 応用統計学, **42**, 29–44.

欧文索引

【A】
Acceptance-Rejection method, 101
Ajne test for uniformity, 93
Akaike's Information Criterion, 98
anatomical landmark, 150
angle, 3
annulus, 120
antipode, 119
argument, 15
arithmetic mean, 4
associated Legendre function, 58, 204
axial data, 79
axial distribution, 79
axial von Mises distribution, 81
azimuth, 119

【B】
Batschelet–Papakonstantinou modification, 62, 192
Bessel function of the first kind, 35, 63, 83
beta distribution, 31, 116, 197
beta function, 115, 198
bimodal distribution, 48
bimodality, 48
Bingham distribution, 140
bivariate spherically symmetric beta distribution, 201
Brownian motion, 140

【C】
canonical correlation, 161
cardioid distribution, 36
Cauchy distribution, 50
central limit theorem, 35
change point, 95
Chebishev inequality, 25
circular t distribution, 58, 204
circular discrete distribution, 23
circular distribution, 17
circular kurtosis, 23
circular skewness, 23

circular standard deviation, 23, 56
circular uniform distribution, 33
circular variance, 22
circular-circular correlation, 161
circular-circular regression, 193
clockwise, 2
colatitude, 112
complex Bingham distribution, 151
complex conjugate, 15
compositional data, 143
concentration, 6, 40
conditioning, 29
confluent hypergeometric function, 142
conformal mapping, 31
conjugate prior distribution, 47
convex function, 45
cosine moment, 21
counterclockwise, 3
cumulative circular variance plot, 96
cumulative mean directional plot, 95
curvature, 65
CUSUM plot, 95

【D】
Dirichlet distribution, 144
discrete circular uniform distribution, 24
distribution function, 20
distribution on the circle, 17
distribution on the cylinder, 177
distribution on the torus, 159
divergence, 45
duplication formula, 115

【E】
embedding approach, 161, 178
exit distribution, 140
exponential type, 47

【F】
first trigonometric moment, 22

Fisher distribution, 132
Fisher information, 40, 83
Fisher–Bingham distribution, 139
flat-topped, 63
Fourier series, 27

【G】
gamma function, 35
Gauss hypergeometric function, 59, 204
generalized cardioid distribution, 58, 204
generalized hypergeometric function, 127
geometric distribution, 103
girdle distribution, 141
great circle, 119

【H】
Hellinger distance, 46
Hellinger divergence, 46
hyper-torus, 166

【I】
imaginary unit, 14
incomplete beta function, 41
infinitely divisible, 27
influence diagnostics, 195
inverse regression, 195
inverse transformation method, 99

【J】
Jacobian, 28
Jensen's inequality, 45

【K】
Kent distribution, 140
Kullback–Leibler divergence, 46
Kumaraswamy distribution, 202

【L】
Lambert azimuthal equal-area projection, 30, 119
landmark, 150
Langevin distribution, 130
latitude, 112
lattice distribution, 24
likelihood, 42
likelihood ratio test, 91
linear fractional transformation, 31
linear-circular correlation , 178
longitude, 112

【M】
Möbius distribution, 203
Möbius transformation, 31, 52, 75, 194
manifold, 164
mathematical landmark, 150
maximum entropy distribution, 29
maximum likelihood estimation, 42
mean direction, 22
mean resultant length, 6, 22
mean resultant vector, 5
mean squared error, 25
method of trigonometric moments, 83
mixture, 48
mode, 17
modified Bessel function of the first kind, 39
multivariate beta function, 144

【N】
normalizing constant, 59
northern hemisphere, 120

【P】
Pearson type VII distribution on the complex sphere, 156
Pearson's correlation coefficient, 160
periodic function, 3
Pochhammer's symbol, 60
polar transformation, 28
posterior distribution, 47
prior distribution, 47
probability density function, 17
probability function, 23
Procrustes analysis, 151
profile likelihood method, 97
projected distribution, 28
projected normal distribution, 28
projecting, 28

【R】
radian, 3
random number, 99
random walk, 35
rank CUSUM plot, 96
Rayleigh test for uniformity, 91
real part, 51
real Poisson kernel, 51
regression model, 191
reproductive property, 27
rotational symmetry, 116

【S】
sample cosine moment, 14
sample mean direction, 12, 15
sample sine moment, 14
scale mixture, 59
score test, 91
Shannon entropy, 33
shape analysis, 150
sharply-peaked, 63
sine moment, 21
sine-skewed distribution, 67
southern hemisphere, 120
spherical distribution, 122
spherically symmetric distribution, 122
standard normal distribution, 41
stationary Markov process, 166
stereographic projection, 29
support, 17
symmetric, 22

【T】
t distribution on the complex sphere, 156
t distribution on the sphere, 137
tangent-normal decomposition, 115
test for reflective symmetry, 94
torus, 159

transpose, 5
trigonometric moment, 21

【U】
uniform distribution, 20
uniform distribution on the circle, 33
uniform distribution on the sphere, 122
unimodality, 48
unit circle, 3
unit disc, 197
unit sphere, 111
unit vector, 4

【V】
von Mises distribution, 39
von Mises–Fisher distribution, 130

【W】
Watson distribution, 141
wrapped Cauchy distribution, 26, 50
wrapped normal distribution, 26, 55
wrapping approach, 26

【Z】
zenith, 119

和文索引

【あ行】
赤池情報量規準, 98
Jensen（イェンセン）の不等式, 45
1 次三角モーメント, 22
1 次分数変換, 31
一様分布, 20, 30, 137, 140, 147
一般化超幾何関数, 127
一般化ハート型分布, 58, 137, 204
緯度, 112
埋込み法, 161, 178
影響診断, 195
Ajne（エジェーン）検定, 93
円環帯, 120, 121
円周一様分布, 33, 58, 122
円周上の分布, 17
円周正規分布, 39
円周 t 分布, 58, 60, 204
円周標準偏差, 23, 56
円周分散, 22
エントロピー最大化分布, 29
円板, 197
帯状分布, 141

【か行】
回帰モデル, 191
回転対称, 116, 131, 137, 140, 141
カイ二乗分布, 122, 125, 126
解剖学的ランドマーク, 150
Gauss（ガウス）超幾何関数, 59, 137, 199, 204
角度, 3
角度変量間の相関, 161
確率関数, 23
確率密度関数, 17
Kullback–Leibler（カルバック–ライブラー）ダイバージェンス, 46
ガンマ関数, 35, 60, 129
ガンマ分布, 136, 144
幾何分布, 103
帰巣方位データ, 93
北半球, 120, 121

逆回帰, 195
逆関数法, 99
救急搬送人員データ, 2, 9, 16, 94, 97
球形対称分布, 122
球形分布, 122, 128
急峻, 63
球面一様分布, 122
球面上の t 分布, 137
共役事前分布, 47
極座標変換, 28, 58
曲率, 65
虚数単位, 14
Kumaraswamy（クマラスワミ）分布, 202
形状分析, 150
経度, 112
Kent（ケント）分布, 140
格子分布, 24
合成ベクトル, 12
合流型超幾何関数, 142, 185
Cauchy（コーシー）分布, 30, 50, 53
混合分布, 48

【さ行】
再生性, 27
最大エントロピー法, 43
採択棄却法, 101
最尤推定, 42
三角モーメント, 21
算術平均, 4
軸データ, 79
軸 von Mises（フォン・ミーゼス）分布, 81
軸分布, 79
事後分布, 47
指数型, 47
指数分布, 30
事前分布, 47
実部, 51
実 Poisson（ポアソン）核, 51
射影正規分布, 28, 117
射影分布, 28

射影法, 28, 117
尺度混合, 59
Shannon（シャノン）エントロピー, 33, 47
周期関数, 3
集中度, 6, 40
条件付け法, 29, 43, 58, 59, 117
シリンダー上の分布, 177
数学的ランドマーク, 150
スコアー検定, 91
正規化定数, 59
正弦, 12
正弦関数摂動法, 66
正弦モーメント, 21
正準相関係数, 161
生没年月日データ, 10, 16, 95
線形と角度の変量間の相関, 178
尖度, 23
組成データ, 143

【た行】
台, 17
第1種 Bessel（ベッセル）関数, 35, 63, 128
第1種変形 Bessel（ベッセル）関数, 39, 56, 83, 130–132, 134, 168, 181, 184
大円, 119, 141
退去分布, 140
対称, 22
反射的対称性検定, 94
対蹠点, 119
ダイバージェンス, 45
多変量ベータ関数, 144
多様体, 164
単位円, 3
単位円周上の分布, 17
単位球, 111
単位ディスク, 197
単位ベクトル, 4
tangent-normal 分解, 115, 126, 128, 142
単峰性, 48
Chebishev（チェビシェフ）の不等式, 25
中心極限定理, 35
t 分布, 57
定常 Markov（マルコフ）確率過程, 166
Dirichlet（ディリクレ）分布, 126, 144
転置, 5
天頂角, 119
等角写像, 31
トーラス, 159
トーラス上の分布, 159

特性関数, 127
時計回り, 2
凸関数, 45

【な行】
2変量球形対称ベータ分布, 201
2変量正規分布, 43
2変量 t 分布, 58
2峰性, 48
2峰性の分布, 48

【は行】
ハート型分布, 36, 41, 58
倍数公式（ガンマ関数の）, 115, 129
ハイパートーラス, 166
Batschelet–Papakonstantinou（バチュレット–パパコンスタンティノウ）分布, 98
Batschelet–Papakonstantinou（バチュレット–パパコンスタンティノウ）変形, 62, 192
反時計回り, 3
Pearson（ピアソン）相関係数, 160, 178
Pearson（ピアソン）VII 型分布, 137, 139
標準正規分布, 41
標本正弦モーメント, 14
標本平均合成ベクトル長, 42
標本平均方向, 12, 15, 42
標本余弦モーメント, 14
Bingham（ビンガム）分布, 139, 140
Fisher（フィッシャー）情報量, 40, 83, 134
Fisher–Bingham（フィッシャー–ビンガム）分布, 139
Fisher（フィッシャー）分布, 132, 139
風向データ, 1, 9, 15
Fourier（フーリエ）級数, 27, 50
von Mises–Fisher（フォン・ミーゼス–フィッシャー）分布, 130, 140
von Mises（フォン・ミーゼス）分布, 39, 56, 58
不完全ベータ関数, 41
複素球面上 t 分布, 156
複素球面上 Pearson（ピアソン）VII 型分布, 156
複素共役, 15
複素 Bingham（ビンガム）分布, 151
Brown（ブラウン）運動, 140
Procrustes（プロクルステス）分析, 151
プロファイル尤度法, 97
分散混合, 61
分布, 39
分布関数, 20
平均合成ベクトル, 5, 12
平均合成ベクトル長, 6, 22, 51

平均二乗誤差, 25
平均方向, 22, 51
ベータ関数, 115, 123, 129, 137, 145, 198
ベータ分布, 31, 116, 145, 148, 197
Hellinger（ヘリンジャー）距離, 46
Hellinger（ヘリンジャー）ダイバージェンス, 46
偏角, 15
変化点, 95
扁平, 63
方位角, 119
Pochhammer（ポッホハンマー）記号, 60, 125, 145

【ま行】
巻込み Cauchy（コーシー）分布, 26, 50, 58, 141, 186
巻込み正規分布, 26, 55
巻込み分布, 50
巻込み法, 26
南半球, 120, 121
無限分解可能, 27
Möbius（メビウス）分布, 203
Möbius（メビウス）変換, 31, 52, 75, 194
モード, 17
モーメント法, 83

【や行】
ヤコビアン, 28

尤度, 42
尤度比検定, 91
余角, 112
余弦, 12
余弦モーメント, 21

【ら行】
ラジアン, 3
ランク累積和プロット, 96
Langevin（ランジュヴァン）分布, 130
乱数, 99
ランダムウォーク, 35
ランドマーク, 150
Lambert（ランベルト）正積方位図法, 30, 119
離散型一様分布, 24
離散型分布, 23
立体射影, 29, 57, 117
累積円周分散プロット, 96
累積平均方向プロット, 95
累積和 (CUSUM) プロット, 95
Legendre（ルジャンドル）陪関数, 58, 138, 204
Rayleigh（レイリー）検定, 91

【わ行】
歪度, 23
Watson（ワトソン）分布, 141

著者紹介

清水　邦夫（しみず　くにお）

1967 年 3 月	埼玉県立大宮高等学校卒業
1972 年 3 月	東京理科大学理学部応用数学科卒業
1974 年 3 月	東京理科大学大学院理学研究科数学専攻修士課程修了
1976 年 9 月	東京理科大学大学院理学研究科数学専攻博士課程中途退学
1976 年 10 月	東京理科大学理工学部（情報科学科）助手 (1976.10～1985.3)
	講師 (1985.4～1989.3) 助教授 (1989.4～1992.3)
1983 年 12 月	理学博士（九州大学）取得
1985 年 4 月	National Center for Atmospheric Research (NCAR)
	Visiting Researcher (1985.4～1986.3)
1992 年 4 月	東京理科大学理学部（応用数学科）助教授 (1992.4～1997.3)
	教授 (1997.4～1998.3)
1998 年 4 月	慶應義塾大学理工学部（数理科学科）教授 (1998.4～2014.3)
2014 年 4 月	統計数理研究所統計思考院特命教授，慶應義塾大学名誉教授

主な著書

『数学的経験』（共訳，森北出版，1986 年），『Lognormal Distributions: Theory and Applications』（共編著，Marcel Dekker, Inc., 1988 年），『地球環境データ』（編著，共立出版，2002 年），『損保数理・リスク数理の基礎と発展』（著，共立出版，2006 年）

ISM シリーズ：進化する統計数理 7
角度データのモデリング
ⓒ 2018 Kunio Shimizu
Printed in Japan

2018 年 1 月 31 日　初版第 1 刷発行

著　者　清水邦夫
発行者　小山　透
発行所　株式会社 近代科学社
〒162-0843　東京都新宿区市谷田町 2-7-15
電　話　03-3260-6161　振　替　00160-5-7625
http://www.kindaikagaku.co.jp

藤原印刷　　ISBN978-4-7649-0555-9

定価はカバーに表示してあります。

ISMシリーズ：進化する統計数理

統計数理研究所 編

近代科学社の本

1 マルチンゲール理論による統計解析

編集委員：樋口知之・中野純司・丸山 宏
著者：西山陽一
B5変型判・184頁・定価（本体3,600円＋税）

2 フィールドデータによる統計モデリングとAIC

編集委員：樋口知之・中野純司・丸山 宏
著者：島谷健一郎
B5変型判・232頁・定価（本体3,700円＋税）

3 法廷のための 統計リテラシー
― 合理的討論の基盤として ―

編集委員：樋口知之・中野純司・丸山 宏
著者：石黒真木夫・岡本 基・椿 広計・宮本道子・
弥永真生・柳本武美
B5変型判・216頁・定価（本体3,600円＋税）

4 製品開発ための統計解析入門
― JMPによる品質管理・品質工学 ―

編集委員：樋口知之・中野純司・丸山 宏
著者：河村敏彦
B5変型判・144頁・定価（本体3,400円＋税）

5 極値統計学

編集委員：樋口知之・中野純司・川崎能典
著者：高橋倫也・志村隆彰
B5変型判・280頁・定価（本体4,200円＋税）

6 ロバスト統計 ― 外れ値への対処の仕方 ―

編集委員：樋口知之・中野純司・川崎能典
著者：藤澤洋徳
B5変型判・176頁・定価（本体3,500円＋税）